DOMAIN
DRIVEN DESIGN
Business Modeling and Architecture Practice

领域驱动设计
业务建模与架构实践

王红亮 著

机械工业出版社
CHINA MACHINE PRESS

图书在版编目（CIP）数据

领域驱动设计：业务建模与架构实践 / 王红亮著 . —北京：机械工业出版社，2023.9
ISBN 978-7-111-73754-4

I.①领… Ⅱ.①王… Ⅲ.①软件设计 Ⅳ.①TP311.1

中国国家版本馆 CIP 数据核字（2023）第 161885 号

机械工业出版社（北京市百万庄大街 22 号 邮政编码 100037）
策划编辑：杨福川 责任编辑：杨福川 陈 洁
责任校对：李小宝 李 杉 责任印制：张 博
保定市中画美凯印刷有限公司印刷
2023 年 11 月第 1 版第 1 次印刷
186mm × 240mm · 23.25 印张 · 504 千字
标准书号：ISBN 978-7-111-73754-4
定价：109.00 元

电话服务 网络服务
客服电话：010-88361066 机 工 官 网：www.cmpbook.com
　　　　　010-88379833 机 工 官 博：weibo.com/cmp1952
　　　　　010-68326294 金 书 网：www.golden-book.com
封底无防伪标均为盗版 机工教育服务网：www.cmpedu.com

为什么要写这本书

本书创作的初心有两个。

第一，服务于广大开发人员的职业进阶和转型。

本书讲授的是领域驱动设计（Domain-Driven Design，DDD）的相关知识。DDD 是一种业务建模和架构设计方法，而业务建模和架构设计是开发人员职业进阶和转型的必备技能。

在当今 AI 技术大流行的背景下，快速掌握这两项技能对开发人员来说很重要，因为写程式化"胶水代码"的工作很快就会被 AI 所取代。AI 加速了开发这个岗位的进化和发展，这并不是件坏事。试想一下未来开发团队的工作场景：建模师们和行业的领域专家共同完成模型的搭建，AI 就帮助我们生成了相应的代码，包括测试和必要的界面，之后只要把这些代码和工作成果稍加优化，整个开发就结束了。功能实现以后，架构师登场，根据业务需要设定除功能之外的其他质量属性的要求，如安全、性能、可用性、可维护性和兼容性，并在 AI 的辅助下给出各个质量属性的解决方案，配合云原生或 PaaS 平台的部署环境，系统很快搭建完毕，上线运行。

在这个场景中，你所要做的就是把职业技能树上的建模或架构这两部分点亮。所以，如果未来本书注定会出现在你的办公桌上，不如现在就把它买回家——可以先人一步，及早开始。

有人会说，凭什么未来和你描述一样呢？是不是有蹭 AI 热度之嫌？好吧，撇开 AI 不谈（其实它并不是一个体现本书价值的关键因素），想象一下五年后的自己，任何技术人员的职业发展都是从低级到高级、技术到业务、具体到抽象的过程。即便没有 AI，我们是要立志成为精通多个领域知识的建模师、架构师，还是一个只会写代码，知晓许多类库用法的技术人员？答案在你心中。更何况，上面描述的工作场景已经不是未来时态了，在很多团队中已经真真切切地开始发生。

几年之内，开发人员都会逐步转到新的工作中，开发岗位的工作内容会发生巨大变化。

如前所言，这绝不是坏事，它让我们的职业迈上了新的台阶，而我们唯一要做的就是开始学习，点亮建模和架构的技能树。

本书可以成为一个不错的起点，不管你是否曾经了解过 DDD、参与过模型构建，它都可以让你轻松地开始。随着阅读的深入，你会发现自己已经完全被代入了建模师和架构师的角色。

第二，推动 DDD 方法落地的同时促进国内软件工程思想的发展。

从 20 年前上学时阅读的《人月神话》《人件》，到如今敏捷、DevOps、TDD、DDD 等各种方法满天飞，所有主流的软件工程思想都来源于国外。当然，由于技术发展的历史原因，这并不奇怪。我们也早已不缺少世界级的互联网公司和有实力的科技企业，但在"如何开发好软件"这个问题上，还很难看到国人的创新思维和贡献，更关键的是，我们甚至都没意识到这是个问题。

更严重的影响还在于，由于缺乏对这个问题的主动探索和深入思考，我们对外来方法论的应用大多停留在"术"的层面，缺乏对"道"的探究。有术无道止于术，有太多生搬硬套、南辕北辙的例子了，团队和企业管理者根本感受不到这些方法论带来的价值，甚至对它们产生了误解和反感。

本书与其他讲授 DDD 的书籍的主要区别在于，它绝不仅仅讲授方法和技巧（当然，本书在这方面也有非常丰富且创新的内容），还深入发掘了其背后的思想和原理。使用的软件工程和架构原则的分析方法也不局限于应用在 DDD 上，而是可以用来衡量任何方法的效能和技术决策的优劣。

本书的目的之一是在指导团队成功落地 DDD 的同时，激发读者对书中思维角度和分析方法的思考。因此这些思想和方法都不是完美无瑕的，而恰恰相反，笔者希望读者能在思考后给出批判性的意见。激发读者思考，终究会点燃有才华的读者的灵感之火。

读者对象

- ❑ AI 时代需要职业转型的开发人员、架构师及其他 IT 从业者。
- ❑ 工业制造、新兴互联网等复杂领域的软件开发团队。
- ❑ 计划或已经落地 DDD、TDD、微服务和 DevOps 的软件开发团队。
- ❑ 技术管理者、研发效能专家和咨询顾问。
- ❑ 即将步入社会的计算机系大学生。

本书主要内容

第 1～3 章为理论部分，主要讲授 DDD 的底层逻辑、基本原则、价值、落地难点和成熟度模型。其中，第 1 章是全书的基石，特别是 DDD 的两个基本原则，是我们讨论后面内容的基础，读者务必仔细阅读、领悟和掌握。第 2 章分析了 DDD 落地的难点，帮助团队扫清障碍。第 3 章首次提出 DDD 成熟度模型，不仅列出了整个 DDD 战略和战术模式，还提出了企业收益这个对企业意义重大的衡量指标，3 个成熟度阶段的划分对团队也具有重要的指导意义。

第 4～10 章为实操部分，主要讲授 DDD 的战略和战术，分别对应于业务建模和架构技术。其中，第 4～6 章侧重于业务建模，主要介绍如何构建领域模型和打造通用语言。第 7 章侧重于架构技术，主要讲授如何分割系统、构建模块。第 8 章主要解决 DDD 在编码环节可能遇到的问题。第 9 章则是设计模式的运用，这些模式将帮助我们得到更加智慧、更加优雅健壮的领域模型。第 10 章阐述 DDD 和系统架构之间的关系。

勘误和支持

作者在博客园（Cnblogs.com）开设了专栏讲解书中的内容并回答读者提问，读者在该网站搜索书名即可找到相关专栏并参与讨论。此外，读者还可以直接关注作者的微信公众号"架构师小酒馆"来反馈问题。

致谢

感谢曾经一起共事的研发团队的各位同事，感谢北京交通大学软件学院和我曾经的学生们。正是多年研发团队的工作经验和教学中的沉淀积累，为本书提供了生根发芽的丰厚土壤。

感谢我的家人，他们是我工作的原动力，我永远爱他们。

目 录 *Contents*

DDD 的基本原则与价值分析

本章作为全书的开篇，从一个基本的问题开始，即什么决定了软件项目的成败。通过这个问题，我们引出了领域驱动设计的底层逻辑：第一，可以基于业务本身的复杂度来开发软件，而不需要更复杂的方法；第二，领域逻辑可以被单独构建、测试和验收。接着介绍了 DDD 的两个基本原则，以及它们如何保证两个底层逻辑变为现实。

DDD 落地之所以困难，是因为我们过多地注意了它的各类战略战术，却没有明晰和把握它的基本原则。同时，我们对 DDD 的价值进行分析，评估它在复杂度控制、架构原则和团队协作方面的表现。

最后，给出一些简单的案例，其中体现了 DDD 的两大原则。这只是"开胃菜"，随着我们对 DDD 学习的不断深入，将陆续呈现更多的案例。

1.1 DDD 的初心

本节首先讨论软件项目成败的关键，引出两个我们一直忽略却很重要的事实，这两个事实构成我们下一步讨论领域驱动设计基本原则的理论基础。

1.1.1 软件项目成败的关键

开发一个软件系统时，我们究竟在做什么？哪些因素决定了项目的成败？大致归纳一下，无非是以下三件事：

1）构建人机接口。所有的系统都是为人服务的，人机接口的事似乎没有办法省掉。它一般承担收集输入和展示信息两项任务。当然，你的系统也可能服务于其他的系统而不是人，那么人机接口就变成了接口。但是在每个调用链条的最后，必然都是有人机接口的。这构成了我们开发工作的第一部分。

2）打造系统的生存环境。更一般的表达是"与基础设施打交道"，这项工作的本质是为系统在这个客观世界的存在创造物质条件，包括持久化、驱动硬件、网络通信等任务。选择越高级的语言和平台，这一部分要承担的任务就越少，反过来，开发者在这一部分可能就需要花大量工夫。

3）构建软件的灵魂。这绝不是故弄玄虚，仔细想想，在我们打造了系统的生存环境之后，接下来就是系统的灵魂——那些系统所特有的、区别于别的系统的东西。那么，它是什么呢？它是系统的业务逻辑。

对于前两件事，开发人员都不陌生，他们可以轻松地把日常工作归类到其中的一项，甚至工程师也被明确地分为"前端"和"后端"。但是对于第三件事，有的人可能得犹豫一下。"你是在开发业务逻辑吗？""哦，你是说写代码？没问题，我的代码能完成那些任务。"这段对话听起来再自然不过，但是它正常吗？稍后你自己就会有答案。

现在回到项目成败的问题。构建人机接口会导致项目的失败吗？几乎不可能。这一部分的构建有一个明显的特点——用户的反馈是最快、最及时的，你根本不可能在错误的道路上走很久。他们会把清晰的需求画给你，甚至所有的交互细节和布局。而且，另一个隐性的原因是，用户交互这方面的需求其实是被技术的发展所训练出来的，只有接触过的产品，他们才会提出类似的需求。用户只会用命令行而不是 VR 眼镜来操作 DOS 系统就是这个道理。既然如此，这个问题就变得简单了，其复杂性只在于你有没有相关经验的技术人才，只要舍得花钱招聘，这个问题就解决了。

打造系统的生存环境，即构建基础设施会导致项目失败吗？这个可能性微乎其微。所有的开发框架、操作系统、中间件产品都经过成千上万项目的检验，问题不可能单独出现在你的项目上。退一步讲，开发团队在尝试某种新技术（比如新的 PaaS）时，可能它还不够成熟，那么即使出了问题，也非常容易测试和定位。及早更换或者等待补丁，只要你不优柔寡断，它不可能给你带来问题。

那么是什么导致如此多的项目失败呢？据统计，软件系统建设项目的成功率均在 30% 以下，超过 70% 的项目由于项目延期、超出预算、功能缺失等失败甚至取消。站在开发团队的角度，这个数字可能感觉难以置信，但是站在客户的角度，这个数字绝对没有夸张的成分。

答案只剩下了最后一个选项——构建业务逻辑，这也是唯一正确的答案。问一个简单的问题你就明白了——什么使你的系统与众不同？是因为它的业务逻辑不同、所在的领域不一样、传递的商业价值有差别，还是因为你选择的开发语言和数据库不同？答案是不言而喻的。系统中最复杂也是最模糊的地方就是领域逻辑，这是最需要投入工作量的地方。之所以有的项目成功，有的项目失败，是因为它们解决"如何构建领域逻辑"这个问题的重视程度和做法不同。而失败的项目无一例外都是在这个环节出了问题。

业务逻辑不就是一些 if…else 的逻辑开关吗？这比搭建一个高可用架构简单多了。有些开发者可能有不同意见,他们可能会说,不是构建业务逻辑出了问题,而是它们与技术的结合,也就是实现环节出了问题。那么,接下来的问题就清晰了,我们构建业务逻辑为什么要受到技术因素的影响呢?这合理吗?难道它不是独立于技术而存在的吗?

只要跳出技术思维的窠臼(本质上是技术人员对掌握新技术的焦虑感),你就会发现,我们一直没有认真地考虑过构建业务逻辑这个问题,或者说脱离技术实现思考过这个问题。有一些显而易见的事实一直在我们眼前,却一直被忽视。

1.1.2　两个亟须验证的事实

(1)第一个事实

既然成败的关键在业务逻辑,那么如此高的失败率是因为业务逻辑很复杂吗?是,也不是。毕竟再复杂的业务,在它所在的领域里也是由人来完成的,开发人员的智商应该比较高,没有理由理解不了。出问题的原因并不是业务复杂度本身,而是我们不合理的做法——我们构建的软件复杂度远远超过了业务本身的复杂度。

这句话是什么意思呢?我们来看下面这个熟悉的对话:

> **业务人员**:"我这里有一个新的需求,业务上只是微调,不需要大的改动,你看能不能……"
>
> **开发人员**:"这个需求实现难度太大了,做不了,因为……"(一串实现逻辑的解释和技术术语。)
>
> 业务人员惊讶地张大了嘴巴。

从业务人员的角度来看,开发人员的说法很难理解。因为从业务的角度来看,逻辑并没有发生大的变化,只是一个小小的调整。但是,开发人员明白是怎么回事——因为开发人员并没有按照业务的方式来组织程序,而是另外有一套设计。虽然这个设计能够满足之前的需求,但这个设计模型和业务人员头脑中的模型并不是一回事,对于改动大小的度量也完全不一样,一个看起来小小的需求改动,实现起来可能是一个大工程。需求到代码之间,业务专家并不知道发生了什么。另一个与之类似的场景是在敏捷开发中,产品经理面对开发人员给出的那些虚高的故事点数,却无法质疑。

为什么软件会变得比业务逻辑还复杂,实现模型会比业务模型还麻烦?首先,业务中的复杂关系是不可能在设计中省略的,就好像加密的信息并不会比原始信息量更少一样,前者的复杂度不会比后者低。比如,有多少个关注点、多少条路径、多少组对应关系,都会体现在设计和代码中。如果设计和实现在业务模型上又包裹了一层新的设计,添加了技术组件,那么至少多了一层多对多的对应关系,这就产生了额外的复杂度。

如图 1-1 所示,在业务模型上包裹的每一层设计,都会使复杂度增加一分。这里的设计包括从需求沟通的语言到需求说明书、从需求说明书到概要设计、从概要设计到详细设计的每个环节,因为信息每一次从上层流转到下一层都会被二次包装和转译。

图 1-1　开发过程中的熵增

有些读者可能会认为，业务模型可能是一个形而上的概念，它并不客观存在，而是在开发过程中逐渐变得清晰。但即使如此，我们仍然需要区分"逐步清晰"是发生在领域专家的头脑中还是发生在你的设计中。如果领域专家头脑中逐渐清晰的模型和你的设计不匹配，那么这种复杂度的增加并没有消失。

此外，有些开发人员会说他们的设计简化了业务逻辑，降低了业务的复杂度。这是一种常见的说法，但恕我直言，这只是一种误解。并非你的系统颠覆了之前的业务逻辑，而是用户自己决定这么做。并非你的系统改变了用户的行为，而是改变的决策由你的系统来体现。你能想象用户脑子里一片混乱，最后上线的程序颠覆了行业逻辑的情形吗？这里面的因果关系不能弄反了。如果用户没有对应的期望，而你的系统给他带来了"惊喜"，相信我，这并不会是一个好的结果，很可能你在做无用功。因此，系统的复杂度只能大于或接近于业务的复杂度，而不可能更低。

那么，既然设计会带来额外的复杂度，我们是不是应该不设计呢？不要急，事实上，所有的实现都是基于一定的设计的，无论它是规范的还是下意识的。我们想要说明的是：不同的设计引入的复杂度并不相同，设计并不是越高大上越好，而是应该从它引入的复杂度上优先考虑。

现在我们得出结论，任何系统设计的复杂度只能大于或等于业务的复杂度。那么我们想问：是否存在一种设计方法，可以实现系统复杂度最小化，也就是和业务的复杂度保持在一个水平，而不需要额外的包装和转译，从而避免增加不必要的复杂度？

如果有这种方法，那么也可以保证软件可以随着业务的发展而自然演进，不会深陷不必要的复杂度的泥潭，失去灵活性，也不会再出现由于技术原因而无法满足简单需求的情况。

进一步来讲，研发团队想求证这样一个事实：我们可以基于业务本身的复杂度来构建软件，而不需要更复杂的方法。

（2）第二个事实

除了设计增加的复杂度，传统的设计方式往往还有另外一个严重的问题——不能够分离业务复杂度和技术复杂度，即我们无法"单独"构建领域逻辑。

这是什么意思呢？请看下面常见的对话。

> **领域专家**：我可以验证一下业务逻辑的实现是否正确吗？
>
> **开发人员**：很抱歉，现在还不行，因为：第一，有个数据库脚本的编译出现了问题；第二，我们的云平台资源还未就绪；第三，旧的系统还未集成，缺少测试数据；第四，还有个浏览器的兼容性错误没修复。（可以选一个回答，或者都用上。）
>
> 领域专家瞪大了眼睛。

只要在开发团队中待过的人，上面的对话就是耳熟能详的。但仔细想一想，其实是荒谬的，列举的原因中哪一个和业务逻辑有关系呢？

业务复杂度叠加技术复杂度的结果如图 1-2 所示。更多关于两种复杂度的定义稍后还会讨论。

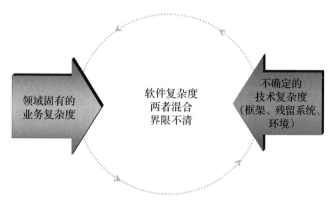

图 1-2　传统的工作方式与软件复杂度

传统项目中，我们协调领域专家加入团队，通过一两次集中的会议来向团队讲解领域知识。之后，开发团队并不能继续利用这个资源。因为没有分离业务复杂度与技术复杂度，业务逻辑深耦合在各个技术组件中，领域专家无法也没有能力了解其中的关系，也就无法及时给出反馈。我们只有在开发出第一个版本并部署到测试环境后，才能再把领域专家重新请回来，得到反馈和验证。而这个环节，实际执行过程中还会被各种技术原因所干扰、打断，领域专家"王者归来"的机会少得可怜，只能由测试人员代行其职。

在有产品经理的敏捷团队中，情况可能稍好一些——可以在开发或测试环境验证需求，这已经比等到系统发布快捷多了。这导致了支持快速发布的方法论的大流行，比如 DevOps。但依然没有人怀疑过其中的不合理性——为什么业务逻辑的验证要依赖那么多不相关的技术因素？

难道还能单独地开发业务逻辑吗？是的，这从道理上是说得过去的，只要我们找到合适的载体，完全可以单独构建领域逻辑而不用关心系统采用什么技术。这里并非说撇开编程语言谈构建业务逻辑（事实上，面向对象语言就是我们之后提到的载体），而是说业务逻辑不再和不相关的技术因素相耦合，比如界面、基础设施、既有的技术组件。同时也意味着业务逻辑不应该散布在技术组件的丛林里，它应该有自己的独立性和完整性。

既然如此，那么我们想问：能不能找到一种设计方法，业务逻辑可以单独被构建、测试和验收，而不依赖于系统架构的其他部分？

如果有这种方法，那么团队就可以专心应对领域的复杂度，而不被技术复杂度所影响。更大的好处在于我们得到了一个强大的业务逻辑模型，它可以被快速测试和验证，甚至在不同的应用中重用这一逻辑模型。

更进一步，研发团队想求证这样一个事实：我们能单独构建、测试和验收业务逻辑，而不依赖于系统架构的其他部分。

（3）关于两个事实的进一步论述

我们对上述看似烧脑的论述作一个小结：项目成败的关键因素取决于业务逻辑能否构建成功，进一步来讲取决于业务领域逻辑采用的方法。

开发团队希望求证的事实是：第一，我们能找到一种方法，可以基于业务本身的复杂度来构建系统的逻辑而不需要更复杂的方法；第二，我们可以单独构建、测试和验收领域逻辑而不依赖于系统架构的其他部分。

为什么一本讲 DDD 的书要讨论这些话题呢？因为它们和我们接下来要讲的 DDD 的基本原则相关。DDD 的所有战略战术都是为了维护其基本原则，而基本原则是为了保证我们能按上述两个事实来开发软件。它们是 DDD 的底层逻辑。也就是说，坚持 DDD 的基本原则和它的一套战略战术，最终得到的收益是：你可以基于业务本身的复杂度来设计软件，你的设计不会比你和领域专家沟通的逻辑更复杂，因为语言与设计甚至与代码是一致的；你可以独立于技术架构，单独开发、测试和验收领域逻辑，因为领域层是独立且内聚的。

如果你读过 Evans 的原著，就知道他并没有如此深入地提到这两个事实，或者强调 DDD 的基本原则。他只告诉了读者应该怎么去做，这些做法被他冠以"模式"的标签，比如原著中标题采用"模式：通用语言""模式：分离领域"等形式。所谓模式就是大家可以效仿的套路。这可能是 DDD 落地困难的原因之一，因为读原著需要具备天才的思维能力来理解 Evans 想说但没有说出的话，需要从他举的众多案例中理解 DDD 背后的道理。

本书会把"所以然"展示给大家，将 DDD 的底层逻辑清晰化。这样做的目的，一方面是对 Evans 天才型创新性思维的赞赏，他想说但没有说出来的话应该被更多从业者听到；最重要的另一方面是避免许多团队走上错误应用 DDD 的道路，为 DDD 正名。许多团队只知道套路而不知其所以然，往往是南辕北辙。例如，应用 DDD 却没有通用语言，因为不理解其功用。应用各种战术模式，领域层却无法独立开发、测试和验收。单元测试是如此强大的工具，却不知道如何使用。这些实践是否成功地应用了 DDD？显然没有。没有了原则衡量标准，团队就无法获得相应的收益。如果因此怀疑 DDD 的价值，那将是天底下最大的误解，这是最可惜的。

下面就让我们来了解 DDD 的基本原则。随着学习的深入，对于上述观点也会有更深入的认识。

1.2 DDD 的基本原则

本节将讨论 DDD 的基本原则，它是 DDD 所特有的，是其区别于其他方法论的本质，之后我们将分析为什么两个基本原则是前面两个事实得以实现的保证。

1.2.1　DDD 的两个基本原则

DDD 的基本原则是战略、战术和各种模式的基础。这些原则是 DDD 独特且不可或缺的要素，是使其成为一种革命性设计方法的根本原因。原则必须遵守，否则事物的独特性会消失，优点和收益也会消失。DDD 的基本原则如下：

（1）保持语言、模型、代码三者一致

❑ 语言：开发团队与领域专家沟通使用的自然语言。因为它与设计模型、代码是一致的，所以也称为通用语言。

❑ 模型：设计的输出物，是对领域逻辑的精准建模。模型会充分体现具有领域含义的术语和关系。作为通用语言的核心，模型既充当着沟通业务逻辑的媒介，也直接指导开发实现。

❑ 代码：模型和通用语言在实现层的精确表达。

一致也可以理解为领域逻辑、设计、实现三者一致。一致性体现为三者的信息量是一致的，中间没有二次设计，无转译，无熵增。模型和代码（至少是测试代码）应该能被领域专家所阅读和理解。所有人通过模型来理解和交流领域逻辑。三者会相互影响，不断进化，但要实时保持一致。

一致性亦体现为语言传达的领域逻辑必须被显式、集中地体现在模型和代码中，而不能被隐式、模糊或分散地表达。

（2）保持领域模型的独立性和内聚性

❑ 独立性：领域模型可以被独立开发、测试和验收，与系统架构中的其他任何部分都没有依赖关系（只会被依赖）。

❑ 内聚性：关联紧密的业务逻辑要通过模型组织在一起，不宜分散。模型不包含除领域逻辑之外的其他内容，且领域模型是业务逻辑的唯一载体，一处业务逻辑只能存在于一个模型内。

上述两个原则是 DDD 的本质特征。遵守这两个原则，不论是否应用了 DDD 其他的战略战术模式，都是 DDD 设计方法。违反了上述原则，即便使用了 DDD 的某些战略战术模式，也不能算是纯正的 DDD 设计方法。

（3）相关的问题与解答

下面我们借助对一些问题的回答来把这两个原则弄清楚。

1）为什么语言、模型、代码三者一致是 DDD 的第一条原则，它们难道不是不同层面的事物吗？如何保持一致？

如果三者是不同层面的事物，那么就是我们前面举例的传统设计方法。从业务沟通到设计，从设计到代码，可能都由不同的人负责和二次设计，每一层都会带来额外的熵增。

三者一致的原则，是 DDD 最有价值的部分。为此，DDD 引入了"通用语言"的概念。三者保持一致，领域才能起到"驱动"的作用，三者不一致，那么驱动的就不再是"领域"，而是另有他因了。所以这是 DDD 最本质的原则。

至于如何保持三者一致，离不开通用语言的打造，离不开代码的一些规范，本书后面的大部分内容都将围绕解决这个问题展开。

图 1-3 是三者一致性与传统方式的对比。可以看到，相对于传统开发模式，DDD 语言和代码都统一于单一模型，模型是语言的核心，代码是模型的精确表达。

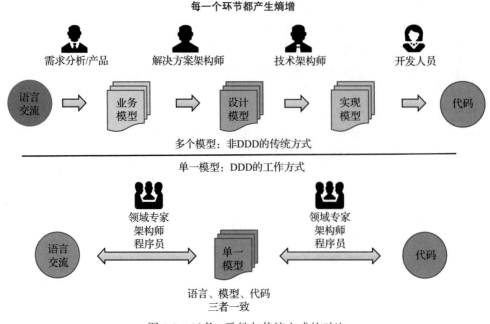

图 1-3　三者一致性与传统方式的对比

2）通用语言究竟是什么？

通用语言承担着两个任务。第一个任务是沟通，涉及领域专家与用户之间、领域专家与技术团队之间、技术团队成员之间的沟通。在这种沟通中，模型是核心，用于沟通业务逻辑和需求，所有人都通过模型来理解和交流领域逻辑，包括领域专家自己，也要通过模型重塑对领域的理解。随着模型的丰富，语言也相应发生变化。第二个任务是指导代码的开发，因为三者是一致的，代码必须是语言与模型的表达。

通用语言不能完全是业务日常语言，因为业务日常语言可能不清晰，有歧义，且需要提炼，用来做模型设计和指导开发显然有不足之处。所以，通用语言应该是以消除了所有歧义之后的业务语言为基础，以领域模型为核心，由领域专家和技术团队共同打造的沟通媒介。

成功的通用语言标准很简单，即团队在所有的日常交流中（尤其是会议中），包括代码中都能自如地使用这种语言。

要"打造一种语言"，这个提法可能会让落地 DDD 的团队望而生畏，但其实大可不必担心。它并不是开发团队必须去学习的一门"外语"，而是团队与领域专家通过彼此磨合，以领域模型为核心，以需求为边界，不多不少的一个沟通媒介。本书第 5 章将提供详细的指导，帮助团队打通通用语言与模型。

3）怎么理解"领域模型保持独立性和内聚性"？

这也是 DDD 最有价值的部分之一。

独立性是我们追求的目标，即领域模型单独被构建，不再与技术复杂度混合在一起，不再与程序的其他关注点（如界面、持久化、集成、通信）混合在一起，从而可以单独被测试、验证和重用。技术上，可以采用六边形架构、依赖倒置的分层架构、资源库模式、接口和晚绑定等来实现（详见第 10 章）。

内聚性可以理解为"有且仅有"，"有"是说相关的领域逻辑要在一起，它可以在模型内，也可以体现在模型的关系中（聚合），但必须显式、集中地体现而不能隐含地散布在各处。同时也"仅有"相关逻辑，而不含其他不相关关注点的内容。

同时，领域模型是业务逻辑的唯一载体和调用入口，同一个逻辑只存在一个地方，而不论是设计还是代码。这是架构原则"语义一致性"的体现，也是我们能独立测试和验收领域逻辑的保证。（我们不可能测试了一个地方，但系统运行时起作用的却是另一个地方）。事实上，不只是 DDD，所有架构设计方法都应该遵守这一原则。

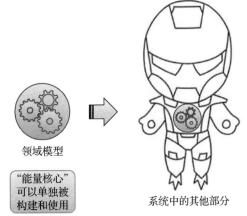

领域模型

"能量核心"可以单独被构建和使用

系统中的其他部分

图 1-4　系统的核心在独立的领域模型中

如图 1-4 所示，领域模型犹如钢铁侠的能量块，是整个项目的核心，它能够被单独构建、验证和使用。

4）DDD 的重点到底是两个基本原则、模型的构建技巧还是战略战术层面模式的运用？

要说什么是最重要的，必然是前面的两个原则，这是 DDD 区别于其他方法的身份证明，而不是模型的构建技巧与战略战术层面的各类模式。除了两个基本原则，其他的实践都可以在其他的方法论中看到，比如模型驱动设计、面向对象设计、事件驱动设计、微服务设计等。很多模式也非 DDD 所独享，比如工厂模式、领域服务、无副作用函数等。

当然，这也绝不是说除两大原则之外的战略战术层面的模式对 DDD 不重要。因为这些模式是保证原则落地的具体手段，我们必须在项目管理、团队文化、企业架构、代码规范等方面配套，才能保证三者一致，必须掌握上下文、子域、设计模式、六边形架构等技巧，才能保证独立于内聚。这些模式与原则是相辅相成的。

如前所言，Evans 的著作中介绍了很多模式来保证原则。Vernon 的著作《实现领域驱动设计》中也有大量相关技术和解决方案。DDD 给这些相关技术提供了更好的舞台，在这些结局方案和技术的加持下，DDD 也得以实现自己的目标，不会因为缺少必要的技术解决方案的支撑而成为空中楼阁。

5）图 1-3 中既沟通业务又指导实现的单一模型真的可以实现吗？

面向对象编程技术的成熟，使得这一点是完全可以做到的。事实上，当我们意识到要构建单一模型时，我们的 DDD 之旅就步上了正轨。本书第 4～6 章的核心内容讲授构建单一模型的各种技巧和方法，让其做到既清晰地表达业务，又能无碍地连接代码和实现。

6）DDD 是一种设计思想还是一种软件过程？

DDD 无疑是一种架构设计思想，它有基本原则和诸多战略战术设计模式，但没有规定自己独有的软件过程。根据强调领域专家和开发团队的协作沟通以及模型的持续演进，采用敏捷和迭代的软件过程是比较合适的，这一点在第 2 章中有阐述。

如果你对这些问题仍有疑问，不用担心，因为原则在整本书中都占有核心地位，后续章节将被反复提及，我们完全可以在多次的讨论中消除所有困惑。

1.2.2 原则的底层逻辑

前面提出了两个研发团队希望确认的事实，提到了 DDD 的两个基本原则。原则来源于对 Evans 著作中核心思想的提炼，而事实是我们对底层逻辑的思考和探究。两者之间的对应关系如表 1-1 所示。

表 1-1 原则与事实的对应关系

原则	事实
保持语言、模型、代码三者一致	我们能基于业务本身的复杂度来构建软件，而不需要更复杂的方法
保持领域模型的独立性和内聚性	我们能单独构建、测试和验收业务逻辑，而不依赖于系统架构的其他部分

我们的设计遵循语言、模型、代码三位一体的原则，保证了设计的复杂度就是业务的复杂度，不会更高。设计实现由"领域驱动"而不是其他因素驱动。

软件的设计和实现是领域工作的形式，简单地这么说并不严谨，因为有一个抽象提炼的过程。应该说，"设计是领域专家认可的领域工作方式的等价抽象"。领域专家在其中扮演着重要角色，"认可"意味着领域专家与开发团队共同打造模型，并在已有模型的基础上重新审视业务，更深入地投入设计和开发环节，确保模型在解决问题的维度上与业务本身一致。同时，开发人员需要放下纯技术思维，通过通用语言与领域模型塑造对领域逻辑的了解。

如图 1-5 所示，采用 DDD 设计的架构复杂度最低，因为设计本身"忠实"于业务，"忠实"于领域专家对模型的认可和反馈。它的复杂度不会超越业务人员对领域的理解，自然不会超过业务本身的复杂度。

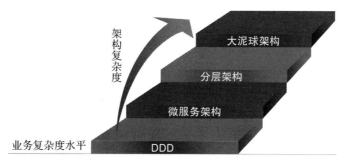

图 1-5　架构复杂度对比

　　图 1-5 中列出的其他架构方法架构，如微服务架构、分层架构和大泥球架构，单纯地使用它们，复杂度都会超过 DDD 架构，但如果能结合两者，也可以达到复杂度最简的效果，这一点会在第 10 章加以叙述。从这里可以看出，DDD 更贴近本质的特性，也能给其他设计方法赋能。比如，按上下文和子域划分微服务，依此划分的微服务架构复杂度也不高。

　　有没有可能，我们的设计复杂度比业务复杂度还低呢？前面已经讨论过，这是个伪命题。在我们使用 DDD 方法的过程中，这种情况不是不可能发生。一方面，通用语言是去除歧义的语言，团队在打造通用语言的过程中，澄清了之前业务模糊的地方。另一方面，随着领域专家通过模型重塑对领域的理解，他们可能会迸发出对业务逻辑优化的想法。这可能是采用 DDD 的团队的意外收获。但严格来说，本质都是先优化了业务，再谈构建的系统。当然系统使业务得到了优化，最终业务、设计、实现也得到了统一。

　　再来看"保持领域模型的独立性和内聚性"原则，它确认了第二个事实——我们能单独构建、测试和验收业务逻辑，而不依赖于系统架构的其他部分。

　　如图 1-6 所示，所有的业务逻辑都封装在领域模型中，独立于技术架构开发领域模型，构建领域层，是完全可以实现的。比较常见的解耦方式是使用六边形或多层架构，多层架构已被大部分软件系统所采用，我们只需稍做一下改造即可适配 DDD（详见 10.3.2 节）。这样，领域驱动设计的关注点就只有领域层，专心聚焦于构建强壮而独立的领域层，将是项目成功的坚实保障。

　　如果领域逻辑与程序中的其他关注点混在一起，就不可能拥有自身的独立性和内聚性。这不仅难以维护，而且无法利用单独测试验证和脱离系统重用的好处。

　　后面我们会讲到，一个独立的领域模型不仅使团队专注于领域设计，专心攻克业务逻辑这个项目成败的关键，更重要的是我们得到了一个强大的业务模型，它体现的其实是企业独特的商业逻辑和盈利模式，将这种核心竞争力数字化，无疑会给企业带来额外的好处。

　　综上所述，语言、模型和代码三者一致可以以最低复杂度来设计和实现软件。领域模型的独立性和内聚性可以确保我们单独构建、测试和重用领域逻辑，而不必考虑其他因素。

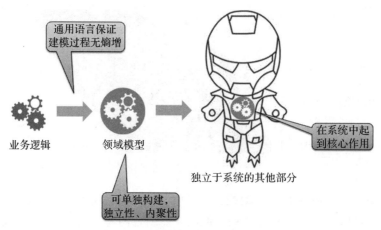

图 1-6　领域模型是系统中的核心

理解这些关系并不难。DDD 就是我们在 1.2.1 节提出的问题的答案。这个底层逻辑证明了 DDD 的价值。当然，对于习惯于传统分析方式的读者，我们仍然可以从大家熟悉的软件工程角度给出 DDD 的价值，即复杂度控制、架构原则和团队协作三个方面。这为后续章节的展开打下了更为坚实的基础。

1.3　DDD 的价值分析

现在我们知道了可以以最低复杂度——业务复杂度来开发软件。我们还可以单独构建系统最难的部分——领域逻辑，这是 DDD 的生命力所在。深谙架构原理和工作经验丰富的架构师都知道这两句话的重要性。但是，我们可能需要更具体的指标，以便让老板和团队看到它的价值。

本节将从三个方面继续分析 DDD 的价值，它们也是软件工程的三个基本要素，分别是复杂度控制、架构原则和团队协作。如图 1-7 所示，该图像一个三棱镜，将 DDD 最本质的光谱图折射出来。我们从这三个基本维度分析，看看 DDD 会有怎样的表现。

图 1-7　DDD 透视三棱镜

1.3.1　复杂度控制

我们经常谈论复杂度，但似乎没有向读者解释为什么在谈到软件工程时总是考虑复杂度，以及在哪些方面会出现哪种类型的复杂度。本小节将详细讨论这个话题。

复杂度是软件的本质属性，最早来自软件工程的权威著作之一《人月神话》中的一篇文章"没有银弹"。以下是书中的观点摘录：

- ❑ 软件的复杂度是根本属性，不是次要因素。
- ❑ 从规模上来看，软件可能比任何由人类创造的其他实体更复杂。
- ❑ 复杂度会引起大量学习和理解负担，让开发过程逐渐变成一场灾难。

总的来说，软件是最复杂的人类制品。这可能是因为软件是一个"纯逻辑"的浑身上下遍布着各种开关的"生物"。心理学研究表明，人类的脑力资源是有限的，无法应付过多的关注点。比如，心理学家做过研究，一般人对七层以上括号的程序是无法理解的。人脑潜意识里也会逃避过度耗费脑力的活动。

因此，相对传统行业，软件开发对脑力有更高的要求，也给设计方法论、团队协作带来了前所未有的挑战。开发的管理至今都是一个世纪难题，你只需要看到那种"走一步看一步"的敏捷方法如今是多么流行，就大概明白是怎么回事了。

任何方法论一定要有控制复杂度的方法，不然是没有生命力的。但似乎《人月神话》的作者 Brooks 认为当时所有的方法都不可能根本性解决复杂度问题，所以书中最后的结论是"没有银弹"。那么，DDD 是不是银弹呢？我认为是完全可以胜任的，如果你理解了它的底层逻辑，遵守了它的原则；但也很可能不是，如果你只是应用它的战术模式。下面我们看看 DDD 的原则是如何解决复杂度这个问题的。

（1）穿透熵增之墙

如前所述，DDD 的第一个原则——语言、模型、代码三者一致，保证了我们以最低的复杂度来构建软件，在业务之上添加任何一层设计都会增加复杂度。那么，复杂度是如何产生的呢？我们将这个过程称为穿越熵增之墙，如图 1-8 所示。

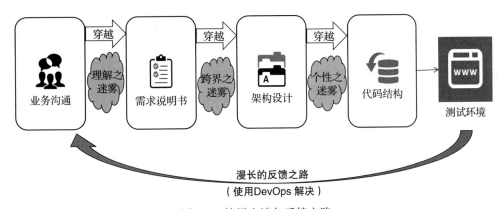

图 1-8　熵增之墙与反馈之路

在传统项目中，领域专家与开发团队的业务沟通会被翻译成需求说明书。领域专家使用他们自己的术语，而技术团队所使用的语言则经过调整，目的是从设计角度讨论领域。需求说明书中的术语与沟通中使用的术语不一致，导致的结果是对领域的深刻表达没有记录下来，或者即使记录下来了，我们也不得不请作者给我们翻译。领域专家也无法直接验证对方的理解是否一致，我们称之为理解之迷雾，这产生了第一层熵增。

由需求说明书到架构设计，又是一次割裂的痛苦。此时，需求说明书仅仅是架构师用来理解需求的工具。架构师往往认为把业务架构与技术架构联系在一起会破坏技术的纯粹性，所以，技术架构与需求说明书中的业务架构的联系非常松散。这产生了第二层熵增。因为这一次跨越了业务和技术，我们称之为跨界之迷雾。

第三层熵增来自我们个性又有活力的程序员，基本上代码工作一开始，需求说明书和设计架构就被抛到了一边。他们会重新设计，重新学习业务知识。然后基于自己的理解，完成最后的成品。如此自由的做法，我们称之为个性之迷雾。

领域专家看到成果，团队得到反馈，是在经历了上述重重迷雾之后，再经过环境和数据准备的艰难险阻（可用 DevOps 克服），才能在浏览器中验证业务逻辑。当然，结果很可能是不理想的，团队在哪一个环节脱节了，我们就不得不再穿越一次迷雾之海。中间任一环节的产出物，都不能用来验证领域逻辑，代码也揭示不了业务目的，导致的结果就是不仅验证领域逻辑困难，灵活性也很差。

而在 DDD 中，我们有通用语言及三者一致的要求，那么图 1-8 就变成了图 1-9，我们也可以参考图 1-3 的单一模型的效果。

图 1-9　通用语言之桥

除了 DDD，为了穿越迷雾之海，业界的很多方法论也在做着各种努力，可以达到一定的效果。比如，敏捷用户故事就是其中一种。我们注意到，开发人员领取的是用户故事，而不是需求点或功能模块。到开发完成，用户故事也成为测试和验收节点，这无疑解决了一些内部熵增导致的目标偏差。

但这些方法论因为没有明确地看到背后的迷雾之海，并直指要害，相对于 DDD 而言，依然有反馈路径过长的不足，一般要等功能开发完毕，环境部署就绪后，领域专家和团队才能看到工作成果，并给出反馈。同时敏捷还有个问题，用户故事抓住了两端，但设计不是那么透明，这一点也不如 DDD。DDD 和敏捷过程将在第 2 章继续讨论。

（2）分离两种复杂度

前面我们讲到，复杂度包括两种：业务复杂度和技术复杂度。业务复杂度是指领域固有的计算逻辑、规则约束、判断流程等，不依赖于系统而存在，还包括领域专家与开发团队沟通中会产生的各种不确定性。技术复杂度包括与实现相关的所有内容，比如语言框架、残留系统、技术组件、技术环境等，还包括与领域逻辑不相关的关注点，如交互界面、安全机制等。

这两种复杂度单独来对付并不可怕。毕竟开发人员这个群体在抽象和逻辑思维方面不会比其他行业人员差，一个初级程序员学习一个技术框架也没有那么困难。最可怕的是两种复杂度交织在一起的情形，两者之间没有清晰的界面（见图 1-2），无法确定哪种业务逻辑散布在散乱组织的代码的何处，这被称为大泥球架构。

两类不同的关注点混合起来产生的各种排列组合，往往不是人的脑力所能胜任的，而且也不符合人类关注点分离的思考模式，软件变得难以构建和管理。此时只能通过不断地切割系统，把复杂度限制在一定范围内，就如同潜艇的密封舱一样。

当然很多读者会说，我们的项目有良好的层级和模块划分，不是大泥球。但如果我们的设计和实现与领域理解没有任何联系，都是自己一套独特的设计，或者我们没有把保持领域模型的内聚性与独立性作为原则的话，这种良好的感觉将随着项目规模的增加很快消失。

我们看一下领域模型的内聚性与独立性是如何解耦业务与技术复杂度的，如图 1-10 所示。

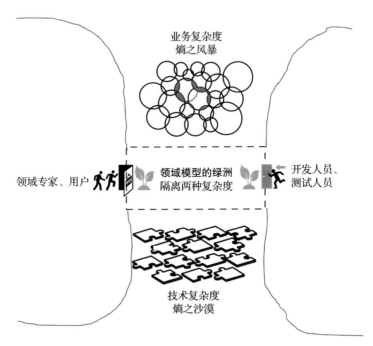

图 1-10　领域模型隔离了两种复杂度

从图 1-10 中可以看出，领域模型作为沟通的核心，代表了领域专家与技术团队的共识，是他们沟通的媒介，隔离了业务复杂度和技术复杂度。

所有业务复杂度在领域模型层面都得到了收敛，技术复杂度从领域模型处都找到了根源。作为两者的清晰界面，我们只需在领域模型的绿洲内畅饮，而无须跨越技术复杂度与业务复杂度的熵之沙漠。团队完全可以先把重心放在领域模型的构建之上，后面再围绕核心领域层搭设系统的技术架构的其他部分，组织相关的开发任务（详见第 10 章）。

内聚性保证了相关的业务逻辑都在一起，这个特性使领域专家和开发团队共同打造好领域模型之后，守住这个鸡蛋篮子就可以了。领域专家可以检查业务逻辑的覆盖程度，直接编写验收测试用例，不用担心领域逻辑被遗漏。任何对业务理解有歧义的地方，在领域模型的构建过程中都会得到统一。

独立性提供了领域模型的稳定性，技术性变更不会影响到领域模型，可以被很方便地测试，任何人在业务逻辑发生变化时，都可以愉快地启动单元测试套件来测试业务逻辑。在开发人员的指导下，业务人员是可以看懂实现与测试代码的，可以方便地开展静态测试、代码走查。在不同的应用中重用领域逻辑，也有了可能性。

领域模型这个绿洲里蕴含丰富的生态，它阻止了两种复杂度的叠加影响，让各方都能在其上放心且高效地工作。而在两种复杂度交织不清的沙漠里，生物是很少见的。

1.3.2　架构原则

从架构原则分析 DDD 的价值，是因为架构的基本原则体现了事物的本质规律。良好架构的特征，如高质量、可靠性、灵活性、易维护性等，都是遵循这些原则的结果。

实际上，我们之前说的许多道理，往往可以用"遵循了 ××× 原则"来概括。对于深谙架构原则背后原理的架构师来说，这更有说服力。同样，一个设计方法如果不能保证这些架构原则，绝对不是一个好迹象。

架构的基本原则不局限于评判 DDD 的合理性，而适用于所有的技术决策。作为决策的依据和取舍的标准，后续会采用各种设计模式来构建智慧的领域模型（详见第 9 章），到时还会大量应用这些原则来说明问题。

我们先对这些原则逐一阐释，以达成对这些原则理解上的一致。

1. 软件架构的 6 个原则

原则 1：语义一致性（Semantic Coherence）原则

直观理解就是相同的表达，含义要一样。放在软件架构中理解就是相同的逻辑，代码中只能有一个处理的地方。良好的架构不会为做同一件事情提供两种方法。

在所有的架构书中，都少不了这一个原则。它还有一些其他的名字，如"用相同的方法做相同的事""一处一个事实"和"不要重复自己"。这个原则初看可能平平无奇，刚入门的程序员也会把共有的代码提取到一个函数中去，但有经验的开发人员都知道，伴随着系统规模与团队的增长，交付软件中的种种怪异行为都可以归结为对这一基本原则的违反。

原则 2：开闭（Open-Closed）原则

软件模块对于需求应该是可以扩展的，但对于代码修改是关闭的。

这一点乍看起来有些矛盾，如何能在不改变代码的情况下而满足新的需求？但这恰恰是设计要去达成的目标，或者说解决的问题，并且技术上是完全可以实现的。

之所以有这个原则，是因为代码改动的代价太大了。问题还不仅仅在于变更以后的冗长的发布过程会影响系统的可用性，而是不知道更改会对系统产生什么诡异的级联效应。而不改动或者少改动就等于稳定，稳定就意味着更少的缺陷和更好的维护性。

我们可以采用预测变化点的方式，使架构符合开闭原则。对需求变化的预判能力和对业务逻辑的深入理解，是我们构建出符合开闭原则要求的架构必不可少的前提。技术上则可以采用接口、事件、晚绑定、多态、参数化和配置文件等各类形式。"把系统中稳定的部分与变化的部分分开管理"这一说法也是开闭原则的延伸。

原则 3：最简（Minimize）原则

最简原则也常被叫作 KISS（Keep It Simple and Stupid）和 YAGNI（You Ain't Gonna Need It）原则。用最简单的机制来满足需求，不要引入不必要的组件、框架等，用极简的方式添加功能，会得到更健壮的系统。

这个原则经常被架构师群体所提及，这其实是一个指导原则，背后的原因依然是我们前面提到的复杂度控制原理，用来应对系统的熵增定律。除非必要，不要引入不必要的复杂度。

原则 4：高内聚低耦合（High Cohesion & Loose Coupling）原则

内聚指的是模块内部的关系。高内聚即关系紧密的逻辑整体要组织到一起，每个模块都要有清晰定义的角色，不相关的逻辑不要放在一起。

耦合说的是模块之间的关系。低耦合是说模块之间的依赖关系要尽可能少，依赖类型要弱，甚至完全不知道彼此最好。

为什么高内聚是架构的一个良好的特征？一方面，它符合人们认识客观事物的规律，相互关联的东西都是在一起，且有自己的边界，就像细胞被细胞壁包裹一样。另一方面，人的注意力是有限的，组织和提炼知识可以有效地减少关注点，而散布的逻辑显然会让这一方法失效。

一个系统的各模块之间完全没有任何耦合，似乎是不现实的，因为它们还是要在一起工作来完成任务。我们要做的是降低耦合的影响，在一个要素改变后，不要影响到其他要素。依赖的关系也要遵循，外围的组件依赖核心的组件，脆弱的部分要依赖稳定的部分。最核心、最稳定的部分是不需要知道其他部分的存在的，比如领域层。

模块之间的依赖类型，除了我们熟知的直接调用这种依赖类型外，还有多种耦合方式，它们都比调用关系的耦合更严重，破坏力更强。比如，模块对特定环境条件的依赖，在某个位置必须存在某个资源，否则系统就会失败。或者模块对外部模块特定实现方式的依赖，比如消息体必须按照某种格式组织，必须按照某种顺序传递，否则就无法正常工作等。这些依赖类型是绝对要避免的。

原则 5：关注点分离（Separation of Concern）原则

关注点是指事物变化的两个独立的维度，它们原则上是不受彼此变化影响的，比如一个点的横坐标与它的纵坐标。关注点分离的意思就是，彼此不相关的关注点应该在架构组织上将它们分离，而不应该放在一起彼此影响。如浏览器中的 HTML 负责内容，CSS 负责样式，JavaScript 负责交互，就是一个典型的例子。

原则 6：可构建、可测试（Buildable & Testable）原则

良好的架构应该是容易被理解的，支持增量式构建并且方便测试。

这是从工程角度提出的原则。撇开维护良好的团队关系不谈（开发与测试），架构在这方面的努力是最值得的。一个架构方法在今天不能支持单元测试、敏捷或 DevOps 的快速迭代测试，显然是落后于时代的。

以上就是我们列出的主要架构原则，当然读者也会想到自己熟悉的一些设计原则，但大部分原则都可归为上述原则的等效原则或延伸。如单一职责与高内聚原则其实是一样的，其目的都是满足良好的开闭原则。

那么当我们套用这些原则观察 DDD 时，表现究竟如何呢？

2. DDD 对架构原则的体现

（1）语义一致性原则的体现

对于 DDD 的第一个原则，其中的语言就是要消除各方对业务理解、表达与词汇上的各种歧义。同时，语言是以模型为支柱的，其目的也在于消除沟通和设计环节可能产生的理解偏差。开发团队与领域专家都需要重新通过模型来理解领域逻辑，模型代表了唯一的事实。这一点完全符合语义一致性的要求。

同样，所有的业务逻辑都必须封装在领域模型中，领域模型是调用业务逻辑的唯一入口，是语义一致性原则的充分体现，保证了"一处逻辑只有一处代码"的原则。

（2）开闭原则的体现

就业务逻辑来讲，要想在不改变模型代码的条件下扩展需求，最好是应用一些设计模式（见第 9 章）。DDD 一般采用面向对象语言建模，在构造块构建的战术层面，运用了很多设计模式，如工厂方法等。对的需求场景搭配对的设计模式，可以保证在需求发生变化时，领域模型无须做任何改动即可满足需求。

在架构和上下文集成的战略层面，DDD 亦有多种解决方案，如六边形架构、共享内核等，这些模式最大限度地保证了在技术环境变化时，领域模型不受外部因素的影响。

构建有生命力的领域模型，就是让我们的领域模型面对需求变化时，符合开闭原则。智慧的领域模型是对业务的深入了解、对模式的应用场景的掌握以及和创造性思维相结合的成果。

值得注意的是，如果应用模式解决了问题，团队就要努力让模式的名称成为通用语言的一部分，让领域专家去理解，而不是把它们隔离在设计之外。

（3）最简原则的体现

如果你了解奥卡姆剃刀原理——如非必要勿增实体，那么就可以看出 DDD 是符合最简原则的。

DDD 的特点就是开发人员不会先入为主地预先设计领域模型，而是从与领域专家沟通的语言中导出设计、提取模型。完成的模型会与领域专家沟通，获得反馈，以检查是否符合领域的工作方式。以最贴近业务本身的工作方式来构建模型和组织代码，最后还要得到领域专家的确认。这些实践都符合最简原则。

三合一原则意味着中间不存在二次设计和转译，这是一种返璞归真的工作方式，是最简原则的完美体现。

（4）高内聚低耦合原则的体现

- ❑ 高内聚：相关的业务逻辑必须组织在对应的领域模型中，而不能在别处。为了体现内聚性，DDD 还有"聚合"的概念（见第 6 章）——把相关的领域实体组织在一起。高内聚的领域模型是 DDD 的基本原则。

- ❑ 低耦合：领域模型完全独立于技术架构的其他部分是 DDD 的基本原则。适用于 DDD 的六边形架构保证了领域模型的独立性。可以说，领域层与技术架构的其他组件之间，耦合程度是最低的。还有一些模式的运用，如工厂、资源库模式，也把其他层与领域层的耦合降到最低。上下文之间的集成（见第 7 章）也有多种可用的解决方案。

（5）关注点分离原则的体现

通过单独构建领域模型，DDD 分离了业务复杂度与技术复杂度，这是最大的关注点分离。DDD 中的子域分别有核心域、支撑域和通用域。上下文画出了模型和语言的边界，进而划分了用例、工程和团队，都是关注点分离原则的体现。

（6）可构建、可测试原则的体现

DDD 的易构建性显而易见。在使用通用语言沟通中，领域模型的构建是很自然发生的，不需要"技术翻译"。而领域模型作为业务复杂度和技术复杂度的隔离带，使软件的易构建性、可维护性大幅提升。

DDD 可测试性的优势体现在测试和验收业务逻辑时，只针对领域模型进行单元测试即可（详见第 8 章）。

单元测试和静态测试是效率最高的测试类型，但很多团队无法开展，其中的原因是缺少可供测试业务逻辑的"单元"。在没有使用 DDD 时，业务逻辑与程序模块之间并不是明显对应的，两者往往是错位失配的。这种情况下，即便我们想测试，也因为这些单元缺少内聚性和独立性及测试对逻辑的覆盖度不够无法独立开展测试。静态测试代码也因无法看出代码和需求的对应关系，难以开展。

而在 DDD 中，领域模型可以成为单元测试的完美抓手。领域模型越强大，单元测试对需求的覆盖就越全面。代码作为模型的表达，也完全可以通过静态测试发现其中丢失的逻辑和问题。

DDD 对于架构原则的体现如表 1-2 所示，这充分阐释了 DDD 在架构方面的价值。

表 1-2 架构原则与 DDD

架构原则	在 DDD 中的体现
语义一致性原则	• 通用语言消除了沟通中的歧义 • 业务逻辑只在领域模型这一处存在，代码中也只有一处
开闭原则	• 针对不同需求场景，运用正确的设计模式，可以保证领域模型的开闭原则 • 在 DDD 战略层面有多种设计模式，它们也保证了在技术环境变化时领域模型不受外部因素的影响
最简原则	• 设计来源于语言，业务驱动设计没有增加额外的复杂度 • 语言、模型和代码完全统一，中间不存在二次设计和转译
高内聚低耦合原则	• 高内聚的领域模型是 DDD 的基本原则 • 领域模型完全独立于技术架构的其他部分是 DDD 的基本原则
关注点分离原则	• 通过领域模型，DDD 分离了业务复杂度与技术复杂度 • 子域、核心域、支撑域的划分都是关注点分离的体现
可构建、可测试原则	• 可构建性：领域模型的构建是通过"通用语言"自然建立的 • 可测试性：领域模型是单元测试与静态测试的完美抓手

1.3.3 团队协作

下面从团队协作角度评估一下 DDD 带来的价值。

在一个软件开发项目中，除技术外，团队或人的因素有多重要？这里不直接回答这个问题，而是列出软件工程上两个有名的关于人的"定律"，请读者自行体会。

❑ 定律一（Brooks 法则）：向进度落后的项目增添人手，只会使项目更加落后。（《人月神话》）

❑ 定律二（帕金森定律）：无论你给项目团队多少时间，团队都能将其耗完。（《人件》）

虽然上面两本书都已经过去几十年了，但没有哪个团队管理者会否认上面两个定律的强大生命力。如此"奇葩"的定律，一方面是因为我们前面提到的软件的复杂度。就像人脑的神经元连接密度远远大于人的躯干一样，软件开发的高复杂度客观上需要团队更多的协作和沟通，沟通中的信息密度也远远超过了其他类型的团队。如果团队意识不到构建良好的协作机制、通畅的沟通渠道的重要性，对项目的不利影响将是致命的。总的来说，有以下几对重要的协作关系，我们必须重视。

1. 团队协作的 4 种重要关系

关系 1：领域专家与用户之间

面临的挑战：领域专家和用户通常不来自同一团队，这种情况很少出现。领域专家可能并不总是同意用户的某些概念和术语，因为他们有丰富的工作经验或深厚的行业咨询背景。用户之间也不总是一致，公司的不同部门隔开了不同的"上下文"（详见第 7 章），他们的工作方式和对软件的要求可能是完全不同的。

此外，我们必须意识到，客户的业务逻辑本身也在不断进化。只有沟通才能消除业务人员之间的分歧，甚至推动一些重要的商业决策。

关系 2：领域专家与开发团队之间

面临的挑战：这是项目团队中最重要的一对协作关系。但是，如前所述，如果业务架构与技术架构之间错位失配，团队的精力将会大量消耗在两者之间的转译上。

领域专家和用户基本上会被技术团队的一句"你不了解实现方式，这个需求实现不了"而挡在门外，技术团队也会因为一句"这个需求你和谁确认了"而感到沮丧。更不用说，在很多项目中，程序员实际上不是在编写代码，而是在自己摸索业务领域知识，其后果不言而喻。

关系 3：开发团队内部与开发团队之间

面临的挑战：开发团队内部首先是设计师与程序员的基本矛盾。

❑ 设计师所担心的：程序员是否理解设计并完全遵从设计来开发。

❑ 程序员所担心的：架构师的设计根本无助于实现。设计与需求不一致或者已经过时，需要自己重新设计。

开发人员之间还面临着以下问题：

❑ 能在什么粒度上重用别人开发的代码。

❑ 有模块依赖的开发人员之间该如何并行工作。

不要小看这些问题，以第一个问题为例，单纯地强调"无重复代码"是容易的，但由于封装和重用级别需求的不清晰，缺少内聚的模型，随意重用别人代码会产生不可预知的副作用，导致缺陷不断地复现。这种情况的发生会让缺乏耐心的开发人员放弃重用的想法而另起炉灶，违背了基本的原则。

内部沟通还涉及团队成员与新加入者之间的沟通。在这种情况下，有人会给新加入者讲解需求，有人会为其提供技术架构培训，但是，也可能没人知道或者很模糊。即便有相应文档，往往也已经过时。学习者面临着一个陡峭的学习曲线，这个混沌的领域就这样被搁置了。当他们着手开发代码时，碰壁和挫败是难免的。因为需求、设计和代码之间完全是失配的关系，跨越它们之间的多个多对多关系导致系统的复杂度剧增，很难应对。

开发团队之间则面临如何在清晰的界面上集成的问题，这通常是由于缺乏约定的模型和良好的接口而导致的。稍有不慎，就可能会导致像下水道堵塞这样的问题。

关系 4：开发与测试之间

面临的挑战：前面提到，单元测试是最有效率的测试，而静态测试也是非常有效率的测试。它们定位准确，修复缺陷的代价极低，这一点我们会在第 8 章中详细讨论。

但这"唯二"的高效测试在多数团队中都不能顺利开展，原因很简单：

❑ 代码根本看不懂，测试人员无法开展静态测试。需求说明书与测试代码之间就如同 Java 与 JavaScript 的关系一样。

❑ 单元测试无法覆盖业务逻辑，因为它们并不"住"在一个单元里。

❑ 单元测试无法单独运行。

结果就是测试人员只能求助于更高级别的端到端的测试来验证功能，而这种测试是最难实施和定位缺陷的。即便是稍好一些的接口测试，测试人员也很难分辨测试的究竟是业务还是设计。

2. DDD 对于团队协作的促进

下面我们看一看 DDD 是如何改进协作关系的。

（1）领域专家与用户之间

DDD 强调领域专家的参与，以及统一语言的建立。随着统一语言的建立，领域专家和用户之间存在的概念分歧会逐渐消失。当用户体验按照领域专家中的模型设计时，软件对于用户来说就变得容易理解了。甚至不需要对用户进行培训，软件本身就可以起到培训的作用。随着统一语言成为工作语言，业务人员能更好地理解业务。

（2）领域专家与开发团队之间

领域模型都是基于通用语言构建的，同时领域模型是通用语言的核心。代码即模型，代码即业务，三者之间不存在失配，所以也就没有业务架构向技术架构转译这种说法。由于领域业务模型的显式存在，领域专家和技术团队之间对业务规则的理解是一致的，设计和实现对业务规则的覆盖是否完整也是清晰可见的。

因此，需求实现与变更的可能性对于领域专家和用户来说也是透明的，开发人员再也没办法说出那些晦涩的理由。不要小看这个特性，它可以解决 80% 的团队争吵，带来最想要的客户满意度。

（3）开发团队内部与开发团队之间

首先，三合一原则保证了代码对设计模型的完全遵从。所有的开发人员（至少是领域层的）都是模型的共同创造者，必须学会用代码来表达领域模型。没有过度的自由，就没有犯错的空间。

DDD 对业务实体的封装、接口的命名、聚合的限制以及领域服务与应用服务的区隔，都使得我们在重用的问题上有清晰的判断，不会犯严重的错误（见第 8 章）。

并行开发的问题通常也可以通过关键组件的模型化来解决，模型并不一定满足所有需求。但只要接口由通用语言所定义，它就不会轻易地变来变去，开发工作就可以顺利地并行开展。

在新人培训方面，一个有生命力的领域模型的生存周期可能比项目团队要长得多，模型和代码都是最好的学习资料，并且它们是一致的。后续加入的开发、测试人员学习业务和掌握代码是同步的，因为它们就是一回事。在 DDD 团队中，新加入的产品经理通过代码（尤其是测试代码）来了解旧的需求，也无须太过惊讶。

开发团队之间的集成工作稍微复杂一些，庆幸的是，这是 DDD 战略层面主要关注的内容。很多权威的著作，从最早的 Evans 的著作开始，就对这个问题非常重视，提供了很多最佳实践与技术解决方案作为参考（详见第 7 章）。

（4）开发与测试之间

领域模型的内聚性和独立性，以及模型与代码的一致性，使得单元测试与静态测试可以方便地进行。领域专家和用户也可以自行编写单元测试用例，进行代码走查。

基于"测试越早，问题修复的代价就越小"的测试原则，以及敏捷与 DevOps 方法对自动化快速测试的强依赖性，DDD 的价值怎么强调都不过分。更进一步，如果你能理解测试驱动开发（Test Driven Development，TDD）其实是一种设计方法，并且打算采用 TDD，那么与 DDD 可以说是天作之合（见第 2 章）。

DDD 在对上述每一对关系协作的增效上都有出色表现，可以说有颠覆性的革新。三合一与领域模型的独立、内聚的特性，消除了团队沟通中的各种迷雾。每种角色都能在以领域模型为核心的生态里，找到自己的定位。各角色之间没有团队墙和信息差，这无疑是一种科学的做法。

1.4　关于 DDD 原则的案例

下面采用一个简单的案例来说明 DDD 的语言、模型、代码三合一特性，以及如何保持领域模型的内聚与独立性。

该案例基于一个真实的项目，是作者几年前基于 SalesForce 公司的 PaaS 云平台 Froce.com 开发的一个敏捷项目管理软件 Agile Vision（敏捷视野）。基于 PaaS 云平台的开发比较适合作为 DDD 的案例，因为底层基础设施的功能（如安全性、可靠性、存储等）都已经由云平台封装好了，项目团队可以专注于实现业务逻辑，构建业务模型。

该项目的需求是管理 Scrum 敏捷项目。选这个项目，也是因为读者多多少少对敏捷过程有一定的了解，其中的术语和领域逻辑不难理解。如果是完全陌生的复杂领域，难免要花费相当大的脑力去理解领域逻辑。而我们的目的只是让大家初步感受一下 DDD 的本质特性，没必要给读者增加过多的脑力负担。至于复杂的业务逻辑建模技巧，后续章节有大量案例（见第 5、6、9 章），本节只是一个简单的开胃菜。

1. 语言、模型、代码三合一

（1）语言沟通

领域专家对领域的逻辑描述：

> **领域专家**：Sprint 是一个固定时长的迭代，时间一般是 2～4 周。

（2）设计模型

类图如图 1-11 所示。

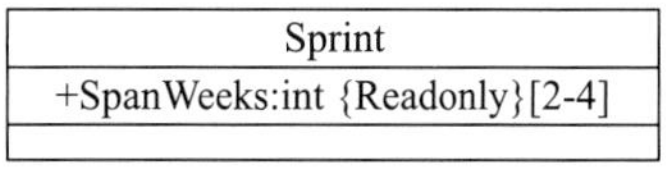

（3）实现代码

```
namespace AgileVision
```

Sprint
+SpanWeeks:int {Readonly}[2-4]

图 1-11　Sprint 类图

```
{
    public class Sprint
    {
        [Range(2, 4)]                      // 限定属性的取值范围为 2～4
        public readonly int SpanWeeks;     // readonly 标记了只读属性
    }
}
```

例子很简单，但有以下几个值得注意的地方：

1）类名用的是 Sprint 而非"迭代（iteration）"或"里程碑（milestone）"之类，这是因为领域专家和用户之间沟通的自然语言就是 Sprint，如果换作其他概念，交流时就要去翻译和解释。建模时，不要引入沟通中没出现的新词汇。不要认为开发人员不会做这种翻译成近义词的事情，事实上他们会依据自己的理解换成他们熟悉的术语，给沟通带来问题。

2）Sprint 的持续时间用的是类的属性 SpanWeeks（持续周数），这是基于 Sprint 的时长都是以周为单位，充分尊重了通用语言。如果按照开发人员的习惯，可能会把它改为以天为单位，因为更小的单位在计算方面要更灵活，但设计人员没有这样做。设计之初，控制住了提前设计的冲动，避免增加多余的解释与领域专家的沟通成本。

3）业务逻辑"固定时长"和"2～4 周"在设计上有明确的注释。模型和代码没有丢掉任何业务逻辑。

4）业务逻辑放在 Sprint 类的内部，没有放在外部来判断。

以上展示了语言、模型、代码的统一。开发团队与领域专家沟通需求时，要把设计模型和代码在会议中展示出来，让他们开始通过模型来重新理解领域，进而检查开发团队对需求的理解是否正确及是否有遗漏。

我们再来体验一下语言、模型、代码三者的同步变化。

2. 语言、模型、代码实时同步

（1）第一版设计

1）沟通。开发团队与领域专家的沟通如下。

领域专家：我们先确定 Release 的启动时间，然后开始进入 Sprint，Sprint 是一个固定时长的迭代，时间一般是 2～4 周。在 Sprint 开始前，我们会确定 Sprint 的 Sprint Backlog，它是 Release Backlog 的子集。在经历若干个 Sprint，当我们完成了 Release Backlog 之后，产品会进入发布流程。

开发人员：那是不是说一个 Release 里有很多的 Sprint？

领域专家：是的，可以这么理解。但 Sprint 之间是一个时间连续的概念，也就是在完成一个 Sprint 之后才能进入下一个 Sprint。

开发人员：Sprint 的时长可以改变吗？

　　　　领域专家：这是不允许的，至少在一个 Release 内时长是固定的。这是 Scrum 的核心实践之一。

　　　　开发人员：一个 Release 中 Sprint 数量是固定的吗？

　　　　领域专家：这很难说，尤其是对于新组建的团队来说，他们的 Velocity（团队生产率）还不稳定，要完成 Release Backlog 里的所有任务需要的时间也不确定，可能会增加 Sprint 来消化所有的 Backlog。当缺陷过多时，我们也会增加 Sprint 来修复缺陷，之后才能考虑结束 Release 的问题。

　　　　开发人员：Release 内至少要有一个 Sprint 吗？

　　　　领域专家：对于已经启动的 Release 是这样的，规划中的 Release 是没有的。

　　　　开发人员：Release 启动时，Sprint 就启动了吗？两个 Sprint 之间的时间是连续的吗？

　　　　领域专家：是的。

　　　　……

开发团队与产品经理的沟通如下。

　　　　……

　　　　产品经理：我需要一个功能，在用户创建 Sprint 时，他必须指定一个 Release，当他指定后，能自动计算 Sprint 的开始时间和结束时间。并且有一个默认名，即第 X 个 Sprint 的名字是 Sprint X。

　　　　开发人员（想了想之前和领域专家的交流）：好的，没问题。

　　　　……

　　以上对话做了高度简化，甚至把几次的谈话内容浓缩到了一次，只留下了需要说明主题的关键部分。

　　技术团队结合这两次讨论，做出了下面的模型。

　　2）设计模型。类图如图 1-12 所示。

　　3）代码模型。

Release 类代码如下：

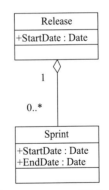

图 1-12　Release 和 Sprint 领域模型

```
namespace AgileVision
{
    public class Release
    {
        public List<Sprint> Sprints = new List<Sprint>();
        public DateTime StartDate;
        public void AppendSprint(Sprint sprint)
        {
            this.Sprints.Add(sprint);
            foreach (Sprint s in Sprints)
            {
```

```
                s.BelongedRelease = this;
            }
        }
    }
}
```

Sprint 类代码如下：

```
public class Sprint
{
    private int _SpanWeeks;
    public Sprint()
    {
        this._SpanWeeks = 3;
    }
    public int SpanWeeks
    {
        //......
    }
    private Release _belongedRelease;
    private DateTime _StartDate;
    private DateTime _EndDate;
    public Release BelongedRelease
    {
        get
        {
            return this._belongedRelease;
        }
        set
        {
            this._belongedRelease = value;
            int lastSprintIndex = _belongedRelease.Sprints.Count;
            this._StartDate = this._belongedRelease.StartDate.AddDays(lastSprintIndex *
                SpanWeeks * 7);
        }
    }
    public DateTime StartDate
    {
        get
        {
            return this._StartDate;
        }
    }
    public DateTime EndDate
    {
        get
        {
            return StartDate.AddDays(SpanWeeks * 7);
        }
    }
}
```

还有不可缺少的单元测试来验证业务逻辑，单元测试如下：

```
public class Tests
{
    [Test]
    public void SprintStartDateTest()
    {
        Release r1 = new Release();
        r1.StartDate = System.DateTime.Today;    // Release 今天开始
        r1.AppendSprint(new Sprint());
        r1.AppendSprint(new Sprint());                // 添加两个 Sprint 到 Release
        Sprint s3 = new Sprint();
        r1.AppendSprint(s3);
        Assert.AreEqual(System.DateTime.Today.AddDays(42), s3.StartDate);
        // 验证 Sprint3 的开始时间是 42 天后
    }
}
```

测试用例通过，可以把模型拿出来与领域专家和产品经理讨论了。

（2）第二版设计

第一版的设计和算法在会议上讨论时，领域专家立刻发现了设计中缺失的东西。

1）沟通。开发团队与领域专家的沟通如下。

领域专家：我可以看到设计中 Release 与 Sprint 的一对多关系，这是正确的。Sprint 开始时间的算法是 Release 的开始时间加上该 Sprint 之前的所有 Sprint 的数量乘以固定时长的天数，这可能不对。因为对于 Scrum 项目有一个特殊惯例，在 Release 开始后，我们还有一个特殊阶段，叫 Sprint 0。

（显然，对模型的检查唤醒了领域专家之前没有提及的一个深层的业务逻辑。）

开发人员：Sprint 0 ？（难道说的是 Sprint 数组的索引？）

领域专家：Sprint 0 是这样一个阶段，即所有的利益相关方会创建一个待开发功能、用例、系统改进和缺陷修复的列表，同时会指派一个产品经理，所有的请求都要通过他。在这个过程中，我们会在 Product Backlog 的基础上先明确 Release Backlog，作为一个可发布版本的规划。

开发人员：对于计算后续 Sprint 开始时间，这个 Sprint 0 有什么影响吗?

（显然，开发人员并没有听进去 Sprint 0 所做的任务，而急于给出解决方案。）

领域专家：Sprint 0 的时长与后续开发 Sprint 的时长不一定是一致的，一般不会超过两周。

开发人员：好，我明白了。

2）代码模型。第二版的代码模型很快就出来了，只修改了 Sprint 类，如下所示。

```
public class Sprint
```

```
{
    private int _SpanWeeks;
    private Release _belongedRelease;
    private DateTime _StartDate;
    private DateTime _EndDate;
    public Sprint()
    {
        this._SpanWeeks = 3;
    }
    public int SpanWeeks
    {
        get
        {
            return this._SpanWeeks;
        }
        set
        {
            if (this.BelongedRelease.Sprints[0].Equals(this))
                this._SpanWeeks = value;          // 修改的部分
            else
            {
                if (_SpanWeeks != 0)
                {
                    throw new Exception(" 不能修改 Sprint 时长 ");
                }
                else
                {
                    if (value >= 2 && value <= 4)
                    {
                        this._SpanWeeks = value;
                    }
                    else
                    {
                        throw new Exception("Sprint 时长取值范围为 2～4 周 ");
                    }
                }
            }
        }
    }
    public Release BelongedRelease
    {
        get
        {
            return this._belongedRelease;
        }
        set
        {
            this._belongedRelease = value;
            int lastSprintIndex = _belongedRelease.Sprints.Count;
            this._StartDate = this._belongedRelease.StartDate.AddDays
```

```
                    ((lastSprintIndex - 1) * SpanWeeks * 7 + _belongedRelease.
                    Sprints[0].SpanWeeks * 7);        // 修改的部分
            }
        }
        public DateTime StartDate
        {
            get
            {
                return this._StartDate;
            }
        }
        public DateTime EndDate
        {
            get
            {
                return StartDate.AddDays(SpanWeeks * 7);
            }
        }
    }
}
```

将 Sprint 开始时间计算的逻辑从 "Release 开始时间 + Sprint 数量 × 固定时长" 变成了 "Release 开始时间 + (Sprint 数量 –1) × 固定时长 + Sprint 0 的时长"。

另外，为了满足 Sprint 0 的时长和其他 Sprint 不一样，对时长的赋值做了特殊处理。

```
......
if (this.BelongedRelease.Sprints[0].Equals(this))
            this._SpanWeeks = value;
......
```

测试代码如下：

```
[Test]
    public void SprintStartDateTest()
    {
        Release r1 = new Release();
        r1.StartDate = System.DateTime.Today;
        Sprint s0 = new Sprint();
        r1.AppendSprint(s0);
        s0.SpanWeeks = 1;
        r1.AppendSprint(new Sprint());
        Sprint s3 = new Sprint();
        s3.BelongedRelease = r1;
        Assert.AreEqual(System.DateTime.Today.AddDays(28), s3.StartDate);
    }
```

测试全部通过。

在下一次开会时，开发人员拿出了这个代码模型，沟通结果却出乎意料。

开发人员与领域专家的沟通如下。

> **领域专家**：（看完代码后，皱了皱眉）this.BelongedRelease.Sprints[0].Equals(this) 这句代码是什么意思？两个 Sprint 相等是什么意思？
>
> **开发人员**：这是判断所添加的 Sprint 是不是第一个 Sprint 0，因为它的时间周期可以赋值，而其他的 Sprint 是固定的。
>
> **领域专家**：那为什么不是 IsSprint0 而是这么一句呢？
>
> **开发人员**：那是因为……（一堆技术术语）
>
> **领域专家**：（平静了一下）所以你的实现用了一个集合，那 this._belongedRelease. StartDate.AddDays((lastSprintIndex-1) * SpanWeeks * 7 + _belongedRelease.Sprints[0]. SpanWeeks*7); 代码中 Index 减 1 是什么意思？
>
> **开发人员**：这是因为……（继续解释集合的技术特性）
>
> **领域专家**：（终于听完了解释）好吧，至少你的测试用例通过了，这个我还能看懂。技术实现你们自行决定吧，毕竟我也不是太懂……

显然，对于实践 DDD 的团队来说，这个沟通是失败的。问题主要出在什么地方呢？

首先，代码模型中丢失了重要的领域概念 Sprint0。我们都听得出来，虽然它叫 Sprint 0，但是它是有特殊的业务含义的，在这个 Sprint 内，我们并不是完成开发工作，而是 Release 的准备和计划。开发人员把这个重要的领域概念丢失了，进而使用技术手段通过了测试用例，虽然测试用例提供了防火墙，但模型实际上是与领域逻辑脱离了。直接的后果就是，之后的沟通都需要开发人员来解释和翻译，双方已经无法达成对模型的理解的共识来直接沟通。

进一步来讲，模型与领域逻辑失配后，为后续模型的进化造成了阻碍。我们马上就会看到这样做带来的弊端，因为没有 Sprint0 的显式概念，后续定义 Sprint 的其他成员时，我们会发现都不适用于 Sprint0，在各种场合都需要在 Sprint 类中做特殊处理，代码维护也变成了噩梦。

（3）第三版设计

参会的开发组长显然听出了问题，赶紧和领域专家做了如下确认，完善了第三版设计。

1）沟通。开发组长与领域专家的沟通如下。

> **开发组长**：模型与业务似乎有些脱离。专家，我们想确认一下，这个 Sprint0 叫 Sprint 究竟有什么特殊含义呢？
>
> **领域专家**：正如我前面所说，它是所有开发 Sprint 前的一个特殊阶段，它的主要任务是……（略）。
>
> **开发组长**：那么它有自己的 Sprint Backlog 和各种会议之类的吗？
>
> **领域专家**：没有，它有自己专门的任务。再重复一遍，它的时长并不受开发 Sprint 时长的约束。

> **开发组长**：是否也是以周为单位？
>
> **领域专家**：这个不一定。
>
> **开发组长（松了一口气）**：好的，我们理解了，重构后我们再和你讨论。

这时，开发团队也已经意识到 Sprint0 其实是一个特殊的领域概念，虽然叫 Sprint，但它特指在开发 Sprint 前需求规划和团队组织的起始阶段。基于此，他们很快更改了设计和代码实现。

2）设计模型。模型如图 1-13 所示。

设计把 Sprint0 独立出去，并且根据已有业务，不再需要开始时间 StartDate、结束时间 EndDate 这两个属性，将 SpanWeeks 变成了 Span-Days。它与 Release 的关系也得到了体现——一对一，且在计算开发 Sprint 的开始时间时，需要保证 Sprint0 已经结束。

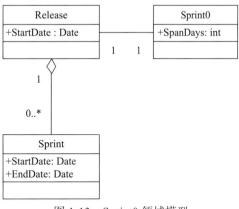

图 1-13　Sprint0 领域模型

3）代码模型。Release 类代码如下：

```
public class Release
{
    // 略
    // 增加了 Sprint0 的定义
    public Sprint0 _sprint0;
    public Sprint0 Sprint0
    {
        get
        {
            return this._sprint0;
        }
        set
        {
            this._sprint0 = value;
            this._sprint0.BelongedRelease = this;
        }
    }
}
```

Sprint 类的 BelongedRelease 属性做了如下修改：

```
public Release BelongedRelease
{
    get
    {
        return this._belongedRelease;
    }
    set
```

```
    {
        this._belongedRelease = value;
        if (_belongedRelease.Sprint0 != null)
        {
            int lastSprintIndex = _belongedRelease.Sprints.Count;
            this._StartDate = this._belongedRelease.StartDate.AddDays((lastSprint-
                Index - 1) * SpanWeeks * 7 + _belongedRelease.Sprint0.SpanDays);
        }
    }
}
```

新增 Sprint0 类，代码如下：

```
public class Sprint0
{
    public int SpanDays;
    private Release _belongedRelease;
    public Release BelongedRelease
    {
        get
        {
            return this._belongedRelease;
        }
        set
        {
            this._belongedRelease = value;
        }
    }
}
```

单元测试如下：

```
[Test]
public void Sprint0Test()
{
    Release r1 = new Release();
    r1.StartDate = System.DateTime.Today;
    Sprint0 s0 = new Sprint0();
    r1.Sprint0 = s0;
    s0.SpanDays = 5;
    r1.AppendSprint(new Sprint());
    r1.AppendSprint(new Sprint());
    Sprint s3 = new Sprint();
    r1.AppendSprint(s3);
    Assert.AreEqual(System.DateTime.Today.AddDays(47), s3.StartDate);
}
```

这一版模型显然吻合了业务逻辑，少了技术转译，领域专家又能理解模型的表达了。

我们基于这个案例演示了 DDD 的语言、模型、代码三合一以及实时同步的特性。要知道模型始终处于动态演化的过程中。开发团队在与领域专家沟通时，一定要坚持使用模型作为沟通工具和媒介。一旦发现背离的地方，要迅速让模型回到正确的轨道上来。当然，何时背离也很容易分辨，就是一方（无论是领域专家还是开发人员）无法理解模型并拒绝使用它作为沟通工具时。

3. 依赖倒置保证独立性

仍以 Sprint 类为例。Sprint 领域模型有一个重要的概念——燃尽图，用于展示 Sprint 工作的进度，直线是理想工作线，曲线为剩余的故事点数，如图 1-14 所示。

现在有一个需求，每天 Sprint 更新后，要显式地通知绘制界面更新燃尽图。然而，对于 Sprint 燃尽图的绘制是一个不确定的任务。比例尺、绘制平台都可能在不同的场景下有不同的要求。我们如何保证领域模型的独立性，而不与界面绘制的逻辑产生任何耦合呢？

这里我们采用了依赖倒置架构（详见第 10 章），如图 1-15 所示。

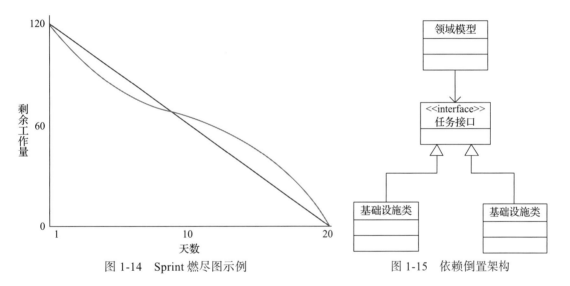

图 1-14　Sprint 燃尽图示例　　　　图 1-15　依赖倒置架构

Sprint 类代码如下：

```
public class Sprint
{
    IDrawSprint DrawSprint;              // 声明一个接口
......
        public void SprintDailyUpdate()  // Sprint 每日更新
    {
        if (this.DrawSprint != null)
            DrawSprint.Draw(this);       // 让接口实现类绘制 Sprint 燃尽图
    }
......
}
```

绘图接口如下：

```
public interface IDrawSprint
{
```

```
        void Draw(Sprint sprint);
    }
```

Sprint 类并没有任何比例尺或绘制平台的概念。它只是定义了一个接口类，由实现接口类的具体类根据需要完成绘制。需要说明的是，依赖倒置架构并不仅限于领域层和基础设施层之间，实际上可以用于任何高层模块和低层模块之间。按照六边形架构，与基础设施打交道的任务应该交给应用服务层，领域逻辑应该更加纯粹。这里仅作为展示，展示如何利用以接口为基础的编程思想，解耦领域层和其他组件。当我们以接口为基础进行编程并采用依赖倒置架构时，实际上不存在分层的概念。无论是高层还是低层，它们都只依赖于抽象。整个分层架构都被扁平化了。通过抽象为领域模型提供了解耦，保护了领域模型的独立性。我们通常会使用资源库（Repository）来解耦领域模型和持久化机制，以保证领域模型的独立性。这个案例进行了大量简化和抽象，仅用于演示和启发。代码并不是完整的，而且有些逻辑与现实并不完全一致，读者能够理解其中的要点是最重要的。在接下来的章节中，我们将会有更深入的案例和讨论。

第 2 章 *Chapter 2*

DDD 落地难点分析

本章将分析 DDD 落地的难点，以对症下药。首先介绍 DDD 的适用范围，并给出 DDD 的适用性评分表，让团队选择 DDD 时更有信心；然后讲解 DDD 落地难的 3 个关键影响因素：常见误区、文化的变革、团队的挑战；最后介绍能配合 DDD 发挥威力的技术生态，涵盖测试、架构和软件过程三个方面。

2.1 DDD 的适用范围

本节主要讨论哪些项目适合采用 DDD。谈到这个问题，我总会想起在《敏捷软件开发》（Robert C.Martin）一书中开篇的第一个案例，两个结对编程的程序员一起开发一个保龄球计分系统。全程两人都在讨论，并即时把语言翻译为代码。在我看来那是一个完美的三合一的样例，这得益于他们自己就是领域专家（深知保龄球规则），并且拥有熟练的面向对象设计技巧，达到了语言、模型、代码的高度统一。通过这样一个小的例子，我们可以看到，即便是一个如此小型的应用，也能从三合一的实践中受益良多。当然，也从中看出了应用 DDD 的必要条件。

第一，领域逻辑具有明显特征，复杂、独特且稳定。我们稍后会详细解释这三个特点。这里特别强调，不要误会"稳定"的含义，因为快速变化的需求一直被看作软件开发的主要特征。这里的稳定仅指领域专家头脑中已经形成稳定的领域知识体系，否则谁能验证我们建模的正确性呢？

第二，团队相对成熟。如果开发团队一开始就拥有参与度极高的领域专家和技巧纯熟的建模者，我们可以在任何项目中采用 DDD。三合一的原则保证我们可以快速得到最简洁且有生命力的设计。不管业务逻辑多么简单，单独构建领域层的架构方式也不会有什么副作用——除了那些只会用旧方法工作的人。

尽管理论上在任何项目上都可以应用 DDD，但一切决策都需要平衡成本和收益。在现实中，能高度配合的领域专家是一种珍贵的资源，而深谙建模技巧和解耦之道的开发人员也不总是唾手可得（这是本书致力解决的问题）。在众多竞争资源的项目中，我们需要一个评判标准，以便将资源向最合适的项目倾斜，这是务实的做法。否则，我们很可能会受挫于没有领域专家配合，也可能会和思维保守的开发人员产生冲突。

此外，还要考虑一个额外的因素，即团队是否上线 DevOps 平台。理论上，它与 DDD 并不冲突，但是，如果团队已经习惯了利用快速发布和迭代来获得领域专家的反馈，而不是在沟通和建模阶段，那么 DDD 为其提供的这项便利可能就不那么显著了。这里没有严格的好坏之分，DevOps 的反馈方式并非没有效果。但是话说回来，DDD 的收益不仅仅是快速反馈，有条件的团队应当勇敢地尝试，它是团队内功的体现，是 DevOps 无法替代的。

最后，评判项目之前，对于采用 DDD 的必要成本，我们心里应该有个大体的了解。遵循 DDD 的两个原则，意味着我们必须持续地引入领域专家、为创建通用语言腾出时间和精力、要求开发者的代码必须符合模型、必须撰写单元测试、要将针对接口编程贯穿始终等。要了解自己的团队是否具备了相应的能力来完成这些工作。

综上，我们可以根据领域特性和团队成熟度来评判适合采用 DDD 的项目。

2.1.1 领域特性

（1）复杂性

构建一个基于 CRUD 的应用是非常快速的。如果基本的增删改查就可以满足需求，那我们没必要使用 DDD。传统的开发者倾向于将注意力集中在数据上，他们可以直接在数据表上建模。语言框架更多的功能在于数据库的访问和 UI 的绘制，虽然语言可能是 Java 这种完全面向对象语言，但其实应用里并没有什么客观对象，除了数据库的容器和访问者。这种项目的特点很好识别——你不需要领域专家来答疑解惑，且项目周期不长。

我们衡量是否适用的第一个领域特性就是复杂性，DDD 最适合具有复杂领域逻辑的应用。如果业务比较复杂，随着我们对领域逻辑的了解，就能很快感受到基于数据的做法带来的限制。仅从数据出发，CRUD 系统无法创建出好的业务模型。业务的复杂性可以体现在精巧的商业模式、复杂的制造过程、精益的管理方法等方面。它们的特征是需要领域专家来解释其中的玄机，开发团队也无法独立掌握。

比如在 Evans 原著中的第一个例子，关于芯片的计算机辅助设计。显然，这个例子非常适用 DDD，因为我们第一时间就感受到了它的复杂性。随着国内软件行业向各种专业领域的突破，如图像处理、计算机辅助设计、智能制造等，这些都是非常适合应用 DDD 的领域。

衡量这个特征需要注意的一点是，这里的复杂性单指领域逻辑的复杂性而不是技术。大型复杂系统可能包含多个上下文和许多子域，一些子域包括独有的、复杂的、变化中的业务逻辑，我们称其为核心域，而其他子域仅仅是管理数据、包装接口、描绘界面、收集用户操作、发送消息，我们称为支撑域和通用域。

如图 2-1 所示，我们应当将 DDD 实践仅应用于核心域，即仅构建业务逻辑部分，这些实践包括构建通用语言，保持语言、模型、代码的一致性等约束。而对于其他的子域，我们应注意避免与核心域耦合，而不需要花费精力应用 DDD 实践。这些子域的特点不难分辨，当构建这些子域时，你需要的不是领域专家，而是数据库或消息队列等技术专家。有关上下文和子域的讨论将在第 7 章中继续。

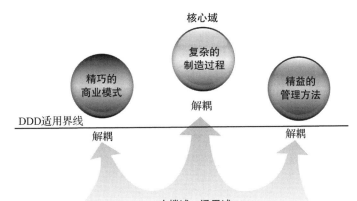

图 2-1 将 DDD 应用于核心域

（2）稳定性

如果一个系统的内在商业逻辑是稳定的，未来的需求主要集中在支撑功能和业务量的扩展上，那么就非常适合采用 DDD。比如，由 Web 端转化到移动端 App，业务范围从地方走向全国，访问量从百万级跨越到千万级，部署平台由服务器升级到了公有云等。

一个强大而稳定的领域层将为未来的这些需求变化提供坚实的保障。相反，不太稳定的商业逻辑，即便你想应用 DDD，也可能缺少领域专家，因为它总是处在变化中，难以构建稳定的核心。在与 DDD 天生绝配的六边形架构中，它强调所有的层最终都将依赖领域层，而架构原则要求被依赖者必须更稳定，所以核心领域逻辑应该是稳定的，而不是变化无常的。

当然，稳定性指标并不是绝对的，要看它所处的阶段。有的软件功能在时间长度上，几年内将不断变化，但一旦改变就不是简单的变更，例如金融领域的一些法规。或者，虽然业务现阶段处于变化之中，但它的商业模式一旦形成，将作为企业的核心资产，例如新兴的移动互联网应用中的各种商业模式。它们都适合采用 DDD，即便业务逻辑处在变化之中，我们也可以从 DDD 的另一个特性——快速测试和验证领域逻辑——中收益，它可以为高频发布类应用提供很好的支持。

这里还不得不提一下项目的周期。相对来说，DDD 更适合周期长的项目。交付时间过于紧张的项目，团队成员的注意力都会集中在功能的开发上，这时候强调领域知识的学习和领域模型的精炼，显然会和各利益相关者产生工作安排重点的冲突。相反，周期越长的项目，比如核心产品的研发，随着时间的推移，提炼出的领域模型就会逐步释放出它的威力。因此，项目生命周期越长，收益越大。

（3）独特性

如果系统的领域逻辑是独特的、有商业壁垒的、希望被重用的、期待变身为企业数字化资产的，这些都适合应用 DDD。它们是企业区别于别人的要素，是企业获得竞争优势的法宝，效率高于行业平均的诀窍。当然也适用于一个组织、一个部门。

除了第 1 章我们讨论的 DDD 的价值，我们必须再加一条——企业获得可复用的、独特的领域模型，这是最直接、最实用的收益。

2.1.2　团队成熟度

讲完了主体，现在该说客体了。另一个是否适用的评判依据是团队的成熟度。DDD 能否应用成功，还得从团队的实际情况出发，综合考虑。它包括以下几个方面：

（1）开发团队技术自由度

如果团队还需要花费大量时间在建模方法和编程技术上摸索，那么在构建通用语言、模型设计和架构解耦上投入的精力就会受到限制。这些技术包括 UML 语言、面向对象设计、理解事件、异常和自定义类型、面向接口编程、应用单元测试、基于服务的架构、设计模式等。这里的"技术"不仅指技术本身，还包括技术相关的软件过程，比如是否有单元测试用例评审会议的制度、规范和经验等。技术上越自由的团队，越适合采用 DDD。

（2）领域专家的配合

这是个最关键的要素，所以我们把它单列出来。没有领域专家，就不会有通用语言和与语言一致的模型和代码。谁来保证我们是"领域驱动"，还是过度设计？即便是最简的设计，谁来验证呢？这个"最简"只能是个伪概念，领域专家的重要性是不可替代的。

当然，领域专家严格来说只是一种角色，它可以泛指那些对业务领域的政策、工作流程、关键节点和特性都有深刻理解的所有人。一个判断标准是，他们对领域的论述是有体系的，而不是散乱的，而且十分清楚规则的应用范围。

"配合"的含义包括领域专家愿意和开发团队共同打造一套模型来描述业务。共同打造的过程中，领域专家也要通过模型重新理解业务，因为模型的组织方式极大可能与他之前的思维描述方式不同。如果领域专家缺乏这样的意愿和诚恳的态度，DDD 的效果就会大打折扣。

直接的解决方案就是协调这个重要的资源，并用某种力量促使他们愿意配合。比如，管理层将落地 DDD 实践作为项目的一个目标，并将其纳入领域专家的绩效考核中，那么这无疑是一个非常好的办法。

另一个间接的但被证明很有效的方案是团队培养自己的领域专家。是的，你没有听错，过于专业的领域不是一时半会能掌握的，但是有些应用只是其中的一个小的方面，这的确是可行的。BA 或者产品经理完全可以摘掉研发团队的标签，融入到系统所服务的行业中去。很显然，这需要一些时间，最好能提前准备，团队也必须找到合适的、有足够学习能力和悟性的人。

（3）对 DDD 原则的理解

这个不过多叙述了，以前对 DDD 的种种误解在读了本书之后应该都被澄清了。一定要明白，深刻理解 DDD 的本质原则及其背后要实现的两个事实，这比应用它的战略战术和模式重要得多。

2.1.3　适用性评分表

DDD 适用性评分表如表 2-1 所示。其实，自己的项目是否要采用 DDD，思维敏锐的人早有答案了。但这个表也是需要的，它可以起到定心丸的作用，给决策者以信心。

表 2-1　DDD 适用性评分表

问题	是 / 否
是否为企业或部门独有的商业逻辑	
是否为新的商业模式	
是否属商业机密，有行业门槛	
是否需要领域专家	
是否包含大量专业的领域概念，彼此关联紧密	
是否在某一业务模块总是经历超时，难以验收	
是否某一业务模块已经无法跟随客户业务一起进化，缺陷重生	
团队是否做过该行业的项目	
团队是可以协调到领域专家全程参与	
是否应用只是该领域的一个小的侧面，团队有可能培养自己的领域专家	
团队是否熟悉面向对象建模技术和松耦合架构	
团队是否熟悉设计模式及其应用场景	
团队是否理解 DDD 原则的底层逻辑	
企业是否需要复用领域模型	
是否企业的核心竞争力是某种"算法"而非固定资产	

判断标准：有 5 个以上"是"的答案，就坚定地选择 DDD 设计方法。

同时，下决心去满足 DDD 必要的资源要求。比如高度配合的领域专家、技巧纯熟的 OOD 建模师、深谙解耦之道的架构师等。至于方法与步骤，我们第 4 章之后都会陆续展开介绍。

2.2　5 个常见误区

误区 1：DDD 就是一组战略与战术框架与模式，它对软件过程没有要求

DDD 的战略和战术是在 Evans 的原著中就指明的。战术是在单个场景上下文中的构造块技术，包括实体、值对象、领域服务、领域事件、聚合、工厂和存储库等建模模式。战略模式指的是划分有界上下文之间、划分核心域和子域、系统架构以及它们之间的集成方法等。然而，在原著中并未显式地提及软件过程方面，这让一些开发团队忽略了最重要的部分。

DDD 的独特之处并不在于战略和战术中的任何一项技术，而在于前文提到的两大原则。虽然 DDD 本身没有自己的软件过程，但是开发团队采用的软件过程必须确保这两个原则不被违反。遗憾的是，许多团队过分地强调战术模式的重要性，没有深刻理解 DDD 的本质特征以及如何应用合适的软件过程保证基本原则，并从中体现 DDD 的真正价值，结果是南辕北辙。

开发人员最容易犯的错误就是把战术模式当作圣经，热衷于构造块的各种技术，比如值类型替代实体类型、应用工厂创建对象等。不可否认这些技术的价值，但把它们等同于 DDD，则会将 DDD 降格为一个典型的 OOD（面向对象设计）项目。也许相对于面对领域专家，人机对话似乎更让他们舒适。但是不管我们的代码多么完美，模式多么巧妙，技术多么先进，如果没有领域专家的反馈并理解你的设计，我们还是会错失重要的价值点。

如果领域专家是一套思维逻辑，而你的设计是一套体系，两者没有共同的思维模型，那么即使你实现了所有的用例，它仍然不是 DDD 方法，因为它失去了"领域驱动"的含义。这样的设计将很难适应业务未来的变化，更重要的是，你的设计载体在何处，是在你的头脑中还是在详细设计说明书上？这会带来熵增，需要团队如何消化？

管理人员容易犯的错误是认为 DDD 只是一种设计方法，不需动用软件过程来保证其原则切实落地，比如不重视协调领域专家或鼓励他们参与的主动性，不安排模型讨论和单元测试等。DDD 并不能在开发人员的人机对话中实现。它是在会议室的白板上、休息室里面的讨论中及开发人员不断的模型重构中实现的。开发团队需要与业务人员进行知识提炼和术语澄清。这需要相应的流程、约束、会议和制度来保证。

这一误区还体现在只模仿别的团队的最终工作成果，比如一组漂亮的类图，来试图仿效他们 DDD 的成功经验的做法。这是无法成功的，因为我们显然看不到背后指导他们成功的基本原则和底层逻辑，也没有软件过程对于成果的保驾护航。这样的团队无法享受 DDD 的收益，只是白白忙活了一些表面文章。

误区 2：应用了领域模型和构造块技术就是 DDD，它对高层架构没有要求

Evans 常说，他觉得应该在自己著作的开篇放入更多的 DDD 战略模式而非构造块模式，因为大多数人看完这一组模式介绍后就没有继续阅读了。所以，很多开发者把实体、值对象、领域服务、工厂、存储库的应用当作 DDD 的全部。把 Evans 没有提到的领域事件框架的开发当作 DDD 的进阶。殊不知，DDD 的重点，一个是讲如何保证三合一，一个是关于 DDD 的战略——保证领域模型的独立内聚——这涉及对顶层架构的要求。

重点里面没有一个是关于构造块技术的。事实上，工厂这些技术并非 DDD 的原创，工厂是 GoF 原有的设计模式之一。我们并不是因为很"酷"才使用工厂，而是为了保证领域模型对领域逻辑的内聚性——分离了领域逻辑和创建对象的职责——我们才使用它。因此，在使用一个 DDD 模式时，必须明白其背后的原理，那才是它的价值体现。

独立的领域层是 DDD 的基本原则。这一点要在架构层面来保证，我们要了解一些与 DDD 匹配的架构方法，如六边形架构、依赖倒置架构等。此外，我们要利用上下文技术来保证模型名称没有冲突，在一个上下文内，沟通的词汇与术语不会产生歧义。比如，销售系统中的订单和配送系统中的订单，它们的含义是不一样的，这就是两个上下文。上下文会分割用例、区别概念，进而将系统拆解为更细的子系统。另外，子域的划分可以更好地分离系统关注点，它是领域层独立内聚性的保证机制。

所以，DDD 绝不仅仅限于构造块技术，甚至它都不是特别重要的部分。除了基本原则外，在 DDD 战略模式（架构、上下文、子域）的努力中，也会获得比构造块技术更多的收益。DDD 并不是对技术架构没有要求，它只是不依赖某种特定架构，只要架构方法能够保证领域层的独立和内聚，使其能被单独构建、测试和验收，就可以与 DDD 相匹配。

误区 3：通用语言就是业务语言，领域模型就是领域专家的思维模型

这也是众多误解之一。严格来说，通用语言在刚开始时，的确只包含领域专家的业务用语，但当开发人员根据自己的理解在白板上画出第一个设计草图时，事情就变得不一样了，交流的语言就切换到了以模型为核心。事实上，这两个版本的通用语言会有很大的不同。主要是因为：

1）领域专家熟悉的是领域逻辑，他们之前也许并没有对其建模，不会有领域模型的概念。

2）领域模型还承担着指导实现的功能，并不仅仅是描述业务。面向编码实现的特性使其必然会引入一些技术术语，比如最简单的"类""属性""操作""事件"等。一些特定的需求场景还会包含一些设计模式的概念。

这两个客观情况要求领域专家从模型的角度重构自己的领域知识，这对于他们并不困难。毕竟能成长为某个领域的专家，抽象思维层面不会太差，而且这个模型是与开发团队共同打造的。

当他们重塑理解之后，就能指出开发团队模型正误，以及缺失的领域概念等。当然这可能不是一两次会谈就能完全解决的，领域专家也需要时间消化模型。当然，过犹不及，用模型重新理解领域，并不意味着抛弃领域自身的逻辑去迁就模型，跨出一步，但不能走得太远，如果领域的逻辑演变不能自然地对应到模型的变化上，我们就不能享受到 DDD 的好处。

开发团队和领域专家不断的思维碰撞，才能最终得到基于模型的通用语言。这种语言不仅仅是描述业务，还必须要能够指导实现。因此，绝不是用领域术语命名类和方法那么简单。

当然，只要能达成一致，谁付出的多一些，谁付出的少一些要根据你团队的实际情况而定。如果领域专家们能一眼看懂你画的各类 UML 图，并能指出其中对需求的理解是否有瑕疵，谁会在意我们用程序员的语言沟通呢？

至于领域模型就是领域专家的思维模型，那可能只是开发团队一厢情愿的想法。领域专家脑中并没有什么模型，或者说对开发团队有意义的模型。因为它们之前的工作并不是构建软件，我们的人脑是不会为不需要的东西浪费脑力的。一切需要我们在不断的协作和相互理解中构建出来。

误区 4：DDD 就是面向对象设计（OOD），外加一些设计模式（如工厂、存储库）

两者联系在于，面向对象是以客观对象为导向来组织程序，其代表语言如 Java、C#。它是基于建模的范式，为模型的构造提供了强大的实现机制，如封装、继承、多态。OOD 是 DDD 模型驱动设计的完美匹配工具，可以用它来设计构建领域模型，且还有设计语言 UML 的配套支持。

两者的差异也非常明显。DDD 的本质在于语言、模型、代码三合一，以及领域模型的内聚性与独立性，而 OOD 的设计思想只涉及 DDD 战术层面的构造块技术。如果只是在 OOD 的设计上加了实体、值类型、领域服务、工厂和存储库，就称其为 DDD 设计，这真的太勉强了。一个简单的判断标准可以说明问题——这些东西并不需要和领域专家合作才能完成。

当然，熟悉 OOD 会让你在建模时更便捷，什么领域概念对应什么元素，什么需求场景对应什么设计模式，这些技巧可以很好地帮助你建模，但与语言、模型、代码之间那种自然过渡的关系显然是不存在的，或者说 OOD 是不会去考虑的。

当然，有这个误区并不奇怪，因为 OOD 和 DDD 两者有某种传承关系。我们可以看一下软件工程经典著作——Brooks 的《人月神话》的文章"没有银弹"中对 OOD 的观点。

- 面向对象编程仅仅能消除所有设计表达上的次要困难。软件的内在问题是设计的复杂度，该方法并没有对它有任何的促进。除非我们现在的编程语言中，不必要的低层次类型说明占据了软件产品设计的 90%，面向对象编程才能带来数量级上的提高。对面向对象这颗银弹我深表怀疑。
- 所有软件活动包括根本任务——打造由抽象软件实体构成的复杂概念结构，以及次要任务——使用编程语言表达这些抽象实体，并将它们映射成机器语言。相对于根本任务而言，次要任务即使全部时间缩减到零，也不会给生产率带来数量级上的提高，除非次要任务占用了 90% 以上的工作量。
- 对于根本任务而言，一个相互牵制关联的概念结构是软件实体必不可少的部分，它包括数据集合、数据条目之间的关系、算法、功能调用等。这些要素本身是抽象的，可以存在不同的表现形式，但它们仍然是内容丰富和高度精确的。

注意当时对面向对象的认识，它只代表"低层次的类型"，而没有承担"抽象复杂的概念结构""概念结构是内容丰富和高度精确的"这样的职责，因此作者认为它并不是银弹。

而作者描述的这些概念结构，比如"抽象复杂的概念结构""内容丰富和高度精确的概念结构"，是不是特别像 DDD 中的领域模型呢？因为领域模型承载着系统中最重要的复杂性——业务逻辑。而"内容丰富和高度精确"应该指的是对业务逻辑的充分覆盖与精确描述。

那么问题来了，按照这个思路，DDD 是银弹吗?《人月神话》的作者显然无法给出答案了。本书的观点前面已经给出了，它可以是——如果应用 DDD 的人能够深刻地理解该方法。

误区 5：DDD 就是微服务，DDD 就是敏捷

这三个概念并非完全没有关联，但它们几乎是不同层面的事物，距离很远。

先说微服务，这是现在比较流行的架构模式，它符合了关注点分离的架构原则，这一点与 DDD 是吻合的。事实上，DDD 对于子域的定义，可以很高的匹配微服务架构的拆分方法。笔者曾经参与过多个单体架构拆分微服务的项目，划分的依据包括子域、上下文、模块、聚合等，但最贴近微服务粒度的是子域，这些概念和路段我们会在第 7 章阐述和说明。

总的来说，DDD 并不是微服务架构，应用了微服务也不代表应用了 DDD。只是微服务架构会体现"关注点分离"的架构原则，而配合 DDD 子域划分使用的话，可以将 DDD 这一优势充分发挥。另外，DDD 的诸多模式实践，如子域、聚合、上下文对单体拆分微服务的场合可以发挥重要的作用，提供重要的参考依据，两者的联系仅限于此。

从出发点上来说，微服务与一般架构思想不同，它并不只关心逻辑上的分离，更多强调的是物理上的分离。微服务之间的部署和进化独立性更强，影响了部署架构。因此，它与 DDD 有本质上的区别，第 10 章我们还会继续探讨这个话题。

同样，DDD 并不是敏捷，更不是比敏捷更进一步的 DevOps。图 1-8 展示了两者根本性的不同之处——DDD 是即时反馈，靠单元测试验收领域逻辑，而敏捷则依赖自动化流程，加快发布的速度和频率来获得反馈。当然，DDD 与迭代开发方式结合最好，而敏捷又是迭代开发的极致体现。领域模型需要在迭代中不断精炼，以期符合业务，否则语言与模型脱节很快，就不能保证 DDD 的三合一了。此外，DDD 强调与领域专家和业务的紧密协作，这些都符合敏捷思想。

将 DDD 等同于敏捷的想法，意在减少过多的项目文档，可能源自于我们总强调与领域专家的当面沟通，以及语言、模型、代码的三合一的实践。事实上，在 DDD 中的确有些文档是可以省略的，比如产品需求说明书和详细设计说明书。如果这两大文档横在领域专家与设计师、设计师与开发人员之间，显然就不那么符合 DDD 了。这两对关系之间的沟通应当基于通用语言，而通用语言是通过讨论和反馈形成的，沉默的文档交流方式会破坏通用语言的形成。这两个大部头文档可能也是项目组成员永远的痛。DDD 的确会消除部分中间文档，与敏捷的"注重能工作的软件胜于文档"的做法，在某些地方暗合。但 DDD 更直接，并且把这么做的理由也论述得很充分。

文档方面，没有了需求说明和详细设计文档，取而代之的模型图（大部分是 UML 图）和必备的用例图，图中无法阐述的关键领域概念和逻辑则辅以文档说明。至于详细设计的细节，一种好的做法是"代码即文档"，让我们的代码符合模型的设计，并体现业务的意图。

2.3 文化的变革

DDD 的落地不可避免地受到团队文化的影响。有些文化的影响是我们能够感知的，而有些固有的观念则隐藏在我们内心最深处，成为 DDD 落地的无形阻碍。下面谈三个对 DDD 落地最有影响的文化因素，即领域专家的边界、设计师的锤子和开发人员的轮子。

2.3.1 领域专家的边界

在 DDD 项目中引入领域专家并非易事，但不管多么困难，这是必须做的。我们无法试想在没有航空专家的参与下构建一个空管软件，在没有医生的指导下开发一个远程医疗系统，或者在一个互联网创业团队中，由程序员自己去揣摩 CXO 脑子里的商业模式。没有领域专家，我们根本无法对一个领域有深入的理解。

值得一提的是，领域专家并不是需求分析师或者系统用户，它们的角色定位略有区别。前面讲过，领域专家一般是指那些对业务领域的政策、工作流程、关键节点和特性都有深刻理解的人。他们对领域的论述是有体系的，而不是散乱的。需求分析师和用户关心的是这个系统能做什么，他们关心的是输入和输出。他们对领域的理解可能是离散的、非体系的，但他们是痛点的提出者，也是我们系统要满足的功能。

领域专家能否对其所在领域进行系统描述并形成闭环是判断其是否合格的标志。有的领域专家可能只了解一些边缘知识，或者无暇配合。尤其是在一些小型公司中，领域专家通常是 CEO 或副总裁，他们面临的事情太多了，以至于无法与开发团队共享其头脑中具有创造力的商业模式。此时，开发团队难以指望他们成为真正的领域专家。

我们无意强调领域专家难寻的废话。前面已经叙述了什么项目适合使用 DDD 以及如何解决这些问题。这里要说的是，由此引出的一个 DDD 落地难的问题——即由于缺乏经验、时间，或传统项目的惯性思维，领域专家的工作很可能止步于业务和技术的分界线上。就像楚河汉界一样分明，不会多跨越一步。这就是"领域专家的边界"，而这个边界在 DDD 中必须要突破。

下面借用图 2-2 来说明这个问题，这其实是一个我们不提倡的例子。可以看到，等同于领域专家的产品管理、日程管理和测试都处于业务侧（对角线上），而开发、发布运维则处于技术侧（对角线下），架构和用户体验则横跨在业务和技术分界线上（对角线）。之所以处在分界线上，是因为架构分成了解决方案架构师和技术架构师，用户体验则分为用户和运营支持。

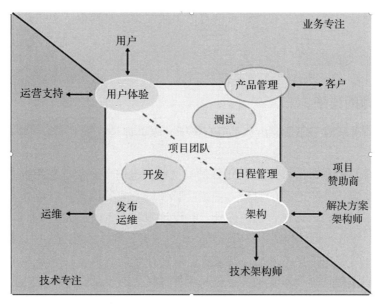

图 2-2　MSF 中的角色与技术业务分界线

看到这张图后，我们的第一感觉是，边界线条实在是太多了。每一个角色边界与业务和技术的分界线都意味着熵增的洗礼，感觉非常不舒服。比如，架构还要分为解决方案架构师和技术架构师，面对这两份架构文档，该如何判断其匹配程度？开发和测试被丢在两侧，是开发整体完成后再交给测试吗？完全不懂技术的测试，是不是只能胜任端到端的 UI 测试？

可以想象，在这种团队组织下，领域专家和产品的工作方式。他们只要把领域逻辑或需求通过一两次会议讲清楚，接力任务就算完成了。后面的架构师、开发、测试、运维再一步一步传下去。即便是一个个小的瀑布（里程碑式）的开发过程，大部分时间领域专家也会被隔离在工作之外。

DDD 的工作方式显然不是这样的，在构建领域层时，不存在业务和技术分界线。领域专家必须跨越业务和技术的边界，理解模型、阅读代码，参与测试和验收结果，实现语言、模型和代码的三合一。

基于共同构建的领域模型，领域专家可以重塑自己对领域的理解。理解之后，领域专家还要负责测试、检查、验收和反馈，抵制无法表达领域理解的术语或结构，补充缺失的概念、关键领域逻辑。这要求领域专家能看懂模型代码，至少也要熟悉测试代码。这是 DDD 倡导的最佳实践之一，测试是检查设计的有效途径，同样能确保三合一的原则。

这对领域专家提出了超过传统项目的更高要求。通过一两次视频会议是不够的。领域专家需要在沟通、设计、实现的循环中不断与开发团队协作，直到项目完成。

领域模型在设计完成几个迭代之后，我们会明显地感觉到领域专家对业务逻辑的表达方式与最初会有很大变化，因为构成语言核心的模型在不断增多和丰富。受益方不仅仅只有开发团队，领域专家在被迫提炼和重构自己领域知识的过程中，也完善了自身对领域的理解。

现在是时候"越界"了。

2.3.2 设计师的锤子

设计师的锤子来源于那条谚语"手里有锤子，眼里都是钉子"。这往往是设计师们比较容易犯的错误。

相对于领域专家的跨越和付出，DDD 的架构师们也需要调整自己的状态。放下所有预设计的冲动和对自己技术经验的自信，仔细聆听领域专家的语言，以贴近业务的方式，领域专家能够理解的方式，构建自己的设计。在设计领域模型时心无旁骛，彻底放下所有技术因素，专注于领域逻辑的构建。只有领域逻辑，没有任何技术参与——这是纪律。

然而，实际情况往往并不理想，开发者们对待技术的热情体现就是在实际项目中去运用它们。当他们掌握一种技术架构，也就是手握锤子之时，那么下一个项目必然就是"合适"的钉子。比如各类数据库工具（存储过程、自动生成实体类）、Smart UI 类开发框架、前后的传递数据的容器（Dataset）、微服务开发框架（Spring Cloud）等。有些技术是为了满足快速开发的需要，项目周期很短，它们肯定与 DDD 是不兼容的（如 Smart UI 类）。有些技术需要慎重考虑，必须经过仔细的考量，才能不破坏领域模型的完整性与独立性（如 SOA、微服务）。

图 2-3 是一个典型的 SOA 架构，我们看不到领域层的存在。当然，它们可能隐藏在 Sys 的内部，但这是真的吗？那些复杂的线条总感觉有些蹊跷。基于 ESB 集成 SOA 服务化架构解耦出的组件，如果不能保证领域逻辑内聚性，它们不但会增加维护的成本，甚至也无法随业务自然演变和升级。

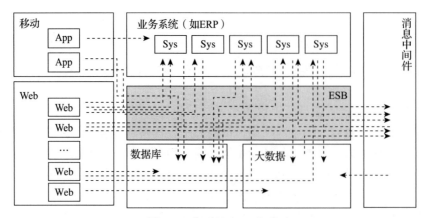

图 2-3　典型的 SOA 架构

事实上，传统的 SOA 架构存在以下问题：

❑ 服务层过于臃肿。

❑ 分层后文件的随意组装方式。

❑ 技术导向分层，导致业务分离，不能快速定位。

架构师手中的这把锤子如果运用不当，就会破坏领域模型的内聚性（如聚合），让本来应该在一起的统一的业务逻辑散布在不同的技术组件中。这会导致沟通语言、设计和实现完全脱节，技术复杂性会顺着三者的缝隙蔓延。在彻底地脱离了 DDD 轨道的同时，熵增定律在系统中开始发挥作用。

因此，在 DDD 团队中，架构师应该忘掉手中的锤子，致力于与领域专家进行交流协作，保证语言、模型、代码三者的统一。只有当领域模型符合业务的预期时，才考虑技术架构的其他部分。无论采用何种架构，都要确保领域模型的完整性和内聚性。这意味着应将单一概念对象的所有相关模型物理上放在一起，保证领域层的独立性，使其能被独立测试和重用。领域逻辑和技术架构的变化都不应该影响彼此。

2.3.3　开发人员的轮子

这个说法来源于"不要重复发明轮子"。当开发团队和领域专家就共享模型达成共识的时候，开发人员的代码应完全基于领域模型，最终的通用语言和模型都落在代码中，代码即模型，代码即真相。千万不要重新发明轮子，使代码模型与领域模型脱节。

这是理想情况，但只要你在开发团队工作过，就知道设计与代码的不一致现象随处可见。这绝不是因为开发人员喜欢炫技，而是基于以下的传统团队文化，导致他们不得不这么做。

❑ 管理层认为设计者只负责建模工作，而不应编写代码，否则就是对设计技能的浪费。

❑ 开发人员对代码负责，开发人员的工作量是用代码行数来衡量的。他们不对设计负责，无须参加对模型的讨论，无须与领域专家产生联系。

在这种文化的影响下，有些领域知识在模型的接力过程中丢失了——有些细节问题并不总是能体现在 UML 图和文档中的。开发人员很可能面临对模型理解的困难，或者模型与现实需求冲突的情形。比如，必须修改设计才能修复一个重要的缺陷。在这种情况下，为了完成工作，让实际代码违背原有模型设计似乎是他们唯一的选项。

此外，我们必须承认模型与代码之间存在相互影响。代码的技术环境取决于技术架构的现状、客户的残留系统和各式各样的数据源等。当这些问题发生时，如果模型设计者不能参与编码过程，不了解编程的环境约束，无法及时地调整模型并与领域专家确认，就不能快速更新模型。此时，开发人员只得否定既有的设计并重新构建轮子。

如果模型和代码不再同步，那么开发人员不管出于什么目的重新设计代码模型都会削弱模型的效果。最终，三合一稳定三角形会被破坏。要么偿还技术债，要么脱离 DDD 的轨道。然而，脱离 DDD 的轨道代价巨大——我们之前在领域模型所花费的精力都无法保证程序的正确性。

如果团队为了这个轮子补充了详细设计文档，不管它是多么精确，设计与实现之间转译的工作一旦形成惯例，就会像失控的藤蔓一样，让我们无法脱身，无法再进入正确的 DDD 轨道中去。

为避免重复发明轮子的悲剧，我们绝不应仅仅制定一套编码规范或强调开发人员的职业素养。治本之法是采用 Evans 提出的"亲身实践的建模者"的最佳实践，即让开发团队都认识到模型和代码是一体的，改变一方另一方必须做出相应改变，如果受限于条件，一方无法改变，另一方必须做出妥协，重新构建模型和更新通用语言。任何参与建模的技术人员，不管在项目中的主要职责是什么，都必须花时间了解代码。任何负责修改代码的人员必须要学会用代码来表达模型。每一个开发人员都必须不同程度地参与模型的讨论并且与领域专家保持联系。参与不同工作的人都必须有意识地通过通用语言与接触代码的人及时交换关于模型的想法。

另外，DDD 团队绝不会用代码行数来衡量开发者的工作量。显然，除了代码，每一个开发者都在领域建模中充分贡献了自身的价值。

2.4　团队的挑战

永远不要低估优秀人才对成功实施一个方法论的影响，往往他们才是成功的关键而不是死的规则。他们不仅技能上匹配，更重要的是他们的领悟力和主动性。领悟力可以快速找到方法的底层逻辑，明白关键所在，做决策时不会南辕北辙。主动性是应对这个多变的现实世界的有力武器，能够根据现实情况灵活地调整实施的策略。

DDD 的落地难在于它在软件流程和架构方面都有"讲究"，还需要团队中各个角色的配合。在 DDD 团队中，各个角色应清楚自己的职责和需要具备的基本能力。一旦这些问题被明确，对应的角色就可以很快进入工作状态。在解决了人的问题之后，事情往往也会变得容易处理了。

2.4.1　管理者的责任

这里的管理者可以是 CTO、开发总监、项目经理、Scrum Master。在 DDD 团队中，以下条件是管理者必须给开发团队保证的。

（1）协调领域专家

之前提到过，DDD 能发挥威力的是具有复杂领域逻辑的项目。如果客户连一个领域专家都拿不出的话，可能领域并不像他们说得那么复杂，我们可以重新规划一下预算和投入。如果客户给开发团队只是一大堆专业文档或商业资料，而协调不到人的话，我们不妨问问谁将最终验收这个项目，帮助客户确定我们需要的那个人的画像。对于前期未参与、最后验收环节才出现的领域专家，双方能给彼此的只有"惊喜"。

大多数情况是，领域专家是存在的，但时间有限。因此，协调领域专家其实就是管理者要费心思找到答案，比如什么时间点要求领域专家配合做什么，需要花费多少时间完成工作等。表 2-2 总结了开发团队需要领域专家配合的工作内容和大致的时间长度。

表 2-2　领域专家的工作内容和时长

工作内容	时长
事件风暴会议，挖掘领域事件和潜在模型	每次会议 2～3h
讨论用例、模型场景	每个场景 10～20min
评定模型的正确性	每次会议 1～2h
领域模型的单元测试用例评审	每次会议 1～2h

开会的频率取决于我们采用的软件过程。可以集中连续几天召开事件风暴会议，也可以在每次迭代初期讨论。以三周的 Scrum 迭代为例，表 2-2 中每个会议一个迭代只需要开一次，总体上用不了领域专家多少时间，关键是我们对内容和时间要提前规划好，尊重彼此的时间，当领域专家发现自己的工作是有效率且有帮助的，他们的配合也是积极有力的。

（2）给模型评审和单元测试用例评审留出时间

如前所述，模型评审和单元测试用例评审是 DDD 所需领域专家参与的重要会议。在做迭代计划时，一定要预留时间。需要明确指出的是，这些会议都不在传统或敏捷流程中，测试用例评审会议也和传统的评审有明显差别。测试用例是针对领域模型的单元测试用例评审。

在传统团队中，单元测试是由开发人员完成的，测试人员都很少参与。所以，传统的做法不仅会遗漏的等价类、边界值等测试用例，更严重的是可能缺失领域逻辑和领域概念，浪费这次通过单元测试用例评审来检验我们设计的机会。

（3）分离解决技术复杂度的团队与用例开发团队

我们一直强调三合一的原则，并且所有的开发者都要参与模型的讨论并与领域专家沟通。这非常适用于用户故事领取这种开发模式。开发人员都是端到端实现一个用户故事的功能，他们需要了解领域模型。

但现实情况是团队会有许多仅仅包含技术复杂度的任务需要完成，比如对基础设施层的包装、适配器的开发、安全模块、数据库脚本等。如果技术复杂度叠加业务复杂度，没有人能同时轻松应对这两项工作。所以，把团队分割开来，成立一个专门应对技术复杂度的团队，可以称其为"底层架构组"或"技术支持组"，不失为一种好的办法。让开发用例的团队专心于用例的实现和模型的发掘整理。

但我们不建议成立一个只针对领域层的"领域模型开发组"，原因很简单，领域模型是不断在需求的开发中演进的，开发用例的程序员应该自身就是模型的维护者，所有的更新工作都应该为团队所共享。单独的模型开发组，模型会脱离用例的约束，即便完全符合领域的逻辑，很可能许多模型并不是项目所需要的。

（4）保证团队在正确的 DDD 轨道上

正确的轨道就是时刻坚持 DDD 的两个原则。不要让语言、模型、代码之间出现信息差，不要让领域模型丧失独立性和对领域逻辑的内聚性。

如何知道团队在正确的轨道上呢？以下是一些应注意的不好的迹象：

- ❑ 尽管有领域模型，但在需求讨论会议时，大家都不太使用它，知识只是单纯地从业务专家流向开发团队。
- ❑ 代码不再表示模型，了解模型的人看不懂代码的实现，需要写代码的人员解释，否则领域专家和测试人员无法参与撰写模型的单元测试。
- ❑ 领域模型无法单独进行单元测试，而必须依赖于其他技术模块。
- ❑ 领域专家和客户需要验证业务逻辑时，只能等待系统发布后在界面上进行操作。除此之外，开发团队无法让他们检查模型或代码，因为他们根本看不懂。

作为管理者，我们要时刻注意，上述情况可能就是三合一失去对应关系的时刻，也是我们开始偏离 DDD 的轨道，释放出熵增巨兽的时刻。

2.4.2　开发团队的意识和技能

DDD 开发团队需要具备以下意识和技能：

（1）对技术和业务的理解

开发人员要从"以技术为中心"的观念向"以业务为中心"的思路转变，拥抱团队逐步积累出的通用语言。开发人员需要跨越技术和业务分界线，参与模型的讨论，并与领域专家保持联系。开发人员对系统的"模型生态蓝图"要了然于胸，知道在哪里保存着所需的逻辑和算法，并能丰富和改进模型设计，与领域专家和团队同步。在接到开发任务后，能基于模型构建匹配的实现方案，并与团队讨论。需要对模型进行修改才能满足实现要求时，能敏锐捕捉到问题，并基于通用语言阐述自己的修改方案，与领域专家和团队讨论。

开发人员需要定位自己优势，不仅仅是技术的掌握，还包括对领域的掌握和经验。沟通与协作同样重要。

（2）掌握统一建模语言 UML

虽然模型的开发方法不止一种，但能作为双方沟通的媒介，且能指导实现的模型就是 UML 了。基于需要或对设计模型的补充，可以引入解释性模型，比如一些更自由的线框图。但要注意的是，解释性模型如果不能指导开发，就不应该单独存在，它应该是设计模型的某种补充。团队的每个人都应该了解解释性模型和设计模型的区别。

UML 的图类类型主要分为静态模型和动态模型。静态模型主要指导代码的开发，动态模型描述软件运行时的状态。这些知识将在第 4 章讨论。

（3）保持代码的洁癖，抑制创作（重构）的冲动

所有代码都要有出处，特别是领域层的代码，因为它只是模型的表达，需要解耦架构

的其他部分。所以，开发人员需要对领域层的代码要有一定的整洁度，而不要为了方便和快速引入不应有的依赖。更要意识到，修改代码就是修改模型，这些改动要随时与团队讨论和同步。

为什么要抑制过度重构的冲动呢？难道重构不是让代码更简洁了吗？对于领域层的代码，我们一定要注意，如果重构丢失了重要的领域概念，削弱了业务人员对它的理解，那么这种做法就不符合 DDD 的原则。如果不必要的抽象是为了满足技术人员未来的臆想需求，而并不是解决当下的业务诉求，那么这种做法会削弱模型的沟通属性，也需要极力避免。

除非有一种情况，就是重构的方案得到了领域专家的认可，并且认为这种方式更清晰地解释了领域的逻辑，这样的重构让团队在更高层级达成了对领域的理解，弥补了之前可能理解不到位的地方，那么这种重构是非常必要且受欢迎的。

2.4.3　角色重新定位

（1）解决方案架构师和业务分析师（BA）

传统团队中通常有解决方案架构师和业务分析师等角色，他们负责收集用户需求，构建业务模型，并与开发团队进行交流。在某种程度上充当开发团队与领域专家中间人和翻译者的角色。在 DDD 团队中他们的定位在哪里呢？

正如图 1-9 所示，通用语言跨越了从沟通到代码的熵增之路，保证了语言、模型、代码的三合一，开发团队与领域专家之间直接互动和交流，各个环节之间没有熵增的缝隙。如果引入上述两个角色，并按照上述传统的工作方式进行工作，这座桥就会断开。

DDD 不需要无法指导实现的单纯业务分析模型，而是需要在领域模型的基础上构建和达成需求一致。DDD 强调的是通用语言，即单一模型，既支持协作沟通，又指导代码实现。那么当业务分析师或解决方案架构师构建他们的业务模型时，这些模型的意义在哪里呢？是为了方便我们理解业务吗？那为什么不直接在领域模型上理解业务呢？

上面这些问题是我们需要思考的，而不是简单否定某些角色的意义。但如果有什么东西与 DDD 底层逻辑冲突，我们就需要多加注意，不要丢西瓜捡芝麻，毕竟我们是为了享受 DDD 的好处，而不是做个样子。

有一种说法我是喜欢的，即上述两种角色本身就是领域专家，他们长期深耕于某一领域，比用户更理解需求。因此，角色名称只不过是领域专家的另一个代号。这不仅不会违背 DDD，而且也解决了领域专家难以寻找的问题。

所以，要理解 DDD 的底层逻辑，并检查团队是否需要这些角色。如果需要，重新定义他们的职责，找到他们的准确位置。

（2）产品经理

如前所述，那种充当需求翻译的产品经理可能不太适合 DDD。在 DDD 团队中，开发团队和领域专家都不需要阅读产品经理撰写的篇幅巨大的 PRD 文档。

产品经理是不是就是领域专家呢？ 应该是，当然也不排除那种专门解决用户痛点，专注于用例场景和交互的产品，领域逻辑可以由另外的领域专家配合的情况。

最好的情况是产品经理本身就是领域专家。比如，某种新兴互联网商业模式的产品经理，在头脑中形成了一个商业闭环，且对用户体验和场景也有深刻理解，没有人能比他讲得更清楚，更理解产品的核心竞争力所在。在这种情况下，采用 DDD 模式来构建系统，把核心能力和独有的商业模式固化在领域模型中，这无疑是 DDD 最适合的舞台。软件将不再仅仅是支撑业务的辅助角色，而真正成为企业的战略优势。

2.5　测试、过程和架构的最佳搭档

在分析了难点之后，本节将介绍一些与 DDD 配合的最佳搭档，它们能促进 DDD 的落地，同时 DDD 也能为它们赋能。如果你的团队对其中某些方法非常熟悉，那么现在就是将它们与 DDD 结合，彼此赋能，释放更多价值的时候了。

2.5.1　测试的最佳搭档：TDD 和单元测试

（1）TDD 流程

TDD 的基本流程如图 2-4 所示。

具体说明如下：

❑ 写一个测试用例——运行测试——测试失败。

❑ 写刚好能让测试通过的实现——运行测试——测试通过。

❑ 重构（使代码更简洁）——运行测试——测试通过。

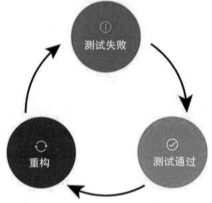

图 2-4　TDD 的基本流程

简单来说就是先写测试，再完成实现，等测试全部通过时，代表开发也大功告成。

TDD 会给团队带来以下益处：

❑ 给变更提供了一个安全网。变更后，我们只需要运行单元测试套件，就能知道有没有引入缺陷。

❑ 让开发者能从调用者或用例的角度考虑代码模型，写出松耦合的、可测试的代码。某种程度上，TDD 也是在设计。

（2）应用 TDD 的问题

TDD 被敏捷团队所大力推崇，但实际应用却不多，这主要涉及以下两个问题：

1）我的测试目标物是什么？它们在哪里？它是包含业务逻辑的领域模型，还是我随手写的类，抑或是一个接口？它们都在哪里？如何组织的？

2）有多少测试用例才是足够的？如何确保覆盖了所有的需求，并且不会引入缺陷？如何补充测试用例？

产生这两个困境的原因在于，TDD 并不像 DDD 那样强调领域模型的独立性和内聚性。测试被随机地组织在不同的上下文中，甚至有些测试要依赖于底层基础设施，根本无法快速、高效地运行。

第二个问题就更严重了，因为我们没有强调领域模型对领域逻辑的内聚性，我们怎么确定覆盖了所有的领域逻辑？如果领域逻辑散布在模型之外的各处，我们运行测试的意义何在？

最后，TDD 似乎是开发人员自己的游戏，并没有强调领域专家的参与，测试覆盖度严重不足，与 DDD 的单元测试相差巨大。TDD 保证了所有的实现代码都是有测试的，但是无法保证所有领域逻辑都有测试用例。

了解了问题之后，下面来探讨一下如何更好地将它与 DDD 结合起来。

（3）与 DDD 的结合

TDD 的第一步是写测试代码，这实际上也是 DDD 模型设计中的一步。但两者的区别也很明显，TDD 并不要求测试目标物与领域专家确认过的领域模型相同。它的重构步骤只是从开发的角度出发，检查代码组织是否简洁、易于维护，而不是基于对领域逻辑的新理解进行重构。但是，DDD 的测试目标物必须是与领域专家达成共识的共享领域模型，而不需要开发人员自己琢磨。重构测试代码意味着重构模型，必须与领域专家确认。

同时，这样的安排也解决了第一个问题：测试的目标物就是领域模型，它位于核心领域层，不依赖于其他任何技术组件。我们的测试代码也位于领域层，严格来说也是模型代码的一部分。一方面，测试用例体现了通用语言，测试用例体现的是领域逻辑；另一方面，测试的运行也不依赖于除领域层之外的其他任何组件。

第二个问题是测试的覆盖度和用例的补充。因为 TDD 测试目标物是由开发人员自行设计的，所以测试用例的补充也只能由开发人员自己完成。当然，开发人员也可以请求领域专家来帮忙补充用例，但显然他必须在充当翻译这个角色，把领域专家提出的逻辑或业务用例翻译成自己的测试代码。如果想让领域专家自行阅读 TDD 中的测试，显然是无法实现的，除非他有时间在旁边充当翻译。

在 DDD 中，因为代码就是模型的表达，不管是类、方法或属性的命名都来自双方确认过的通用语言和词汇，领域专家可以轻松看懂测试代码。对于实现代码，领域专家的阅读热情不会太高，如果想让他们完全读懂并验证，开发人员需要付出不少的努力。但是，领域专家对阅读测试代码是基本不会排斥的，因为测试都是基于双方讨论的用例，且遵照通用语言来命名。

领域专家完全能够胜任补充用例和领域逻辑覆盖率的检查。虽然他们很可能没时间参加测试用例评审会，但完全可以在旅途中和晚餐后打开电脑，阅读测试用例。即便领域专家完全没有做这件事的热情和时间，开发团队的任何成员（而不是非得该构造快的开发者）

都可以将领域专家沟通中提到的用例翻译成代码，也不会有任何的脑力负担。

因此，有了 DDD 所坚持的基本原则，TDD 的两大问题都可以很好地解决，如图 2-5 所示。测试用例是保护容器，包裹着领域模型。

总结如下：

1）领域模型注入 TDD 测试套件保证了测试的目标物不再是散乱、易变的设计，而是稳定的领域模型。

2）因为代码就是模型的表达，使用通用语言的任何人员（尤其是业务人员）都可以看懂测试代码，从而可以注入足够的测试用例，保证业务逻辑的测试覆盖率。又因为领域模型的内聚性，我们可以确保领域逻辑不会泄漏，从而保证了测试的完整性。

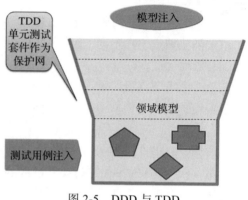

图 2-5　DDD 与 TDD

单元测试是最高效的测试方法，因为测试越早，修复缺陷的代价越低，而且一个测试的运行频率和运行它的难度是成反比的。DDD 不仅能帮助 TDD 找到合适的"单元"，它的两个基本原则也给 TDD 进行了充分的赋能。

2.5.2　过程的最佳搭档：敏捷过程和 DevOps

（1）DDD 和敏捷

先说敏捷过程，相对于传统的瀑布方法，它的核心在于通过尽可能短的迭代周期，增加项目的可见度，进而降低交付风险。敏捷宣言包括"个体和交互胜过过程和工具""可以工作的软件胜过面面俱到的文档""客户合作胜过合同谈判""响应变化胜过遵循计划"。

在传统的瀑布方法中，领域专家与需求分析师讨论，需求分析师理解完这些知识后，对其进行抽象并将结果传递给开发人员，再由开发人员编写软件代码。我们在前一章已经分析过，这种沟通语言与需求文档、需求文档与代码模型之间的错位和熵增，正是 DDD 所要避免的，所以知识单向传递的瀑布模型与 DDD 是互相排斥的。

即便使用了迭代过程，如果团队不够敏捷、开放、缺少客户合作，就无法对领域知识建立起认知体系。开发人员应该听专家们描述某项所需的特性，然后开始构建它。他们应尽快地将结果展示给专家（比如用 DevOps 管道），并询问接下来要做什么。如果程序员愿意进行重构，则能够保持代码整洁，提高可维护性。但如果开发团队对领域知识不感兴趣，则只会了解应该执行的功能，而不去了解其背后的原理。

虽然这样也能开发出可用的软件，但项目永远不会从原有的特性中自然而然地扩展出强大的新特性。有经验的开发人员自然而然地抽象并开发出一个可以完成更多工作的模型。但如果在建模时只是技术人员唱独角戏，而没有领域专家的协作，那么得到的模型将是幼稚的。使用这些肤浅知识开发出来的软件只能做基本工作，而无法反映出领域专家的思考方式。

随着项目规模的扩大，沟通和设计之间、设计和实现之间的错位逐渐严重。复杂的关系和隐秘的角落只存在于几个核心开发人员的头脑中。随着负担的增加，潜意识会驱使核心人员离队，另谋高就。之后，项目就会进入僵尸化运行阶段——无法适应新变化，无法支持新业务，缺陷丛生。不久之后，项目便会被淘汰替换。

敏捷文化和 DDD 的双剑合璧，将有效地应付这种情形的发生。"个体和交付胜过过程和工具""客户合作胜过合同谈判"的文化可以极大地助力开发团队与领域专家的沟通与协作，这促进了开发者向建模者的方向转变，领域知识的学习和提炼，以及领域模型的构建。而 DDD 的语言、模型、代码的三合一约束完全遵循了"可以工作的软件胜过面面俱到的文档"的思想。DDD 倡导的是代码即真相，文档只是模型和代码的补充。"响应变化胜过遵循计划"一方面服务于领域模型的不断更新，一方面服务于灵活的架构，领域层的解耦。虽然两者的控熵的侧重点有所区别——DDD 是在沟通、设计到代码的过程中，而敏捷是通过短小的而频繁的迭代，增加项目透明度——但两者底层的出发点是一样的。

在具体的操作层面，以 Scrum 敏捷方法为例，我们在 Sprint 计划时，可以为创建领域模型设置专门的 Spike 任务（Spike 是敏捷术语，指一系列探索性质的任务，用以研究新技术的可行性或风险点等，包括研究、设计、调查、原型开发等），协调好领域专家的时间，认领对应的建模任务。当然，建模的工时和故事点数是很难估算的，即便如此，我们也绝不应把建模工作中学到的东西抛诸脑后，如果需要进一步的讨论，我们可以在回顾会议上提出来改进建议，然后把识别出来的新任务添加到下一个 Sprint Backlog 中。当然，开发人员也可以直接把工作量体现在故事点数中。

除了 Scrum 中每个 Sprint 的四大会（计划会、演示会、每日站会和回顾会），在 DDD 中，我们可以结合自身团队的情况，增加必要的会议（在分配任务点时要把会议所占的时间考虑进去），如事件风暴会议（这个稍后有章节阐述）、模型评审会议、单元测试用例评审会议等。通过这些定期的会议，每一个开发人员都能与领域专家充分沟通，掌握通用语言。这对于 DDD 落地有重要的意义。

（2）DDD 与 DevOps

再讨论下 DDD 和 DevOps 的关系。DevOps 是 Development 和 Operations 的组合词，是一组过程、方法与系统的统称，用于促进开发、运维、运营、质量和安全部门之间的沟通、协作与整合。DevOps 和 DDD 解决的是完全不同层面的问题。

如图 2-6 所示，DDD 通过通用语言跨越了从沟通到代码的每一步熵增。而 DevOps 通过开发团队的参与，跨越了测试、部署、运维、安全之间每一步的熵增。

两者完全可以一起使用而没有冲突。DDD 的很多理念对 DevOps 分割代码和部署单元（如微服务的划分）方面起到帮助作用（上下文、子域、聚合），同时在构建自动化测试方面（前面 TDD 已有论述）给予支持。

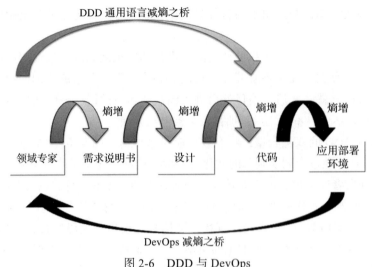

图 2-6 DDD 与 DevOps

如果你的团队使用了敏捷过程、DevOps 方法和工具，那么配合 DDD 的落地将会产生 1+1 大于 2 的效果。

2.5.3 架构的最佳搭档：六边形、洋葱和分层架构

六边形架构和分层架构之所以能成为 DDD 的最佳搭档，是因为对 DDD 的本质特征——领域模型的独立性、内聚性的完全支持。如果我们一开始就选择这些架构，落地 DDD 可以起到事半功倍的效果。

（1）六边形、洋葱架构

六边形架构是 2005 年提出的，洋葱架构是 2008 年提出的。它们的中心思想是一致的，实现起来差别也不大，都是以领域模型为核心的架构，突出保护其独立性和内聚性。这里以洋葱架构为例，如图 2-7 所示。

可以看到，洋葱架构以领域模型为核心，依赖关系是由外向内，即其他的层最终依赖领域层，而领域层不依赖于任何其他层。领域模型不仅保证了独立性，还因为它清晰的分层关系，领域逻辑只存在于最内圈，所以具有良好的内聚性。从各方面来看，它和六边形架构都是 DDD 的天作之合。

关于六边形架构，我们会在第 10 章中详细阐述。

（2）分层架构

分层架构是一种古老的架构，广泛应用于互联网、企业级应用，如图 2-8 所示。分层架构有一个重要的原则，即每一层只能与其下方的层发生耦合。严格的分层架构只允许某层调用直接位于其下方的层中的对象；松散耦合的分层架构则允许某上方层能调用任意下方层中的对象。大部分系统都是基于松散耦合的分层方法。

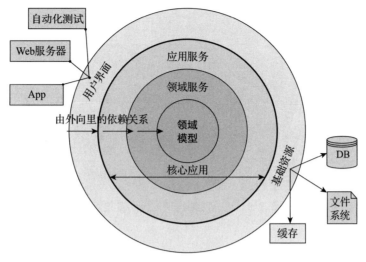

图 2-7　洋葱架构

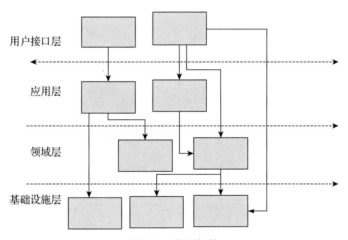

图 2-8　分层架构

　　显然，要为领域模型提供栖息之所，划分一个领域层出来即可。但这并不代表分层架构能完美配合 DDD 的落地。因为除了要保证内聚性架构，还要保证领域层的独立性，所以，要成为 DDD 的完美搭档，分层架构还需要做一步改进，即采用依赖倒置架构让领域层不依赖于任何层级，特别是基础设施层。DDD 需要的分层架构会发生如图 2-9 所示的变化。

　　实际上，我们编写了某种六边形架构的变体，所有依赖关系都指向领域层，而它独立存在，不依赖于任何其他组件。这一部分将在第 10 章中展开说明。

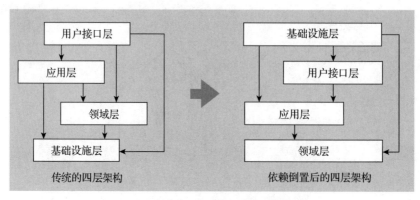

图 2-9　从分层架构到依赖倒置架构

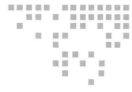

第 3 章 *Chapter 3*

DDD 成熟度模型

本章将介绍 DDD 的成熟度模型，以 DDD 的基本原则及其收益为出发点，将 DDD 的内容从易到难、从初级到高级逐步分层展开。由于本章的重要性，因此将其安排在涉及实操的各章之前，涵盖了所有 DDD 的重要概念和实践。本章亦是一张指引我们学习的蓝图，如果对某些概念不熟悉，可以先放下，当了解了这些概念在成熟度模型中的位置时，将有助于我们在后续的章节中更好地学习和理解它们。

3.1 成熟度模型的目的及特殊性

1. 构建成熟度模型的目的

使用 DDD 成熟度模型的目的是通过某种建模方式来描述 DDD 能力的分级，从而让团队知道其当前各方面能力和有效应用 DDD 的要求之间的差距。在 DDD 的总体原则的指引下，找到未来的发展方向和目标。DDD 的总体原则如下：

- ❑ 成功构建业务逻辑是项目成败的决定因素而非其他关注点。
- ❑ 保持语言、模型、代码的一致性，可以使我们基于业务本身的复杂度来构建软件而不需要更复杂的方法。领域逻辑必须显式、集中地体现在模型和代码中，而不能被隐式、模糊或分散地表达。
- ❑ 保持领域模型的独立性与内聚性，可以使我们单独地构建、测试和验收领域逻辑而不用和系统架构的其他部分发生关联，不被别的无关因素影响领域层的稳定性。

2. 领域驱动成熟度的特殊性

这里的特殊性，其实是 DDD 自身的特殊性带来的——DDD 本身不是软件过程、开发框架、架构模式，更多的是一种理念和原则。因此，在度量 DDD 成熟度时，无法绝对通过技术栈、文档、制度流程、交付物来进行定义。

只有 DDD 的两个基本原则是其区别于其他方法论的本质特征。

注意，DDD 并不以特定战略战术模式作为必要的标准。DDD 不需要一套特殊的框架或数据库，对语言和基础设施更没有要求。面向对象对于模型构造很有用，但这也不是强制的（DDD 有很多 C++ 和 JavaScript 的案例）。

DDD 对架构的要求也不是固定的，有为 DDD 量身定制的六边形、洋葱架构，有广泛使用的分层架构，架构样式可以变化。虽然领域专家的高度配合是 DDD 所必需的，但在软件过程方面，也没有完全固定的制度流程来约束怎么做才是 DDD。与之形成对比的是，只要有助于保证 DDD 的两个基本原则，任何过程、方法和架构就可以算作 DDD 的有效实践。

话虽如此，我们依然把众多战略战术模式列在了后面的表 3-1 中，因为这些方法对于落地 DDD 原则来讲，已经被证明是有用且高效的，是证明了其价值的。随着技术的进步、过程的改进，很多新的模式可以替换旧的。比如，领域事件、事件风暴的领域模型发掘方法，就是在 Evans 的著作之后才出现的。只要更好地保证两个原则，就可以享受到 DDD 带给组织的收益，那么我们无论采用多么新的方法，DDD 依然走在正确的轨道上。

3.2　5 个度量维度

结合上面的论述，我们将成熟度分成了 5 个维度，简称 PTSTR，如图 3-1 所示。

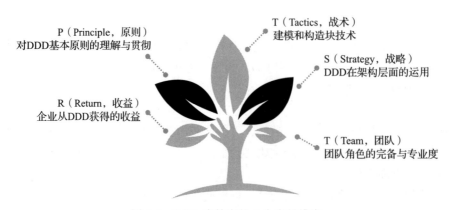

图 3-1　DDD 成熟度的 5 个度量维度

（1）P（Principle，原则）

原则维度主要指团队对 DDD 两个基本原则的理解与贯彻程度，分为以下几个层面：

1）理解语言、模型、代码三者一致的含义，并坚持该原则。理解领域逻辑必须显式、集中地体现在模型和代码中，而不能被隐式、模糊或分散地表达。

2）理解保持领域模型独立性与内聚性的含义，并坚持该原则。

3）理解违反三合一原则所带来的熵增原理，并借此优化自身团队的管理决策。

4）理解如果丧失领域模型独立性和内聚性，对架构与软件质量可能产生的严重影响，并借此优化自身团队的技术决策。

（2）T（Tactics，战术）

战术部分是关于 DDD 的建模和构造块技术。其中包括如何妥善地将业务概念建模为适宜的模型，以及一些特殊情况的建模方法，如事件、异常、自定义类型等。同时，还包括灵活地运用动态和静态模型来表达模型的不同侧面，以及合理地使用聚合、工厂和存储库技术。此外，还包括团队代码的质量，能否精准地表达通用语言和业务含义。

这一部分相对来说容易达成，因为有开发人员热情配合，就能解决大部分问题。具体内容如下：

1）合理地运用实体、值对象、领域服务建模对应的领域概念。

2）合理地使用工厂和存储库来分担生成和持久化模型和聚合的任务。

3）合理使用用例来构建模型工作场景、测试用例、为通用语言输入词汇。

4）合理使用静态类图和动态交互图来分别描述模型的数据和行为。

5）恰当地为领域事件建模、自定义有领域含义的异常类型。

6）恰当地使用聚合控制模型的可访问性和聚合逻辑。

7）代码忠实地表达了通用语言和模型，体现了业务含义，且没有经过二次设计。

8）作为用例实现的组件，领域模型具备高质量特性，包括简单性、一致性、可重用性和扩展性。

9）恰当地为抽象领域概念提炼基类，以及构建良好的、无副作用的模型继承结构。

10）合理运用设计模式设计高效的领域模型，以解决特定的需求问题。

战术模式的良好运用，可以使领域模型更精准地匹配领域概念，基本上每一类业务模型都有对应的建模方法和实现技术。

虽然我们常说只运用战术并非 DDD，但是这些战术的合理运用将帮助我们更好地落地 DDD 的基本原则。比如，更贴切的建模方式将使三合一更容易实现，更细致地划分领域模型生命周期，将使领域模型的独立性和内聚性更好。

（3）S（Strategy，战略）

战略模式往往需要架构师来考虑，需要比战术模式更高的宏观视角，主要涉及 DDD 在架构层面的运用。具体内容如下：

1）合理地划分上下文以保证概念的完整性，进而合理地划分系统、子系统、需求用例、工程项目和团队。

2）合理地划分核心域、支撑域和通用域，进而帮助架构分层、划分模块和服务。

3）根据项目和团队的具体情况，在不同上下文间采用恰当的集成方法。

4）从稳定性和重用性角度出发，合理地划分模块。

5）选取适宜的架构保证领域层的独立性与内聚性，比如采用六边形或依赖倒置架构。

6）核心域被进一步提炼为抽象子域，从而反映出其核心价值，增强其稳定性。

战略模式非常重要。当我们进入 DDD 的深水区时，战略模式的保驾护航是必要的。往往在架构方面做的一点点努力，其解耦效果都能超过我们在战术层面花费努力的数倍。因此，选择合理的架构（比如六边形和洋葱架构），就为 DDD 的落地打下了坚实的基础。

（4）T（Team，团队）

团队因素主要涉及相关团队角色的是否完备及其专业度。专业度指团队的意识，对 DDD 基本原则以及应用其所带来收益的理解是否到位。在坚持 DDD 原则和运用各类战略战术模式的同时，能够知道采取什么样的技术决策使收益最大化。

团队包括领域专家（领域逻辑）、用户（用例）、产品经理（领域逻辑、用例）、架构师（架构）、开发人员（战术建模）和测试人员（领域单元测试）等角色。

除了上述角色的要求，还需要考虑管理团队的成熟度。具体内容如下：

1）领域专家、用户或产品都可以参与通用语言和模型的构建。

2）领域专家应具有专业的领域知识，且配合主动性高。

3）架构师的技术决策能保证领域模型的独立性与内聚性。

4）开发团队充分参与建模活动，每名成员都能成为亲身实践的建模者。

5）当语言、模型、代码一方发生变化时，团队能自觉同步三者以保持一致。

6）领域专家和用户可以参与单元测试用例的设计、编写、补充、检查和评审。

7）领域专家可以对模型和代码进行静态测试，通过代码走查测试业务逻辑。

8）在系统的不同层级可以实施不同的测试策略，有多种测试类型构建的安全网，如单元测试、接口测试和端到端的测试。

9）DDD 的建模、测试和验收等活动完全融入敏捷交付过程。

10）管理层应理解 DDD 的收益体现在何处，以及什么是失败的标志。

11）管理层应意识到领域模型是企业宝贵的数字资产，并充分利用其价值。

12）软件过程应配合 DDD 的设计活动与要求，保证基本原则不被违反。

（5）R（Return，收益）

这是亮点的部分，列举企业从 DDD 获得的收益。从这一部分衡量企业应用 DDD 是否成熟，显然更加客观。值得注意的是，收益并没有大小之分，显然是有一个循序渐进的路径。具体内容如下：

1）复杂度和耦合度更低的系统。

2）系统灵活性和可维护性得到提高，更容易响应需求的变化，上线时间缩短。

3）系统质量得到提升，缺陷减少，修复时间变短。

4）代码可读性和维护性更好，领域知识的模型化、代码化。

5）企业应用的生命期变得更长，不需要每隔一段时间就推倒重来。

6）领域模型被多个应用所复用。

7）加强团队协作，实现业务与技术的融合。

8）沉淀的领域模型不仅是团队理解业务的重要学习材料，还可用于运营与宣传。

9）核心业务得到了更准确的定义和理解。

10）核心竞争力被模型化，语言、模型和代码成为真正的数字资产。

11）DDD 对测试驱动开发、敏捷和 DevOps 的赋能，使其能够落地或功效增加。

3.3　3 级成熟度模型

结合 5 个度量维度，我们构建一个 3 级 DDD 成熟度模型，包括 DDD 减配版、DDD 实践者和 DDD 赋能者，如图 3-2 所示。

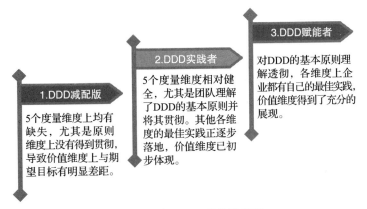

图 3-2　3 级 DDD 成熟度模型

（1）第一级：DDD 减配版

严格来说，减配版（DDD Lite）并不属于成功落地 DDD，或者说只得其名未得其实。但它可能是我们大多数团队的现状和起点，所以有必要设为一个阶段，给团队一个全面的视图，让团队知道自己身处何处。

在 Vernon 的《实现领域驱动设计》中提到过减配版，书中解释说，它不强调对通用语言的使用，战略层面也不特别强调采用合理的架构来保持领域模型的独立性和内聚性。虽然有形式上独立的领域模型，但并不强调对通用语言的使用，即语言、模型、代码三者不完全一致。这意味着，设计模型只在开发团队内部使用，同样业务模型只是为了理解业务而存在。领域专家不参与设计和模型验证环节。他们只通过部署好的系统给出自己对业务规则的反馈。

通俗地理解是，它采用了部分 DDD 的战术方法，但两个原则并没有被理解、贯彻和执行。在系统架构方面，可能采用了分层架构或 MVC 架构，存在领域层，但领域逻辑做不到独立和内聚，比无分层架构和大泥球架构好一些。

（2）第二级：DDD 实践者

实践者是指目标正确且付诸行动的团队，它们知道 DDD 的基本原则，设定了达成语言、模型、代码三合一和保持领域模型的独立性与内聚性的目标，做到了领域逻辑显式、集中地体现在模型和代码中，而不是被隐式、模糊或分散地实现，并积极地开展各类 DDD 战略战术、方法和模式。

领域专家充分参与模型设计、单元测试等环节。整个团队都能自觉地使用以模型为核心的通用语言。在战术层面，可以合理地为各类领域概念建模，使用正确的构造块技术构建不同的业务模型。在战略层面，能有效使用匹配 DDD 的架构、比如六边形和洋葱架构，合理地划分有界上下文、子域、模块。在团队层面，能保证持续地提炼和精化模型的要求，提供与领域专家的无障碍通道，开发者和测试人员都能使用通用语言撰写代码和测试。在收益方面，初见成效，增强了开发团队的交付效能，延长了系统的生命周期，获得了更高的软件质量和可维护性。

（3）第三级：DDD 赋能者

在实践者的基础上，团队理解了 DDD 的底层逻辑，并使用 DDD 两个基本原则来控制系统中的熵增。他们基于业务本身的复杂度来设计软件，并单独构建、测试和验收领域逻辑。

领域专家不仅全程参与模型设计，并能完全换位思考，站在模型的角度重构自己对领域的理解，借此检验模型的合理性。在战术层面，构建的模型不仅能充分体现领域概念，并且能兼顾易用性、健壮性和灵活性，可以满足大部分用例的实现需求，且有良好的抽象与继承结构。能针对不同的需求场景，应用对应的设计模式来解决需求的痛点，使领域模型符合开闭原则。在战略层面，除了合理地划分上下文、子域和模块外，还能够按照上下文边界清楚地划分系统边界、项目和团队，按照子域的边界合理地分层和划分模块及微服务，从而完全发挥六边形或洋葱架构的威力。在团队层面，管理者能将现有软件过程与 DDD 充分结合，如敏捷方法等，并且能使该过程的文化与 DDD 形成互相赋能的格局。在收益方面，开发部门不仅仅被视为成本中心。通过将企业独特的竞争力和商业模式数字化，核心业务得到了更精确的理解。贴近业务的设计使得系统能随着业务的发展而优雅的演进，系统的生命周期长度大幅提升，节约了 IT 的投资。

表 3-1 是对 DDD 成熟度模型的探索，表中列举的每个知识点在后续章节中将逐一说明。对于 DDD 的落地，更好的实践经验和想法的团队可能会有不同的顺序，但也不必过分纠结。因为团队和项目的实际情况，以及不同使用者对于价值的体验可谓千差万别，所以在不违反基本原则的前提下，适合自己的才是最好的。这个成熟度模型并不是固定不变的，其核心作用在于参考和启发。

表 3-1　DDD 成熟度模型

阶段	原则	战术	战略	团队	收益
DDD 赋能者	• 理解违反三合一原则所带来的熵增原理，并借此优化自身团队的管理决策 • 理解如果丧失领域模型独立和内聚性，对架构产生的严重影响，并借此优化自身团队的技术决策	• 代码忠实地表达了通用语言和模型，体现了业务含义，且没有经过二次设计 • 作为用例模型具备高质量的组件，领域模型具备高质量属性，包括简单性、一致性、可重用性和扩展性 • 恰当地为抽象领域概念提炼基类，以及良好的、无副作用的模型继承结构 • 合理运用设计模式设计高效的领域模型，来解决特定的需求问题	• 根据项目和团队的具体情况，在不同上下文间采用恰当的集成方法 • 核心子域被进一步提炼为抽象子域，从而反映出其核心价值，增强其稳定性 • 六边形、洋葱和依赖倒置架构优势充分展现	• 领域专家可以对模型和代码进行静态测试，通过代码走查来验证业务逻辑 • 在系统的不同层级可以实施不同的测试策略，有多种测试类型构建的测试安全网。比如单元测试到端到端口测试和端端的测试，接 • DDD 的建模、测试和验收等活动完全融合入敏捷交付过程 • 管理层能意识到领域模型是企业宝贵的数字资产，并充分利用其价值 • 软件设计过程能配合 DDD 的设计活动与要求，保证基本原则不被违反	• 团队协作的加强、业务与技术的融合 • 沉淀的领域模型不仅是重要的学习材料，还可用于运营宣传 • 核心业务得到了更准确的定义和维护 • 核心竞争力被模型化，语言和代码成为真正的数字资产 • DDD 对测试驱动开发、敏捷和 DevOps 的赋能，使其能够落地的成功效应增加
DDD 实践者	• 理解语言、模型、代码三者一致的含义，并坚持该原则 • 理解领域逻辑必须在模型和代码中，不能被隐式、集中地体现在模型或代码分散在各处，理解保持领域模型独立性与内聚性的含义，并坚持该原则	• 合理地运用实体、值对象、领域服务对应的领域概念 • 合理地使用工厂和存储库来分担生成和持久化模型和聚合的任务 • 合理使用用例模型来构建模型工作场景，测试输入词汇，为通用语言添加动态用词 • 恰当使用静态交互图来分别描述模型的数据类型和行为 • 恰当地使用聚合控制模型的可访问性和聚合逻辑	• 合理地划分上下文以保证概念的完整性，进而合理地划分子系统、子系统、工程项目和团队 • 合理地划分核心域，进而支撑用例模型来建模，助架构模型分层，划分模块和服务 • 从稳定性和重用角度出发，选取合适的独立于领域层的架构来保证领域与六边形或其他依赖倒置架构	• 领域专家、用户或产品都能参与到通用语言和模型的构建中 • 领域专家足够专业、且配合领域知识成体系，主动性高 • 架构师有技术决策能力保证领域模型的独立性与主动性 • 开发团队充分参与建模活动，每名成员都能为未来自身实践的建模者 • 当发生变化时，模型、代码、团队能自觉同步到模型保持一致 • 领域专家和用户能参与单元测试用例的设计、检查和评审	• 复杂度和耦合度更低的系统 • 系统灵活性和可维护性得到提高，更容易地应对需求的变化，上线时间缩短 • 系统质量得到提升，缺陷减少，修改的代码可读性和更好的代码可读性更好 • 维护性、代码和领域知识的模型化 • 企业应用的生命期变得更长，而不是每隔一段时间就要推倒重来 • 领域模型被当作多个应用所复用

(续)

阶段	原则	战术	战略	团队	收益
DDD 减配版 (起点)	• 存在形式上独立的领域模型，但不强调对通用语言的使用，即语言、模型、代码三者不一致 • 设计模型不能作为需求沟通媒介，只在开发团队内部使用，同样业务模型只是为了理解业务而存在	• 业务模型只负责定义数据结构。有一定业务逻辑，但内聚性不够。或者为贫血模型，Model 只是一个数据容器 • 代码是开发人员的自留地，除了开发业务，没有人能看懂	• 没有合理的上下文的划分，没有限制模型的使用，用场景、进而合理地分割模型、用例、项目和团队 • 没有识别核心域，支持和通用域 • 架构上可能采用多层或 MVC 架构，但没有特意维护核心域逻辑的独立性，以及领域逻辑的内聚性	• 无领域专家配合，或领域专家不参与设计和验证环节。它们只单向地传授知识，通过成型部署好的系统给出自己的反馈 • 团队有产品设计说明书，详细设计说明书，从需求设计到多层有多次设计 • 没有单元测试，或单元测试无法保证测试的完整性和有效性，只是作为开发人员自发的一个验证工具	• 需求说明书，各级设计说明书作为项目资产。团队最宝贵的是资历老的开发人员，只有它们才能说清技术组件和需求间的复杂关系。领域逻辑可以散布在数据库、UI 等各个地方

　　这个成熟度模型对于阶段的划分只分了两级，绝大多数团队可能都处于"DDD 实践者"中的某个状态。而表中没有进一步细分的原因是，不同的团队有不同的现实情况，大多数要求并没有顺序关系，团队只需根据自身情况逐步实践即可，在其中再分前后，其指导意义并不大。这个模型的目的是让读者感受到我们的起点是什么，落地哪些实践，未来的发展方向是什么，企业能获得什么收益，引导团队有目的地行动起来。

　　启发讨论、明确方向、了解价值、循序渐进、落地参考，这是我们构建 DDD 成熟度模型的出发点。

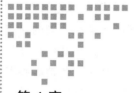

Chapter 4 第 4 章

模型的要素——用例、视图和构造块

本章介绍有关领域模型的基本问题，即构成要素。在构建房子之前，我们需要深入了解手中的工具和材料。后面的章节将把它们组织在一起，构建出我们需要的领域模型。

4.1　模型的构建步骤

领域模型的构建步骤如图 4-1 所示。

具体的步骤如下：

1）从用例场景开始，给模型输入概念、属性、术语。

2）构建静态领域模型（类图），发现领域概念和对象属性。

3）构建动态领域模型（时序图和协作图），发现对象之间的关系、行为和事件（步骤 2、3 交替进行）。

4）使用操作契约来检查和完善设计，完成领域模型的单元测试用例。

图 4-1 中涉及的要素及其作用如表 4-1 所示，具体内容后面将逐一展开说明。

表 4-1　模型要素及其作用

概念	作用
用例	• 过滤有效模型 • 提供模型的场景，揭示其目的 • 提供重要的概念、属性、关系的输入
类图	提供模型的载体，确定模型的数据、相互关系
交互图	发掘模型的行为，确定模型的职责、事件、相互关系
操作契约	提供模型的状态检查，辅助模型设计和完成单元测试用例

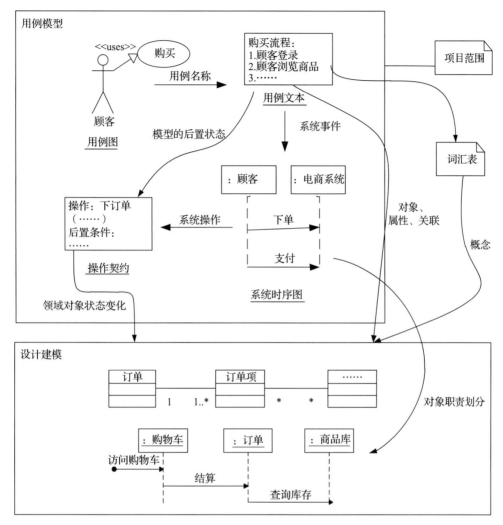

图 4-1　领域模型的构建步骤

4.2　模型的场景：用例

本节将阐明用例在模型构建中的重要作用。用例提供了模型活动的场景和目标，为通用语言和模型设计提供了重要输入，是设计的起点。

4.2.1　用例的定义

用例是一组相关的成功和失败的场景集合，用来描述参与者如何使用系统来实现其目标。参与者是某些具有行为的事物，可以是人（由角色表示）、组织或其他计算机系统。场景是参与者和系统之间的一系列特定活动和交互，是使用系统的一个特定情节或用例的一条执行路径。例如，顾客下单、网络支付都属于一个场景。

用例强调了用户的目标和观点。它回答了这样的问题："谁使用系统？他们使用的典型场景是什么？业务价值是什么？"与老式的功能特性列表（这种列表罗列了系统的功能但没有用户角色，一般用 Excel 或表格工具组织）相比，用例拥有巨大的优势。

用例：客户下单

> 主成功场景：
>
> 顾客将商品添加到购物车，申请结算，生成订单。
>
> 分支场景：
>
> 如果商品库存不足，则不能生成订单，告知顾客删除该商品。
>
> 如果该商品使用了优惠券，则提示重新计算订单价格。
>
> 如果系统检测到与物流系统通信失败，则……

用例由专门的 UML 图表示，如图 4-2 所示。

但要注意，用例图只描述了参与者与场景，可以作为用例的概括和名称，不能替代用例文本。用例建模主要是编写文本的活动，其中列举了各类条件和分支，而不是简单绘制用例图。

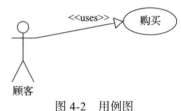

图 4-2　用例图

4.2.2　用例的目的

用例是需求的载体，从某种角度上代表真正的"业务"。我们设计领域模型的目的最终也是用例实现。因此，在模型设计中，用例起到关键作用，如图 4-3 所示。用例的主要作用如下。

1）提供了模型的工作场景。

2）提供重要概念、对象、属性、关联的输入。

3）模型的测试和验收要基于用例。

4）形成了最初的通用语言词汇表。

5）作为领域专家和业务人员的绝佳切入点。

千万不要犯一种错误，那就是撇开用例的输入，一开始就设计领域模型，然后再用得到的领域模型来满足用户的用例场景。这是为了开发团队而不是为了用户设计的模型。在 DDD 团队中，这是一个致命的问题。领域专家将无法理解你的模型，后续也无法用它来交流业务逻辑，那么一开始我们就不在正确的轨道上。

脱离工作场景的万能模型是不存在的，没有人能做到满足所有的需求。任何强大的模型，其强大之处也只是在"场景有效"的情况下。以第 1 章的例子（图 1-4）为例，强大如钢铁侠的能量核心的模型也必然有相应的用例场景。

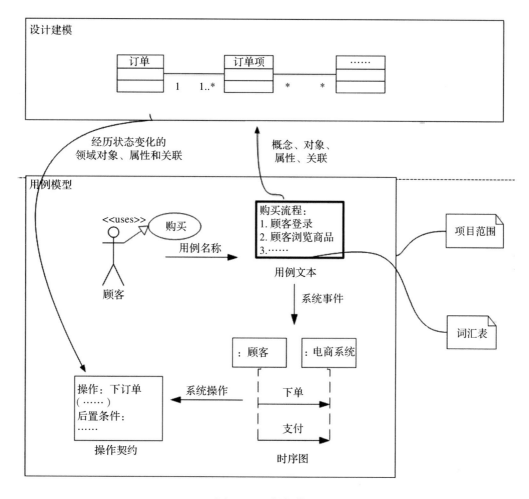

图 4-3　用例与模型

用例：战甲除冰

范围：第一代战甲
主要参与者：战甲穿戴者
主成功场景：
1）操作者穿戴战甲
2）飞向高空
3）在温度低于 0℃ 时，启动除冰功能

显然，是否考虑到这个用例场景，模型的设计和做出的战甲也会不一样。

用例提供了领域模型必要的输入，概念、术语、属性、关联的最初来源都是用例。对于用例实现的思考，会激发我们设计模型的灵感。图 4-3 中的系统时序图的场景来源是用例，它是我们接下来设计类和方法的起点。

同时，用例也是测试和验收模型的基础。如前所述，针对领域模型的单元自动化测试是最高效的测试环节，在保障领域模型的独立性与内聚性的前提下，可以迅速提高软件质量，而我们的测试用例来源就是用例。

除此之外，用例还有一个更重要的作用，那就是讨论用例是一个适合的领域专家的参与点。要知道，业务人员很少能一开始就精通哪怕是最简单的 UML 类图，而用例是一个低门槛的方法，编写用例的工作可以使领域专家和系统用户很快参与进来。之后过渡到发现对应模型和模型的各种行为就很自然了。

对于熟悉敏捷开发的读者，可以把用例的作用类比于敏捷中的用户故事。一方面承载需求，比如用户故事的一般格式是"作为 ×××（用户角色），我可以做 ×××（完成的工作或步骤），以便实现 ×××（业务价值）"，与用例描述非常相似，区别仅在于粒度不同，用例的粒度一般更大些，其表现形式几乎是一样的。另一方面，许多人不知道的是，用户故事其实是需求沟通、任务分配、测试验收的载体。而在 DDD 中，用例亦是这些工作的载体。用例和用户故事都可以成为设计和通用语言构建的起点，DDD 赋予了它们更多的内涵。

总之，以用例为出发点，我们能创建自然的通用语言和符合用例实现的模型。最重要的是，领域专家和开发团队可以借此搭建沟通平台，之后基于领域模型的深入交流就可以做到有章可循、水到渠成。

4.2.3　发现用例

发现用例的系统过程如下。

（1）确定系统边界

如果对被设计系统的边界定义不清晰，那么可以通过确定系统的外部参与者和协助参与者加以明确。一旦定义了外部参与者，系统边界将变得清晰。比如，购物网站的支付授权的全部功能在系统边界内吗？显然不是，因为有外部的支付授权服务参与者，如支付宝或微信。

当我们不太清楚一个功能是否在系统的边界内，构成一个有效用例时，可以问自己如下几个问题：

❑ 有对应的角色来使用它？是谁？

❑ 使用场景是什么？流程中是否会跳到外部场景，还是一直在系统内部？

（2）寻找参与者和目标

这两个步骤写在一起，因为识别参与者与识别目标并非先后关系。在讨论会上，人们会集体讨论并同时识别两者，目标会反映参与者，反过来也一样。

除了明显的主要参与者和目标外（系统用户可能就在参与讨论，其角色是显然的参与者），下列问题有助于确定可能被忽略的参与者和目标：

❑ 谁来启动和停止系统?

❑ 谁来完成用户管理和安全管理?

❑ "时间"是参与者吗? 因为系统要响应时间事件来完成某些活动。

❑ 除了人作为主要参与者外,还有其他外部的系统调用该系统的服务吗?

❑ 谁来考察系统活动或性能?

❑ 谁来考察日志?

表 4-2 是一个参与者及其目标的例子。

表 4-2　用例表格

参与者	目标	参与者	目标
顾客	浏览商品 下单 支付	管理员	处理订单 安排发货 处理退款

在发现用例后,绘制用例图,并以目标作为用例名称。也可以用表格的形式,记录发现的用例,评审后再绘制为用例图。

(3)定义用例

为每个参与者分别定义用例。用例名称要与用户目标类似。如浏览商品的用例名称为"浏览商品"。用例名称应以动词开头。

对于领域中的实体,通常都有创建、查询、更新、删除四个用例,应将其合并,统一称为"管理×××"用例,如管理用户、管理商品。

除了遵循上述步骤靠头脑风暴会议解决外,还可以有以下途径获得用例信息:

❑ 遗留系统;

❑ 竞品。

已有的系统可以成为用例的重要来源。当然我们也可能被旧系统"反噬"。这是什么意思呢? 有的业务人员已经习惯于已有系统,因此他们并不会总结出自己的业务目标,而是描述自己在系统上完成的具体功能。比如"导入 Excel 文件"而不是"新增商品"。

我们要避免这种情况。在对系统用户提问时,要注意不要问"你在做什么"(针对具体任务的提问),而要问"你的目标是什么"(业务价值)。

4.2.4　用例的编写

(1)用例的参与者

参与者是任何具有行为的事物,如果我们的系统调用外部的服务,甚至参与者也可以是系统自身。主要参与者和协助参与者会出现在用例文本的活动步骤中。参与者不仅是由人所扮演的角色,也可以是组织、其他系统、操作系统。有以下三种外部参与者。

1)主要参与者:具有用户目标,使用系统完成该目标,如顾客、管理员。主要参与的目的是形成主要的有效用例集。

2）协助参与者：为系统和步骤 1 中的用例提供服务支持。支付授权服务即是一个例子，还有为系统提供数据的用户或第三方系统。比如，你的手机定位为打车软件提供了服务。确定协助参与者，将帮助我们明确外部接口和协议。

3）幕后参与者：在用例行为中具有影响或利益，但不属于前两者的参与者，如审计部门。

为何要确定幕后参与者？为了确保满足他们的隐性需求。如果不明确地对幕后参与者进行命名，开发时往往会忽略他们的诉求。如果后期再考虑，很可能产生不必要的重构，如操作日志的记录。

（2）用例的三种常用形式

用例可以以不同的详略程度进行编写，以满足不同的使用场景。

1）摘要形式。

❑ 简洁的一段式概要，通常用于主成功场景，比如下单。

❑ 用于早期讨论阶段，以使团队快速了解主题和范围，几分钟即可完成。

❑ 目标清晰，一般不会有什么歧义。

2）非正式形式。非正式的段落格式，用几个段落覆盖不同场景。前例中的顾客下单和战甲除冰的写法就是非正式形式，也是在早期讨论时使用。

3）详述形式。详细编写所有步骤及各种变化，同时具有补充部分，如前置和后置条件。

在以前两种形式编写了大量用例后，开发团队需要进一步明确哪些用例具有重要架构意义和高价值（每次迭代不超过 10%），以便在进入设计开发阶段时将它们编写为详述形式。优先级的顺序要对应于业务的价值，优先细化与公司的核心竞争力和独特的商业模式有关的用例，从这些用例中导出的设计结果将对应于模型的核心域。

详述形式的用例有对应的模板，展示了更多的细节，并且更为深入。优先细化核心用例，它们将是我们设计领域模型的起点。表 4-3 是一个详述形式的用例模板。

表 4-3　详述形式的用例模板

名称	功能说明
用例名称	以动词开始
范围	涉及的系统及其版本
级别	"用户目标"或"子功能"
主要参与者	使用系统完成用户目标
利益相关者及其关注点	关注该用例的人
前置条件	开始前必须为真的条件
后置条件	用例成功后要满足的条件
主成功场景	理想方式的正向用例
扩展	分支路径，替代场景
特殊需求	相关的非功能性需求
技术和数据转换表	不同的 IO 方法和数据格式
发生频率	发生的频率，影响业务实现、测试优先级
问题	未解决的问题

　　具体的例子因为篇幅冗长且琐碎，就不在书中列出了，因为读者读起来很容易出戏，就像把二级制文件插入数据库中一样不太自然。有需要的读者可以搜索"fully dressed use case"自行学习。

　　（3）好的用例风格

　　好的用例应做到以下几点：

　　1）拓展视野，发现真正的客户目标。举个例子，在会议讨论中，用户可能会说其目标之一为"登录系统"，此时用户的脑海中可能浮现出含有用户 ID 和密码的对话框，但我们要意识到这只是实现目标的一种机制，不是目标本身。通过对目标的研究，我们会发现系统要达到的真正业务目标是"标识用户身份"，或更专业一点的表述是"认证与授权"。这种对根源目标的发现过程能够打破惯性，促成更好的用例方案。如果我们脱离了对话框思维，用例由"登录系统"变成了"身份认证"，那么就可能使用更好的实现方式，比如指纹和面容识别。

　　2）以本质风格编写用例。不要过早地想象用户界面，要摒弃用户界面思维，集中于意图。不涉及 UI 细节而集中于用户真实意图的编写风格称为本质风格。与之对应的是具体风格，它往往表达的是用户旧的操作习惯，要避免使用这种会限制我们设计思路的写法。

　　下面对比一下两种书写风格。

本质风格：

…… 1）用户标识自己的身份。 2）系统分配用户权限。 ……

具体风格：

…… 1）用户在对话框中输入登录 ID 和密码。 2）系统按照用户权限更新菜单列表。 ……

　　即使对于原型开发和 UI 设计而言，具体风格也很难说有什么帮助，因为这样会限制设计师的发挥。在早期讨论阶段和模型设计阶段，这种风格也会妨碍团队对业务目标的理解。

　　3）采用用户价值的观点。用例一定要强调提供给用户的可观察价值，价值这一点和前面提到的用户故事也是吻合的，无须再过分强调了。但我们有太多的项目和产品只是去捕获并满足功能列表，而不关心谁使用系统和提供什么价值。我也曾多次参加这样的产品演示会，支离破碎的感觉确实让人不爽，所以再次提醒读者要重视这一点。

　　我们已大致介绍了用例的各方面。设计就是通过创建合适的领域模型，分配它们的职责，描述它们之间的协作来满足用例的过程。用例中的操作可以作为输入的起始消息，然后将其发送给领域模型并逐层分解，类图将承载模型的数据，而交互图描述对象如何交互以完成用例。接下来我们介绍这两个重要的图形。

4.3 模型的数据：类图

类图是开发人员最熟悉的 UML 图，但大多数开发人员还只是利用它来组织代码。只有用类图表达模型概念时，面向对象设计的真正强大之处才能得以彰显。

类图是领域模型载体的完美之选。在完美衔接代码开发的同时，其形式和表现力也足以承担起与领域专家沟通的重任，是我们模型设计和通用语言的基础，也使得 DDD 的"单一模型"成为可能。本节将对它进行充分介绍，以便读者了解更多富有表现力的细节。

图 4-4 概括了类图里的各个元素，包括类名、属性和方法，并展示了接口和类之间的继承与依赖关系。类图中的大部分元素都是可选的（例如，+/- 可见性、参数和分栏），建模者可根据建模的业务逻辑选择呈现、隐藏或定制化这些元素。

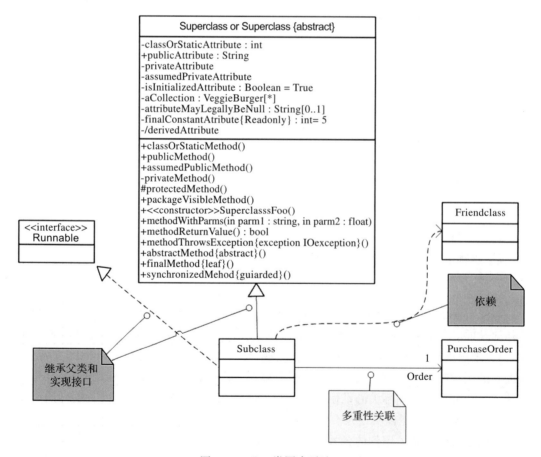

图 4-4　UML 类图表示法

4.3.1 属性

属性是类的重要成员，是数据的载体，处于类图的第一栏。如何定义属性，以使模型有良好的内聚性，是第 5 章的重点。这里先介绍属性的表示方法。

（1）属性的分类

属性一般分为以下 3 类：

1）语言层面的基本类型，如布尔类型、日期、数字、字符、字符串、日期时间。

2）通用的值类型，非基本类型且不具有特定的业务含义（即任何项目都通用），如地址、颜色、几何形状、电话号码、身份证号、统一产品代码、SKU、ZIP、自定义的枚举类型等。

3）项目中的其他业务对象有专门的业务含义，其中有唯一标识的称为实体，没有标识的则为值类型。

（2）属性的表示方法

前两种类型的属性采用文本的方式进行展示，即将其放在类图的第一栏中，第三种类型采用关联线的方式进行展示。文本表示法的完整格式如下：

可见性（公有 / 私有保护）：类型 多重性（是否集合）= 默认值 { 属性 }

比如，+spanWeeks:int=3{readonly} 定义了一个公有的、整型的、默认值为 3 的只读属性 spanWeeks（跨越周数）。

再看另一个例子，如图 4-5 所示。

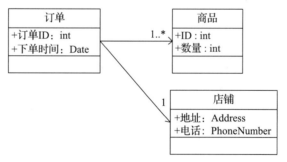

图 4-5　属性的两种展现方式

在图 4-5 中，订单有订单 ID、下单时间、商品、店铺四个属性，前两个是基本类型，定义在类的第一栏中，后两个是业务对象，采用了连线的方式。同样，店铺的两个属性，即地址和电话，属于通用的值对象，所以也如图所示进行定义。

在代码层面，这两类属性并没有什么区别。

```
public class Order
{
public int ID;
public Date OrderTime;
public List<product> containedProducts=new ArrayList<product>();
public Store currentStore;
}
```

在关联线表示法中，关联线的箭头说明了从属关系。它可以包含定义的变量名称，还可以附加多重性值，如"＊"或"0..1"，表示数量的对应关系，关联线标识实际上已经在为业务逻辑建模了。添加相应逻辑后的类图如图 4-6 所示。

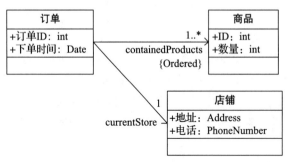

图 4-6　关联线说明

关于关联线，我们在构建领域模型时，还会用另一种更能体现业务含义的标识，比如"包含多个……"，这种模型有益于与领域专家讨论，并形成通用语言的词汇。

在实际项目中，ID 一般不会采用 int 类型，而有一套适应不同要求的生成规则，所以通常会单独定义一种标识符类型，这里做了简化。

图 4-6 中"1..＊"的关系，代码层面对应的是集合，也可以添加相应的业务逻辑，比如如果集合是排好序的，可以加上 {Ordered} 特性。

4.3.2　方法

方法是类的行为，处于类图的第二栏。从某种程度上说，它代表了类的行为和责任，实际上是给"静态"的类图添加了"动态"元素。方法的设计并不像属性那么显而易见，稍后会介绍一些类职责的分配原则。我们可以使用交互图（如接下来要介绍的时序图和协作图）来帮助我们创建方法。操作的完整格式如下：

　　可见性（公有 / 私有保护）：名称 {参数列表}：返回值 { 方法特性 }

比如，+getPrice（productID：string）：float {exception IOException} 定义了一个公有的、以产品 ID 作为传入参数、返回值为浮点类型且方法内部可能抛出 IO 访问异常的名为 getPrice（获得价格）的操作方法。

（1）构造函数

构造函数是一种特殊的操作类型，它也列在方法栏中，图 4-4 中的 <<constructor>> 标记了构造函数。它是生成类实例时要执行的逻辑，当使用 new 操作时，其实就是执行构造函数。默认的构造函数名在大部分类 C 语言（Java、C++、C#）中都与类名相同。当然，你可以重载（overload）自己的构造函数来满足一定的业务要求。重载的含义是可以保持方法名的一致，而使用不同的传入参数。我们应用的一些模式离不开对构造函数的改造，比如单例模式与工厂模式，这两个模式都对应重要的业务含义，后面会详细讲述。

（2）访问属性的操作

访问操作是提取和设置属性的操作，例如 getPrice 和 setPrice，在 Java 中，写操作很常见，而 C# 中可以使用属性的读 / 写特性，代码组织格式上要好一些。注意，不要把这些操作包含在类图中，更不要在领域模型内出现。这些方法的业务逻辑含量为零，是纯粹的干扰信息，请忽略它们。

4.3.3　注释、约束和关键字

在构建领域模型时，注释、约束和关键字三个概念非常重要，它们使我们可以在模型中表现丰富的领域逻辑，而无须再附加一个累赘的文本文档。作为图形元素，它们兼顾了出色的表现力和简洁性。

（1）注释

任何 UML 图都可以使用注释标签，在类图中尤其常用。UML 注释标签显示为折角矩形，并使用虚线连接到要注解的元素上。图 4-4 中的灰色方块就是例子。注释标签可以包括多种内容：

❑ 注释和说明。任何需要说明业务的地方均可使用。

❑ 方法的代码实现。

如图 4-7 所示，操作的实现代码可以标记出来。这对于 DDD 团队来说是一个好的机制，因为我们强调语言模型代码的一致性。注释可以采用伪代码或真实代码的片段，一般用关键字 method 标注。当然，需要注意图的空间限制，并不一定要将代码完全粘贴在注释中，只需要呈现你认为重要的部分即可。

注释标签的用法对于构建领域模型非常重要，主要体现在以下两个方面：

❑ 相对复杂找不到合适表示方法的领域逻辑，都可以暂时放在注释标签里说明，而作为模型和通用语言的一部分。

❑ 代码实现逻辑可以内置其中变为模型的一部分，这完全符合三合一的原则。

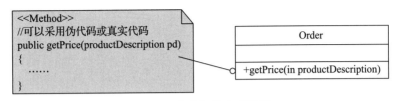

图 4-7　注释标签实现代码

（2）约束

约束是重要的领域逻辑，可以完美地体现在类图上，一般使用 {…} 形式来表示，如 {readonly}、{size>=0}。

图 4-8 为一个栈的类的领域逻辑，前置条件和后置条件被完整地呈现在图形中。

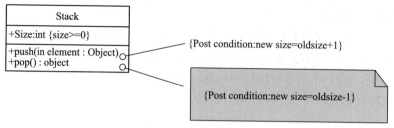

图 4-8 约束表示法

（3）关键字

UML 关键字可以标记模型元素的类别。例如前面的 <<constructor>> 标记了构造函数。大部分关键字用 <<…>> 表示，但有些也用 {…} 表示，比如 {abstract} 用来标记抽象类或方法。用户可以自定义关键字来修饰模型元素，掌握它们将增加图形的简洁性和业务逻辑表现力，而不必到处使用注释标签。比如用 <<Query>> 或 <<Command>> 来分组方法以体现"命令与查询分离"模式，用 <<Entity>> 或 <<Value Object>> 来标识对象类型。UML 常用的预定义关键字如表 4-4 所示。

表 4-4　UML 常用的预定义关键字

关键字	适用对象	含义
<<Actor>>	类	类在用例交互中所扮演的角色
<<Bind>>	依赖	实例的模板
<<Exception>>	类	可能被操作抛出或捕获的事件
<<Interface>>	类	接口
<<Model>>	包	包的抽象类别
<<Refine>>	依赖	源的抽象程度比目标的抽象程度高
<<Signal>>	类	实例之间异步请求
<<Subsystem>>	包	子系统
<<Trace>>	依赖	目标的前身
<<Use>>	依赖	使用

4.3.4　依赖和限定关联

（1）依赖

类之间的相互依赖用连接的虚线箭头表示。当一个类依赖于另一个类时，它们之间存在以下一种或多种关系：

❑ 属性是被依赖的类。

❑ 使用了该类的类名、属性、方法、静态方法等。

❑ 参数是该类的类型。

❑ 继承该类（接口则为实现）。

总之，当一个类的内部出现其他类的名字或其属性、方法时，就与后者产生了依赖，所有这些关系都可以用依赖线表示。但有些依赖类型已经有了自己的特殊线条表示法，因此使用已经约定的方法而不是虚线箭头。比如，在图 4-9 中，表示参数关系的是虚线箭头，表示属性的是实线。

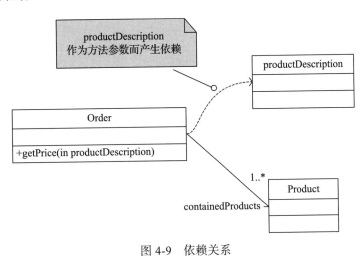

图 4-9　依赖关系

对应的代码如下：

```
public class Order
{
......
public List<product>  containedProducts=new ArrayList<product>();
public Money getPrice(productDescription description)
{......}
}
```

注意，在图 4-9 中，同样是依赖关系，因为 Product 为 Order 的属性，所以虚线应替换为表示属性的实线。

依赖连接线可以根据依赖的内容用关键字来修饰，如图 4-10 所示。

图 4-10 中用 <<create>> 显示了存在于类工厂与具体类之间的依赖关系。

（2）限定关联

限定关联具有限定符，这些限定符可依据键从规模较大的相对集合中选择一个或多个对象。加了限定符后，关联对象间的多重性可能会改变，通常是由多变一。

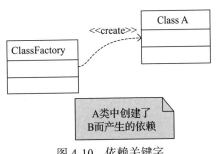

图 4-10　依赖关键字

图 4-11 中 Product 为限定符，之前订单与折扣之间是一对多关系，即一个订单可以享受多种折扣，但指定了商品 Product 后变为一对一的关系，表现了对于一个商品只能享受一种折扣的需求含义。可以看到限定关联可以表达精确的业务逻辑，是我们建模的利器。

我们学习这些类图表示法是为了找到表达领域逻辑的模型图形要素。一旦我们发现了业务规则，就应该按照约定的格式将其添加到模型和代码中，这样的模型才够精确。

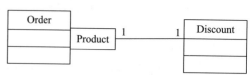

4.3.5 聚合与组合

类之间的聚合（Aggregation）与组合（Composition）都表示一种整体与部分的关系，两者的区别是，聚合的部分可以脱离整体而存在，而组合的部分必须依赖于整体而存在。比如汽车与轮

图 4-11　限定符

胎可以认为是一种聚合，因为轮胎显然可以单独存在，并安装在不同的汽车上，汽车与发动机的关系也一样。而新闻与评论应该是一种组合，因为单独的评论失去了新闻这个主体，没有任何意义。一个视频和它的点赞数和评论集必然是配套的。

聚合是 DDD 的一种战术。在聚合层面，我们可以维护一定的领域逻辑，比如一个汽车只能有四个轮子。它在某种程度上还维护了事务的一致性，比如给汽车做保养时，意味着它所有的零部件都得到了保养。

这里主要讲组合，它是一种比聚合更强的整体与部分关系。组合关系有以下几层含义：

❑ 在某一时刻，部分实例只属于一个组合实例。

❑ 部分总是属于组合，不存在脱离整体的部分，脱离整体后的部分是无意义的。

❑ 组合要负责创建和删除其部分，既可以自己来创建 / 删除部分，又可以与其他对象协作来创建 / 删除部分。

❑ 如果组合被销毁，其部分也必须被销毁。

需要说明的是，部分的组合规则，如 "部分不能脱离组合"，在第 6 章关于聚合的要求中也可以看到。这不是我们混淆了两个概念，而是此时讨论的组合和聚合是 UML 层面的定义，而第 6 章的聚合是 DDD 领域的概念。两个概念的外延不同。

聚合用空心的菱形箭头表示（见图 4-12），组合用实心的菱形箭头表示（见图 4-13）。

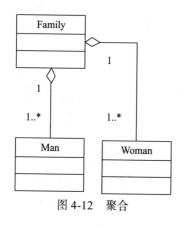

图 4-12　聚合

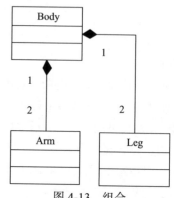

图 4-13　组合

4.4　模型的行为：交互图

　　建模者都认可类图的重要性，但交互图在建模方面的价值也值得重视。因为我们在考虑模型设计时，就必须确定发送哪些消息、发给谁、以何种顺序发送等细节。

　　交互图是动态视图，描述了在指定的用例场景下对象间的消息传递。作为动态建模的成果，它将帮助我们确定模型的行为和职责，是构建领域模型必不可少的一步。凭感觉将职责和方法分配给类的行为并不总是可靠，稍后我们会详细介绍关于职责分配的原则和方法，在此之前先熟悉一下交互图的各要素和它独特的表现力。

　　交互图分为时序图和协作图。时序图具有更丰富的符号标记和更多含义，但是协作图也有其独特之处，更适合在白板上绘制。对应于下面一段代码，两种图形的表示分别如图 4-14 和图 4-15 所示。

```
public class caller
{
    private responder r1 =new responder ();
    Public void doOne()
    {
    r1.doTwo();
    r1.doThree();
    }
}
```

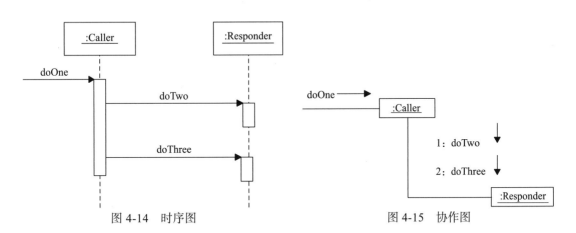

图 4-14　时序图　　　　　　　　　　　　图 4-15　协作图

　　时序图通过栅栏格式描述交互，在右侧添加新创建的对象。协作图通过网络格式描述对象交互，对象可以位于图中的任何位置。时序图在某些方面优于协作图，比如可以更方便地看出调用流的顺序，时序图从上到下代表了时间顺序，我们从上到下阅读即可。而对于协作图，我们则必须查阅顺序标号，例如图 4-15 中的 "1：" 和 "2："。因此，时序图在规范性方面更胜一筹，阅读体验更好。

　　但是，在白板上绘制草图时，协作图更方便，因为它更具空间效用，可以在任何位置方便地放置或擦除框图。协作图可以轻松地擦除某处的一个框图，在其他地方画一个新的草图，然后添加连线即可。相比之下，时序图中添加新的对象时必须总是位于白板的右边，因而右边的空间很快被占用，垂直的空间又得不到有效利用。显然，在有限的会议室空间中，绘制协作图比时序图更实际一些。

时序图和协作图的优劣势对比如表 4-5 所示。

表 4-5　时序图和协作图的优劣势

类型	优势	劣势
时序图	能够清晰地表示消息的顺序和时间排序，可读性好，有更多的细节展示	强制在右侧增加新对象，空间利用率不高
协作图	能够在二维空间灵活地增加新对象，空间效能高	不易查阅消息顺序，细节展示较少

4.4.1　时序图

（1）生命线和执行条

生命线框图表示交互的参与者，可以将它理解为类的实例，有两种表示法，如图 4-16 所示，它们在建模过程中是等价的。

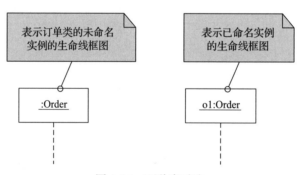

图 4-16　两种表示法

生命线框图是框图之下的垂直延伸线，代表对象的生命周期，新创建的对象的生命线高度与之前的对象不一样，被销毁的对象的生命线用"X"来标记，稍后有详细的例子。生命线一般用虚线表示。

执行条是生命线上的空心长条，表示对象的控制期。在执行条的时间范围内，该实体将完成一系列操作，这些操作都是同步的，意味着一个操作有了返回值才会执行下一个操作，执行条消失意味着该实体的方法执行完毕。在用工具绘图时，执行条是自动添加的。在绘制草图时，我们一般将其忽略，不绘制执行条。

（2）消息和返回消息

时序图消息表示如图 4-17 所示，用带实心箭头的实线并附以消息表达式的方式表示对象间的每个消息（同步消息），生命线自上而下表示时间顺序。初始消息用实心圆作为起点，初始消息图中没有发送者，但每一个时序图都对应一个用例场景，如果需要，可以从对应的用例中找到发送者，例如，在图 4-18 中，发送者为顾客。

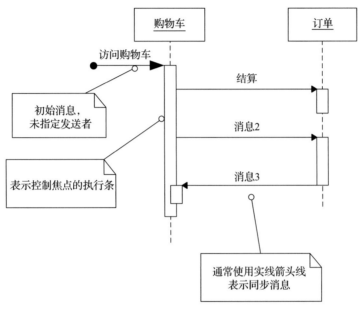

图 4-17 时序图消息

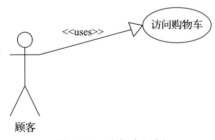

图 4-18 购物车用例

消息表达式的标准语法如下：

return = message (parameter : parameterType) : returnType

如果明显或不重要，可以省略类型信息。以下格式都是合法的：

❑ buyProduct(code)

❑ bookTicket()

❑ d=getProductDescription(id)

❑ d=getProductDescription(id:ItemId)

❑ d=getProductDescription(id:ItemId):ProductDescription

返回消息有以下两种表示法：

❏ 使用上述消息表达式的标准语法，即 return var=message(parameter)。

❏ 在活动条末端使用消息返回线。

时序图返回消息如图 4-19 所示。

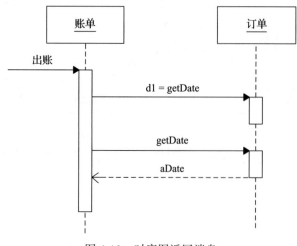

图 4-19 时序图返回消息

图 4-19 使用了两种表示法获取订单的日期。我们建议在建模过程中采用标准语法，因为相对来说比较简单。如果使用消息返回线，一般要在线上加以标记，对返回值进行描述。

（3）实例的创建和销毁

图 4-20 为创建对象的表示法。注意，不同于消息，对象的创建使用的是虚线。另外，被创建的对象与创建它的对象不在同一高度，前面讲过，时序图从上到下体现的是时间顺序，低于被创建者，意味着它是之后被创建的。创建消息可以解释为"调用对象构造函数"。

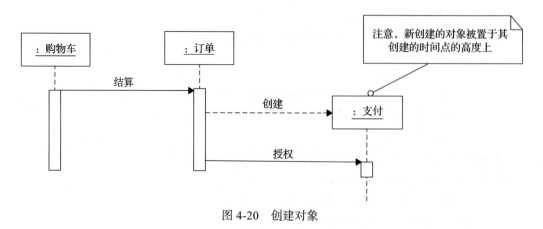

图 4-20 创建对象

某些情况下，需要显示的销毁对象如图 4-21 所示。一般在没有自动垃圾回收机制的语言中需要考虑销毁对象的操作，如果我们使用的是完全的面向对象语言，如 Java、C#，则可以忽略销毁对象的操作。

（4）图框

为了支持有条件的消息和循环的逻辑，时序图有图框表示法。图框将作用于时序图的部分区域，且左上角的标签表明图框的含义。

图 4-22 显示了一个循环的图框，顾客在有"更多商品"的前提下将循环地发送图框中的消息。

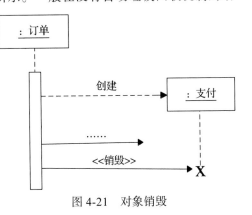

图 4-21　对象销毁

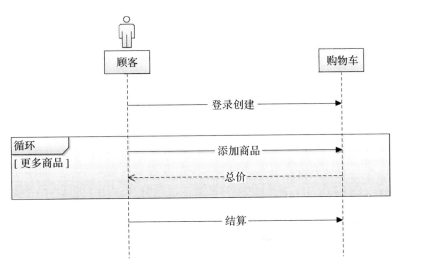

图 4-22　循环的图框

表 4-6 总结了一些常见的图框操作符。

表 4-6　时序图的图框操作符

操作符	含义
alt（选择）	包含互斥的路径（搭配 else）
loop（循环）	当判别式为真时执行的循环片段，也可以写为 loop（n）指明循环的次数
opt（判断）	当判别式为真时执行的可选片段
par（并行）	并行执行的片段

图 4-23 是 alt 的例子，其中展示了两条互斥的路径。这些都是模型精准反映业务逻辑的地方，需要多加注意。我们应尽可能体现在图形中而不要附带文本说明，以保证模型的准确性和活力。

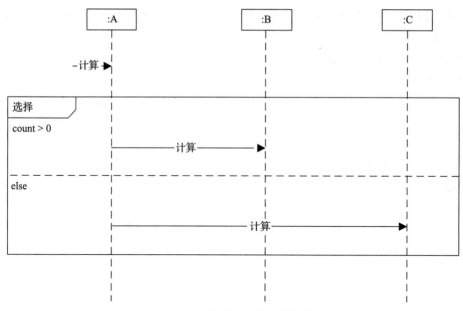

图 4-23 alt（选择）表示互斥的消息

（5）同步和异步

究竟是同步调用还是异步调用，这其实是一个业务问题。因此，我们要在模型中体现这种逻辑，两者的代码实现机制也不相同。

异步消息调用不等待响应，也不会阻塞，一般通过多线程来实现。而同步调用则必须严格按顺序执行。在 UML 中，我们使用刺形箭头表示异步调用（图 4-24），实心箭头表示同步调用。注意，在绘制草图时，一般人更喜欢画刺形箭头，因为这样更方便，但这并不意味着是异步调用，团队成员之间要明白这种约定。

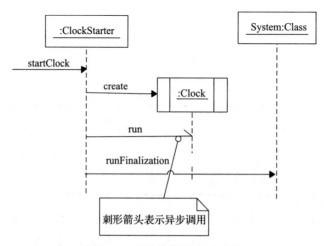

图 4-24 异步调用和主动对象

图 4-24 中的 Clock 对象也称为主动对象，即在其执行线程中运行或控制自己线程的实例。在 UML 中，在生命线框图的两侧加竖线表示主动对象（在独立的线程中运行的实例）。代码实现如下，注意 UML 图中没有包含代码中的 Thread 对象，因为这是在 Java 中实现异步调用的惯用方法，无须额外说明。

```
public class ClockStarter
{
    public void startClock()
{
    Thread t = new Thread(new Clock());
    t.start();                    // 异步调用 Clock 上的 run 方法
    System.runFinalization():     // 后续消息示例
}
}
// 对象要实现在 Java 中用于产生新线程的 Runnale 接口
public class Clock implements Runnable
{
    public void run()
{
While(true)                       // 在线程中永远循环
{
//……
}
}
//……
}
```

4.4.2　协作图

协作图与时序图的作用是一致的，但更具空间组织灵活性。在挖掘领域模型时，常常使用协作图，因为白板常被各种内容侵占，而绘制严格的时序图在讨论阶段也不一定是必要的。因此，我们将多介绍一些协作图的表现形式，当然这些表现形式在时序图中也是可以使用的。

（1）链路

链路是连接两个对象的路径，它指明了对象间可能的导航和可见性。如图 4-25 所示，购物车与订单之间有一条链路，彼此之间可以发送消息，比如"结算"。

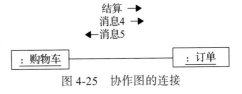

图 4-25　协作图的连接

注意，两个实体间只保留一条链路来代表关联关系，不需要每一个消息都绘制一条链路。因此，可以把链路理解为传送多种信息的导线。

（2）消息和编号

对象间的消息可以使用消息表达式和指明消息方向的箭头来表示。因为缺少时序图的从上到下的时间顺序，所以可以为消息添加编号以表示消息的次序。不要为初始消息编号，只为两个实体间的消息编号，这样可以简化编号的层级。

如图 4-26 所示，编号方案如下：

❑ 第一个消息不编号，因此 msg1 是未编号的。

❑ 使用合法编号方案来表示后续消息的顺序和嵌套，其中嵌套的消息要使用附加数字，在外部消息编号后，前面添加引入消息编号来表示嵌套。如"1：msg2 → 1.1：msg3"是一条调用路径，"2：msg4 → 2.1：msg5 → 2.2：msg6"是另外一条调用路径。

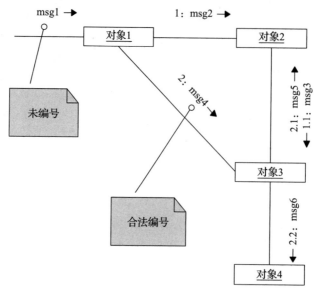

图 4-26　消息编号

（3）有条件的消息

可以在顺序编号后使用带有方括号的条件子句来表示有条件的消息，如图 4-27 所示。只有在子句条件为真时，才会发送该消息。

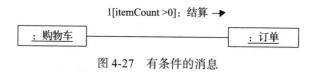

图 4-27　有条件的消息

互斥的有条件路径如图 4-28 所示。

由图 4-28 可知，1a 和 1b 为互斥的消息，test 表达式为真时执行 1a，为假时执行 1b。我们在编号之后添加字母表示互斥的分支路径。显然，对比时序图的图框，协作图的表示更简单、易用，且极具业务逻辑的表现力。

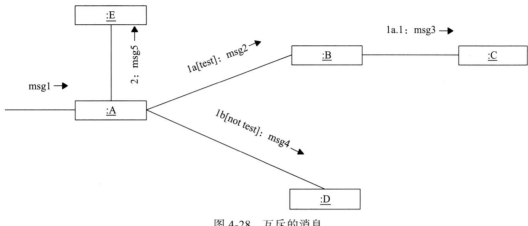

图 4-28　互斥的消息

（4）循环消息

当给集合的每个成员发送循环消息时，表示如图 4-29 所示。实体要表示为集合形式，如 items[i]：商品列表，消息用"＊"号表示循环发送。

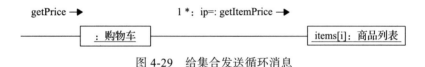

图 4-29　给集合发送循环消息

（5）异步和同步

与时序图一样，协作图也使用刺形箭头表示异步调用，使用实心箭头表示同步调用，如图 4-30 所示。

在图 4-30 中，1 为前面时序图例子的协作图表示，2 为异步消息箭头。

4.4.3　交互图与类图的关系

在 Evans 的著作中，使用交互图的场景并不多，但这不意味着可以脱离交互图直接构建类图。因为 Evans 的案例中有很多想法似乎来源于他的灵光乍现，而我们介绍的是系统可靠的方法，初级建模者也可以遵循和掌握。

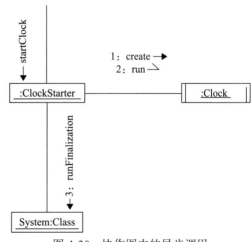

图 4-30　协作图中的异步调用

只有在我们基于某个用例场景绘制交互图时，才能把自己代入软件运行的真实状态，从而在动态对象建模的创造性设计过程中，自然地推导出一组类及其方法。例如在图 4-31 中，我们以结算为起点，显然能派生出订单和支付的类的定义。当然，像订单这么明显的类，我们不用交互图也可以设计出来，但像支付类和订单类要设计的方法，就不那么明显了。这些细节的思路在交互图中都得到了体现，比如，订单要自己创建支付类，并调用该类的支付方法。

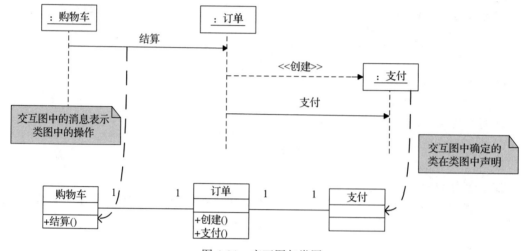

图 4-31　交互图与类图

因此，如前所述，模型的定义能够从交互图中产生。我们可以先绘制交互图，再绘制类图。但在实际项目中，我们也会利用用例文本和直觉预先构建一些静态类作为建模的起点，这样互补的动态视图和静态视图可以并行创建。

在建模讨论中，可以同时在两个白板上分别绘制交互图和类图，交替进行，互为补充。一般会从静态视图开始挖掘领域的概念，之后主导权交给动态视图，发掘模型的职责，稍后把动态视图的成果补充回静态视图中。

4.5　模型的变化：操作契约

操作契约采用前置条件和后置条件的形式，描述领域模型中对象的详细变化，作为用例的执行结果。操作契约可以视为用例的一部分，因为它对用例的执行效果提供了更详细的分析。

操作契约分为以下几个部分。

❑ 操作：操作的名称和参数。

❑ 交叉引用：发生此操作的用例，一般引用编号。

❑ 前置条件：执行操作之前，对系统或领域模型对象状态的重要假设。如果这些假设比较重要，需要告诉读者。

❑ 后置条件：最重要的部分，即完成操作后领域模型的状态。

下面是一个用户用例——"添加购物车"的操作契约。相对于其他部分来说，最关键的部分是契约的后置条件。

契约：添加商品到购物车。

操作：addItemsToCart (productID:itemsID, quantity:int)

交叉引用：用例——添加商品到购物车

前置条件：登录用户在商品详情页。

后置条件：

❑ 创建了新的商品条目。

❑ 如果是第一个商品条目，创建购物车。

❑ 购物车关联了新的商品条目。

❑ 购物车新的商品条目的"数量"设为 quantity。

❑ 购物车与账号相关联。

❑ 商品条目中的商品与商品库关联。

❑ 商品条目中的"库存"设为商品库存值。

4.5.1　作用

操作契约中的后置条件描述了更细粒度的操作后的细节。这些细节因为可能过于冗长，并不适合写在用例中。另外，用例旨在说明需求，而这些结果显然仅供检查之用。

操作契约并不总是必要的。在大多数情况下，如果操作的效果对于开发者和领域专家来说是相对清晰的，通过阅读用例或根据经验就能掌握领域模型的变化状态，那么就没必要维护一份操作契约的文档。但是，如果操作比较复杂，涉及的领域模型很多，需要更详细和精确的描述，那么操作契约是必要的。

操作契约的作用不仅限于提供模型的状态检查和支撑用例测试，还适用于模型设计阶段，因为它详细描述了领域模型的状态变化，而无须考虑模型的实现。在我们撰写操作契约的过程中，可能会发现需要增加的实体或实体状态，这时它就起到了完善设计的作用。比如，我们在撰写"订单支付"的契约时，为了衔接配送环节，支持订单必须为"已支付"状态才能配送的逻辑，我们要给这个操作设置一个后置条件——订单支付状态为"已完成"，相应地为其增加了 isPaid 的属性。

操作契约提供了操作前后的快照检查机制，可以验证操作或领域模型自身是否正确和完备。以熟悉的舞台来做类比：

❑ 在操作前，对舞台拍摄一张照片，上面各类领域模型有自己的 pose（状态）。

❑ 落下幕布，开始操作，领域模型按照剧本（用例）开始表演。

❑ 打开幕布，拍摄第二张照片。

❑ 对比前后两张照片，把领域模型应发生的变化表述为我们的操作契约（舞台上可能有新的模型诞生，旧的模型消失）。

❑　有了这个契约判定，下一次就可以判断演出是成功还是失败（如果有人改了剧本而产生了 bug，会被立刻捕捉到）。

4.5.2　后置条件

后置条件作为操作契约中最重要的部分，需要特别说明一下。

后置条件描述了领域模型内对象状态的变化。领域模型的状态变化包括创建实例、形成或消除关联以及改变属性。

后置条件不是在操作过程中执行的活动，而是对领域模型对象的观察结果。当操作完成后，结果为真，这样就为检验操作是否正确提供了标准。不管过程和算法多么复杂，后置条件把握住了事物变化后的本质。

后置条件可以分为以下三种类型：

❑　创建或删除实例。

❑　属性值的变化。

❑　建立或消除关联（UML 图中的链接）。

关于消除关联的情况，如前面"添加商品到购物车"的方向操作"删除商品到购物车"，对应的后置条件为"新的商品条目与购物车的关联被取消"。其他的例子如账户取消或角色取消时，当事人与它们之间的关联就会被清除。

删除实例的后置条件比较少见。为避免误操作，我们都采用"逻辑删除"的方式，而且往往系统出于审计的需要，并不会在数据库中真的删除相应记录。在运行时，清除实体对象所占的内存空间似乎也没有必要。当然，这种情况也是有可能发生的，当一个实例被删除后，那么它的所有关联关系也就自然清除了。

基于其目的，后置条件只应该关注领域模型，不需要关注其他对象。创建实例和关联也应来自领域模型，且必须在其范围内进行。

再次强调，后置条件应当只关注领域模型，且只服务于复杂的用例。操作的结果往往很复杂，不要把精力花在其他变动的事物上。换个角度，或许可以这么理解，所有的业务操作应当都会体现在领域模型范畴内的某个地方，如果没有，可能是我们遗失了模型或属性的信号，需要重新考虑此处的设计。

4.5.3　准则

准则 1：促进设计而不是妥协

在构建操作契约的过程中，如果发现需要创建新的概念类、属性或关联，应该本着"大胆假设，小心求证"的开放态度，不要局限于先前定义的领域模型。我们一定要明白，不存在客观的完美领域模型的答案，它们都是不断被团队所发现、不断完善的。采用操作契约的目的也许真的就是提供这样一个检查完备性的机会。

准则 2：只为复杂用例撰写操作契约

一个好的实践，如果不将其用在刀刃上而四处撒网，那么可能变成团队的负担。这反而成了团队成员逐渐放弃它的理由，真的是得不偿失。

因此，我们要明白，为每一个用例附带一个操作契约是没有必要的。契约应当服务于那些复杂的用例，而且该用例本身不足以提供所有细节支持设计和测试。

那么如何判断是否"复杂"呢？举个例子，"生成订单"就是一个比较复杂的用例，因为太多领域对象都必须变化、创建和关联。比如，商品库要更新库存状态，要生成支付对象完成支付，要创建物流对象衔接配送，要关联客服等。这些领域模型的变化不可能维护在用例中（显然，撰写用例时还没有这些成型的模型），所以针对影响模型的数量和该用例的详略情况，为其维护一个操作契约就是必要的。这些状态的变化记录可以推动单元测试用例的生成。

当然，"复杂"离不开主体的感受，团队成员应该诚实地面对自己的感觉。如果团队成员变动频繁，对于新加入的团队成员来说，可能每一个用例和操作都是"复杂"的。

准则 3：遵循步骤编写

遵循以下步骤：

1）从用例中确定操作。

2）如果操作复杂，设计到的领域模型很多或状态变化点很多，可为其构造操作契约。

3）使用以下几种类别描述后置条件：创建和删除实例；修改属性值；形成和消除关联。

4）在交叉引用中关联相关用例。

语言要描述完成的状态而不是过程或意图，如"创建了支付对象"而不是"创建支付对象"。

容易遗漏的是关联的形成，尤其是新创建的模型实例，必然要与很多对象发生关联，不要忽视对关联的描述和检查。

4.6　模型的构造块：实体、值对象、领域服务

本节介绍 DDD 的基本构造块：实体、值对象和领域服务。这也是我们构建领域模型前要掌握的基本概念。相对于类图来说，这些构造块类型体现了某种共性的领域特征，代表一组具有该共性特征的对象。它们并不是独立于类的新事物，而是在其基础上，依据领域特征更进一步划分了构造块的类型。它们的底层实现依然是类（或结构）。

了解这三种构造块类型自身不同的领域特征，目的是把领域概念建模为合适的类型，将有利于提高模型的可用性，降低其复杂性，从而得到优秀的设计。

4.6.1　实体

（1）实体的领域特征

在领域中，一个由身份而不是属性值定义的客观概念就是实体，这个身份可以由一个

唯一标识确认。

比如，社保系统中的"人"，即使某人与其双胞胎兄弟有一样的属性，如身高、体重、年龄、外貌，甚至基因，但在这个系统中，显然他们是不同的个体。不可能只对他们发放一份养老金，必须用身份证号或社保账号等标识来区分他们。

注意，这个前提在"社保系统"中，因为一个概念是否是实体，并不是天然属性，是完全依赖于在哪个业务中，取决于需求场景。"人"可能在多数场景中都是一个实体，但有时可能不是，稍后我们会给出例子。

上面的身份证号或社保账号是区别不同实体的标识。这对实体来说是必要的，且它们的生成规则能保证唯一性。名字也是一个标识，比如你做一个家庭内部的系统，用名字坐标是完全没有问题的，因为父母不会给孩子取同样的名字。但在更大的环境中就很难保证它的唯一性。一个概念是否是实体取决于系统的应用场景，一个标识是否能保证唯一性取决于系统的范围。

开发人员理解实体概念应该不难，毕竟他们与各种 ID 打交道，通过它们关联起了数据库众多表格。我们可以想一想，在技术层面上，实体意味着什么呢？一个 ID 串起了许多数据表，意味着以它为主线，组织起了很多的业务数据和历史数据。比如，某个顾客下了多少订单，一本书的销量如何，这个学生的平均分是多少，那个人领了多少养老保险等。因此，从技术角度来看，实体是众多数据的一种内在关联逻辑，通过这个关联逻辑找到相应的数据，得到系统需要的业务指标。

这是从技术角度观察的结论。那么，我们在建模时，什么样的领域概念是实体？领域专家什么样的话术可能暗示这个概念是实体？

当然，最直接的办法是把领域概念都建模为实体，这可能是造物主创建世界的方式，因为世界上没有完全相同的两片叶子。但是，对于你的系统而言，这绝不是一个好办法。我们已反复讨论过复杂性对于软件开发的意义，这种做法会导致系统里充斥大量的类和各种 ID，但它们并没有实际意义，会让系统设计步入复杂性的泥沼之中。

还有一个方法是把客观世界拥有编号的事物建模为实体，如证件编号、订单编号、设备编号、快递编号等。但请注意，这些编号并不是这些对象的自然属性，而是来自其他系统，比如学生管理系统、物流系统等，这并不意味着你的系统同样需要这些编号。除非你们解决的是一类问题，比如要开发一个学生管理系统，就可以照搬照用。但即便是这种情况，也要知道并非所有实体的编号都可以被用户看到，比如支付，你并不会意识到它有一个编号，而它可能恰恰是一个实体。这个方法可以尝试，但并不是一个通用的方法，必须查漏补缺。另外，如何保证标识的唯一性往往也是个问题，比如学生编号在多大范围内起作用，是一个学校、一个地区还是一个城市。

我们可以用以下标准来判断是否把一个领域概念建模为实体：

❑ 当它被替换为另一个具有同样属性值的对象时，是否影响业务的正确性？

❑ 这些概念是否有状态的变化，如"使用前""使用后""被确认"等？

如果答案是其中一条或两条，则概念应建模为实体，这可能有点绕，下面举例说明。思考以下几个概念：

- ❑ "车票必须指定一个目的城市""每个城市分配一个电话号码区号"这两个需求中的城市。
- ❑ 你的订单和其中的商品。
- ❑ 商家给你的优惠券和退货退还的钱。
- ❑ 你购买的 100 手股票。

思考过后，看看以下答案与你的是否一致。

- ❑ 车票目的地中的"城市"，不是实体。因为假设它是实体，两个名字都为"北京"的对象，即使 ID 不同，也不会影响任何逻辑，票价是多少还是多少，火车该怎么开还怎么开，而且它也没有什么状态。
- ❑ 城市电话号码管理里的城市，是实体。因为假设（我是说假设）两个城市重名，他们的邮政编码也不可能一致，肯定有城市 ID。
- ❑ 订单，是实体。即使是一个客户的相同的购买内容，并不意味着是一个订单，况且它还有各种状态。
- ❑ 订单中的商品，不是实体，注意这里说的是"订单中"。同样配置的商品，对你而言并没有什么差别，不会影响业务的正确性。它们也没有状态，只有订单有状态。
- ❑ 优惠券，是实体。虽然优惠券都一样，但是它有状态，即"使用前"和"使用后"。
- ❑ 退货退还的钱，不是实体。显然只要数额一样，不会影响任何东西，且它没有任何状态。但注意如果是"退款"，它就是一个实体，因为显然它有状态，即"是否完成"。
- ❑ 购买的 100 手股票，显然不是实体。今天买的股票和昨天买的并没有什么区别。

现在大家对哪些领域概念应该建模为实体，哪些不应该建模为实体有所感觉了。下面我们来看一下设计和实现层面，实体对应的模型和代码是怎样的。

（2）实体的实现

1）基础模型。在类图上，用自定义关键字 <<Entity>> 来标识这个类是实体，如图 4-32 所示。我们在绘制草图或仅仅是讨论时没必要这么做。

实体一般都会继承一个实体基类，实体基类一般位于类继承结构的最上端。从领域概念诞生的子类，要继承体现自己对应领域概念的抽象类（详见 6.4 节），而不用继承实体基类。实体基类分担所有实体的共性任务——身份生成和比较，辨别是否为同一个实体（见代码）。

2）代码。实体的本质特征是通过身份（标识符）来判断是否为相同的事物，所以在以下 EntityBase 类中重载了相等的操作符，只要 ID 一样（由 Guid 产生）就判定相等。

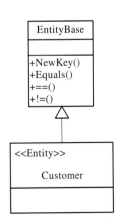

图 4-32 Entity 基础模型

Customer 实体类代码如下：

```
public class Customer : EntityBase
{
    private string customerName;
    public Customer(string customerName)
    {
        this.customerName = customerName;
    }
    public string Name
    {
        get
        {
            return this.customerName;
        }
        set
        {
            this.customerName = value;
        }
    }
    public void bookTickets()
    {
        throw new System.NotImplementedException();
    }
}
```

EntityBase 类代码如下：

```
public abstract class EntityBase
{
    private object key;
    protected EntityBase(object key)
    {
        this.key = key;
        if (this.key == null)
        {
            this.key = EntityBase.NewKey();
        }
    }
    public object Key
    {
        get
        {
            return this.key;
        }
        internal set
        {
            this.key = value;
        }
    }
    public static object NewKey()
    {
        return Guid.NewGuid();    // Guid 生成唯一标识
```

```
    }
    public override bool Equals(object entity)
    {
        if (entity == null || !(entity is EntityBase))
        {
            return false;
        }
        return (this == (EntityBase)entity);
    }
    // 重载 == 操作符
    public static bool operator ==(EntityBase base1, EntityBase base2)
    {
        // check for both null (cast to object or recursive loop)
        if ((object)base1 == null && (object)base2 == null)
        {
            return true;
        }
        // check for either of them == to null
        if ((object)base1 == null || (object)base2 == null)
        {
            return false;
        }
        if (base1.Key != base2.Key)
        {
            return false;              // 标识符相等则相等
        }
        return true;
    }
    public static bool operator !=(EntityBase base1, EntityBase base2)
    {
        return (!(base1 == base2));
    }
}
```

测试代码如下：

```
[Test]
    public void EntityEqualTest()
    {
        Customer c1 = new Customer("Tom");
        Customer c2 = new Customer("Jerry");
        c2.Key = c1.Key;
        Assert.AreEqual(true, c1==c2);      // 标识符相等即相等
    }
```

4.6.2　值对象

（1）值对象的领域特征

值对象其实我们一点都不陌生，语言中的基本类型，如数字、字符串、日期、时间等

都是值对象的代表，略带有业务逻辑的通用类型，如人名、货币、电话号码、邮寄地址等也都是值对象。

与实体相对应，值对象是通过其特性所定义的，它不需要身份，相同特性的值对象是完全等价的。在"值对象家庭"中，如果双胞胎的属性值完全一致，那么理论上它们就是一样的个体，没有区别。再举个例子，值对象类似于一盒名片中的某张名片，只要上面的信息是一样的，那么它们就是一样的，你不会在意取出来的是哪一张。

值对象拥有以下领域特征：

❑ 总是与另一个对象相关联，用于描述或度量另一个领域对象。

❑ 将不同的相关属性组合成一个概念集体。

❑ 可以被另一个值对象替换，不会影响业务的正确性。

❑ 没有任何状态，它本身其实就是不可变的。

值对象总是与一个或多个实体类型相关联，可以作为一个属性容器描述和度量实体的某些特征。比如邮寄地址，它将省、市、区、小区、楼栋、门牌、电话等相关属性组合在一起，用来描述实体"顾客"的某个特征。与实体不同，用一个一模一样的地址替换源地址并没有什么不妥。

上面提到了不变性，如何理解？一个值对象在创建之后便不能被改变了，这来源于语言中的基本类型对共享值对象的安全保护，如字符串。如果它是可变的，那么一个实体对自己属性的改变势必会影响到其他实体。因此，当一个值对象的值发生改变，原理是我们创建了一个不同的值对象，赋给相应的属性，而不是修改了现有的值对象。

以上一节的例子为例，如车票的目的城市，它们都是值对象。当我们只关心其属性值而不关心它是谁时，都可以建模为值对象。在我们不确定的时候，应该优先将其看作值对象，毕竟维护 ID 和状态记录都是额外的工作，这样可以保持系统的简单性。我们应尽量使用值对象而不是实体，即便是实体类型，也尽量使其成为值对象的容器而不是子实体容器。

注意有一种常见的误解是，值对象只是属性容器，不包含方法。其实值对象是可以拥有方法的，只不过这些方法往往是完成一些内在的计算和处理逻辑，这些操作是无状态的。

值对象的成员最好也是值对象，这样才可以保证值对象的不变性特征。

（2）值对象的实现

1）基础模型。可以用自定义关键字 <<Value Object>> 来标识一个类是值对象，如图 4-33 所示。与实体类型一样，在团队都理解的情况下，没必要对文档或讨论中的每个值类型都使用这个标识。

同样，我们可以提供一个 ValueObject 基类完成值对象的比较操作，此时就没有实体基类里的身份生成操作了。

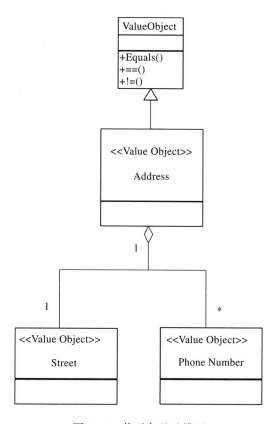

图 4-33　值对象基础模型

2）代码。代码中列举了一个常见的值对象 Money，使用 ValueObject 基类来判断两个对象是否相等。可以对比一下实体的代码逻辑，值对象是通过所有属性值相同来判断相等的，而不是特定的身份标识符。

Money 值对象代码如下：

```
public class Money : ValueObject<Money>
{
    protected readonly decimal Value;
    public Money()
        : this(0m)
    {
    }
    public Money(decimal value)
    {
        Value = value;
    }
    public Money Add(Money money)
    {
        return new Money(Value + money.Value);
    }
}
```

```
    public Money Subtract(Money money)
    {
        return new Money(Value - money.Value);
    }
    protected override IEnumerable<object> GetAttributesToIncludeInEqualityCheck()
    {
        return new List<Object>() { Value };
    }
    public static Money operator +(Money left, Money right)
    {
        return new Money(left.Value + right.Value);
    }
    public static Money operator -(Money left, Money right)
    {
        return new Money(left.Value - right.Value);
    }
}
```

ValueObject 基类代码如下：

```
public abstract class ValueObject<T> where T : ValueObject<T>
{
    protected abstract IEnumerable<object> GetAttributesToIncludeInEqualityCheck();
    public override bool Equals(object other)
    {
        return Equals(other as T);
    }
    public virtual bool Equals(T other)
    {
        if (other == null)
        {
            return false;
        }
        return GetAttributesToIncludeInEqualityCheck().SequenceEqual(other.GetAt-
            tributesToIncludeInEqualityCheck());
    }
    public static bool operator ==(ValueObject<T> left, ValueObject<T> right)
    {
        return Equals(left, right);
    }
    public static bool operator !=(ValueObject<T> left, ValueObject<T> right)
    {
        return !(left == right);
    }
    public override int GetHashCode()
    {
        int hash = 17;
        foreach (var obj in this.GetAttributesToIncludeInEqualityCheck())
            hash = hash * 31 + (obj == null ? 0 : obj.GetHashCode());
        return hash;
    }
}
```

测试代码如下：

```
[TestMethod]
    public void Money_supports_native_addition_syntax()
    {
        var m = new Money(200);
        var m2 = new Money(300);
        var combined = m + m2;
        Assert.AreEqual(new Money(500), combined);          // 属性值相等即相等
    }
```

4.6.3　实体与值对象的比较

在介绍完两种类型之后，接下来的问题就是在领域建模时，区分什么样的业务概念是实体，什么是值对象。除了有没有身份这个区别以外，下面会列出它们之间的主要区别。在了解这些区别之后，很容易作出判断。

客观世界其实是一个实体的世界。因为客观世界里没有一个因属性值相同而变为一个个体的情况，所以，值对象其实是我们为解决问题所做的简化，值对象往往都不是领域的核心对象，而是一个相对边缘化的概念，作为那些核心对象属性的度量或描述。相对地，核心对象往往都是实体类型。

随着我们对领域理解的加深，实体和值对象的认识也就慢慢清晰了。如果确实拿不准，还有一种方法：因为值对象的定义、创建和维护要比实体简单得多，值对象一般不需要单独的数据表来维护（稍后有说明），而实体则不一样，所以可以先把对象看作值对象，将业务逻辑尽可能地放入值对象中，实体充当它们的容器并代表更高级的功能。如果后续发现它们确实是独特的个体，再将其进化为实体即可。

下面我们直接对比两者的不同点，以加深理解。

（1）两者相等的判定逻辑不一样

这是两者的核心定义决定的特征。对于实体对象而言，只要身份一致，即标识符一致，那么它就是同一个事物，如图 4-34 所示。

而值对象没有标识符，它们之间所有的属性值一致才能判定为是同一个事物，如图 4-35 所示。

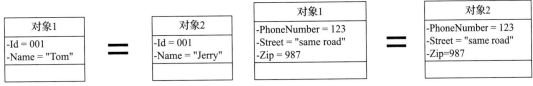

图 4-34　实体的相等判定　　　　　　　图 4-35　值对象的相等判定

值对象没有标识符字段，如果两个值对象具有相同的属性集，我们可以互换处理它们。

如前所述，即使两个实体实例中的数据相同（Id 属性除外），它们也不是等价的。

（2）两者的生命周期不同

实体有状态变化，为连续统一体。因为有 ID 相关联，它们拥有"历史"，串联起一系列数据，描述了发生在它们身上的事情，以及它们整个生命周期中的变化。

与之相比，值对象的生命周期为零，我们可以随时创造和摧毁它们。这是可互换的必然结果。比如一张一元的钞票和另一张一样，那何必费心区分它们呢？我们可以用刚刚实例化的对象替换现有对象，然后完全忘记它。

从以上区别得出一个结论是，值对象不能独立存在，它们应该始终属于一个或多个实体。值对象表示的数据仅在它所指的实体的上下文中才有意义。在上面关于人和钱的例子中，"多少钱"没有任何意义，因为它没有传达正确的上下文。只有问题变成"付款有多少钱"或"退款有多少钱"、"你有多少钱"或"我有多少钱"才是完全有效的。

（3）两者在持久化机制上的区别和联系

假设在领域模型中有两个类：Customer 实体和 Address 值对象。

```
// 实体
public class Customer
{
    public int Id { get; set; }
    public string Name { get; set; }
    public Address Address { get; set; }
}

// 值对象
public class Address
{
    public string City { get; set; }
    public string ZipCode { get; set; }
}
```

我们想象的数据表如图 4-36 所示。

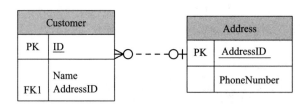

图 4-36　想象的数据表

这种设计虽然从实现的角度来看是有效的，但并不是一个好的做法。地址表包含一个标识符，这意味着我们必须在地址值对象中引入一个单独的 Id 字段才能正确使用此类表。Address 就有了身份，这违反了值对象的定义。最重要的是，它让本来简单的值对象变得和实体一样复杂。

最好的解决方案是将 Address 表中的字段内联到 Customer 表中，如图 4-37 所示。

Address 不再有身份，它的生命周期完全取决于 Customer 实体的生命周期，这是自然且恰当的。

就像我们不会为数字和日期创建单独的表一样，领域中的值对象也不需要自己的表，不要为值对象创建单独的表，只需将它们内联到父实体的表中即可。

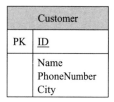

图 4-37　值类型持久化方法

4.6.4　领域服务

（1）领域服务的领域特征

领域服务表示一个无状态的操作，之所以给其单独建模，是因为这类操作不适合放在实体或值对象中。强行放入会破坏上述模型的内聚性，并且也增加了用户发现服务的难度。

领域服务有"领域"前缀，所以并不是任何一个底层操作都称为领域服务，比如计算逻辑，如果它是通用的计算而没有业务逻辑，那么就不是领域服务。如计算数组的长度、处理字符串等。但如果计算是与领域相关的，比如计算一个订单最终能享受的促销折扣，有一定的业务逻辑，且来源于通用语言，那么就是典型的领域服务。

将通用语言中的动词识别为领域操作并不难，关键是如何判断一个操作是领域服务，还是应该属于某个实体或值对象呢？这个问题我们不妨反过来想，什么服务适合放在上述对象中呢？

在类的职责分配原则中（详见第 5 章），有一条"信息专家"原则——如果该类有完成这个职责所必需的信息（数据），那么应该把这个职责分配给该对象。按照这个逻辑，如果一个操作需要的信息超出了一个类能提供的数据的范围，那么它就不适合放在该类中。

适合建模为领域服务的操作特征总结如下：

❑ 操作过程涉及多个领域对象。
❑ 对领域对象进行转换。
❑ 以多个领域对象作为输入，结果产生一个值对象（如统计计算逻辑）。
❑ 操作本身是无状态的。

这些操作的特点是要么涉及多个对象，要么本身是比较独立的领域概念。比如"转账""统计""比较"都会涉及多个对象。

在建模领域服务的过程中，我们既要避免本该是服务的对象被塞入了不合适的实体或值对象中，从而破坏模型的内聚性，又要避免把操作都建模为领域服务，否则领域模型会变成一个个"贫血"的数据容器。以前有些团队会这么做，后果就是模型缺乏领域的表现力，同样也会伤害内聚性。如果模型不能生动地反映领域的概念，那么领域驱动的动力就无从谈起。此外，如果模型之外散布着大量领域操作，我们也很难发现、理解和使用它们。

还有一个要注意的问题是，要区分领域服务和应用服务。简单来说，领域服务包含业务规则，应用服务则是满足用例和通用规则。举个常见的例子，"身份验证和授权都属于应用服务而不是领域服务。有人会说，验证和授权是有业务规则的，这符合领域模型"要属于系统上下文"的要求。除非我们的系统就是解决授权问题的，如果是别的业务，那么这个服务就只是应用服务而不是领域服务，验证和授权服务虽然包含部分业务逻辑，但它和真正的核心业务其实并无任何联系。

（2）领域服务的实现

在完全面向对象的语言中，并没有全局函数。如果领域服务不属于任何模型，它将在何处栖身呢？

一般做法是用一个单独的服务类来封装操作。虽然有"静态成员不属于类"的说法（因为静态成员与类实例的生命周期不同），但在一个不相关的类中用 public static 来提供操作不是一个好主意。这会使类的组织者和使用者都产生疑惑。

还有一种做法是为操作独立出一个接口，然后让实现类来实现该接口。这种的做法是否必要，取决于你对操作多态性的需要，即是否有不同的操作逻辑需要灵活地替换。如无此类需求，不必使用接口而引入额外的复杂度。

下面是一个相亲网站的例子，通过一个领域服务计算不同候选人之间的匹配程度。候选人显然是个实体，而计算匹配程度必然跨越多个实体，而是否匹配是一个独特的领域逻辑，这是典型的领域服务的场景。

我们把服务类命名为"红娘"，它是一个单独的类，包装了领域服务，没有身份、状态和数据。

领域服务 HongNiang 实例类图如图 4-38 所示。

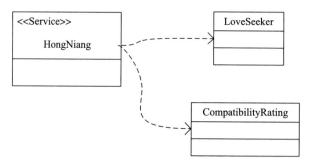

图 4-38　HongNiang 实例类图

实现代码如下：

```
public class HongNiang
    {
        // 无状态类，只有操作，可协调其他对象
        public CompatibilityRating AssessCompatibility(LoveSeeker seeker1, LoveSeeker
            seeker2)
        {
            var rating = new CompatibilityRating(); // 匹配级别类
            // 如果血型匹配则加分
```

```
        if (seeker1.BloodType == seeker2.BloodType)
        {
            rating = rating.Boost(CompatibilityRating(250));
        }
        // ..
        // 其他匹配逻辑
        return rating;
    }
    // 匹配级别
    private CompatibilityRating CompatibilityRating(int value)
    {
        // ...
        return new CompatibilityRating();
    }
}
```

从语言到模型——基础模型构建

本章将带领读者开始构建领域模型，将前几章学到知识落到实处。首先，明确领域模型的核心地位以及它的重要作用，并说明我们最终获得领域模型的形态。然后，就需要的准备工作逐一说明，包括语言、角色、沟通、方法、工具和时间等要素。领域模型构建是本章的重点，具体讲授模型的构建方法，从领域模型的概念挖掘到领域模型各个组成的构建方式都给予详细说明。典型领域逻辑建模也是本章极具价值的部分，从业务的角度讲授典型的业务需求及其对应的建模方法，帮助读者能够在实际项目中按图索骥，构建理想的模型。最后，介绍三个典型案例的领域模型，加深读者对于最终工作成果的理解和感受。

5.1　设计目标

本章的主要目标是构建能承担沟通和指导开发两项任务的领域模型。语言、模型、代码三者一致性要求我们使用单一模型，如图 5-1 所示。单一模型是指领域模型不仅要起到沟通核心的作用，还要打通代码实现环节，兼顾沟通和实现。除单一模型外，不再需要其他的业务和设计模型，过多的中间模型只会带来转译的消耗和误解，以及增加复杂度。

领域模型并非 DDD 的专属物，但在 DDD 中的地位确实高过任何其他方法。DDD 的各种战略、战术和模式，都是为了将软件开发中最复杂的部分——业务逻辑，封装于领域模型中而专门设计的。

我们不会关心领域逻辑之外的其他部分，不会对领域逻辑之外的软件制品建模，例如 UI 界面或数据库等基础设施，UI 是为了构建人机接口，而数据库只是为了持久化的需要，两者都与领域逻辑无关。不管它们对于用户体验、系统的安全和性能多么重要，我们只把注意力集中于核心业务逻辑的建模之上。

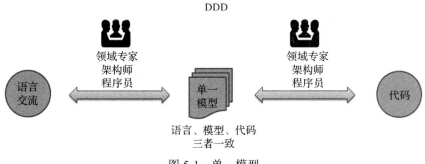

图 5-1　单一模型

领域模型不单指静态的类图，还包括用例、操作契约和动态模型，它们各自的作用在第 4 章已有叙述。其中类图是核心，因为它可以直接指导代码开发甚至数据库设计，同时作为沟通媒介能够胜任表达领域逻辑，是语言、模型、代码统一的关键节点。

因此，以类图呈现的设计结果是我们必须达成的核心目标。这种类图是一种增强的类图，"增强"的含义稍后会说明。类图的核心作用并不是可以被随意替换的。此外，动态模型在确定模型职责、事件、相互关系和逻辑分支方面也有着不可替代的作用，也是我们的工作目标之一。如果缺少它们，很多领域逻辑就无法体现在模型上，通用语言就产生重大瑕疵，整个 DDD 的实践也有可能脱离轨道。

除了领域模型这个目标外，我们还要掌握模型设计的方法、原则、流程和技巧。虽然软件设计的确很依赖创造性思维和"优雅"的感觉，但在日常工作中，我们不能只依靠天才的灵光乍现和审美来获得设计成果，必须有可以遵循的章法和套路，使我们的工作可以按部就班地开展，循序渐进地走向成功。基础步骤做得越到位，方法执行得越扎实，越能激发我们的创造力，增加我们的自信，进而得到更优秀的设计。

从过程上看，相对于传统软件过程，DDD 的领域模型构建合并了需求分析和设计两个阶段（编码阶段也包括在内）。这个二合一阶段的中间过程中那些厚厚的需求文档、概要设计和详细设计也被省略了，它们完全不是我们的目标，与 DDD 设计方法完全违和。

但是要注意过犹不及，要理解 DDD 的适用场合。归根结底，它是一种设计方法，用于解决系统构建中最需要创造力、最困难的部分。它不能替代所有的项目活动，如项目范围确认、原型展示、技术选型讨论、计划和工作量评估等。每一个项目活动都有它们自身要解决的问题，如果某项项目活动与 DDD 的工作目标和基本原则不冲突，团队应该正常开展。

开发人员在阅读本章之前，要忘记自己程序员的身份，给自己戴上"建模师"的帽子，这是我们在 DDD 中必须习惯的新角色。每一个开发者都要亲身参与到建模活动中，角色的成功转换也是我们要达到的目标之一。

还记得在第 1 章中我们想达成的两个理想吗？以最低复杂度开发软件和完全独立地构建领域逻辑。下面就开始我们的理想实现之旅，让领域模型这个方舟带着我们前行。

5.2　设计之前的准备工作

领域模型设计一定要遵循 DDD 的两个基本原则。为了确保不偏离 DDD 的正确轨道，在开始设计前，我们要在语言、角色、方法和工具等方面做一些约定和指导，务必按照 DDD 的方式来工作。虽然在讲授设计方法时不可能总强调这一点，但必须理解，只有在这些原则的指导下获得的设计成果才有意义。如果我们只得到了领域模型，但团队没有形成 DDD 的工作方法，比如通用语言、单一模型和独立的领域层，那这绝对不是我们的目标。

5.2.1　语言

第一个重要的约定就是通用语言的使用。

只有设计成果，没有让模型成为团队，尤其是领域专家语言的核心，那么我们的工作方式与传统方式并没有什么本质区别。这样，我们将不能保证始终以最低的业务复杂度来构建软件。

不要畏惧使用通用语言，它只是用模型的方式来重新表达和理解领域逻辑而已。

在起始阶段，团队可能使用的是"混杂语"，业务术语和技术名词都参与其中，但当模型出来之后，双方都要自觉使用模型作为业务逻辑的沟通媒介。当模型不足以沟通时，及时补充缺失的概念、行为和关系，当模型不能正确反映领域专家的逻辑时，要及时改进。模型也是不断进化的，任何情况下都不应脱离模型沟通。如果领域模型只是开发团队内部的私有财产，那么这不符合 DDD 的基本原则。记住，模型的变化就是语言的变化，语言的变化就是模型的变化。

开发人员要在这个阶段控制炫技和抽象的冲动，不要选择无法分析、沟通、反馈的模型，也不应过早地提炼抽象概念，以免使沟通变得复杂。另外，可以使用词汇表来消除概念的歧义。

领域专家也必须跨越职业角色的限制来理解模型，用模型重塑对领域的理解。不可避免地，一些技术词汇、提炼的方法名称，甚至设计模式的名称（如工厂、策略、状态等）都会出现在日常交流中。领域专家要在开发人员的引导下，充分理解其含义。

即便实现代码不好理解，领域专家也要能读懂领域模型的测试代码，并能检查和补充测试用例。这一点很重要，对测试验收和设计都很重要。如果领域专家读测试代码都很困难，那么这是我们要改进设计的信号。

领域模型是开发团队与领域专家的共同成果，双方都是通过模型来理解业务和沟通的，并不只是单单针对某一方。领域模型的范围限定于其所实现的用例场景，并且能够不断演进以展示相关重要概念。相关的用例概念和专家观点将作为输入。反过来，领域模型一旦形成，会深刻地影响通用语言。

5.2.2　角色

第二个约定是分辨角色。

有个笼统的概念——"业务人员"——我们一直没有澄清，其实它可以细分为以下两种角色，在建模中起到不同的作用，如图 5-2 所示。

1）领域专家：对该领域有系统性认知的人。他们对领域的论述是有体系的。主要贡献领域知识，如模型的结构、约束和相互关系等。

2）系统用户：关心的是这个系统能做什么，包括输入和输出。他们是系统要解决的痛点的提出者，但他们的领域知识可能是离散的。主要贡献场景用例、测试用例等。

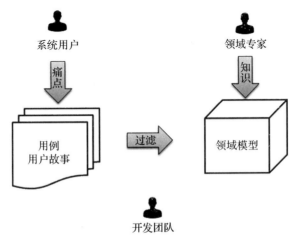

图 5-2　建模中不同业务人员的作用

如果一个人同时具有领域专家和用户两种角色，这对于开发团队来说是最有利的，因为这两个角色的定位并没有什么矛盾之处，且有以下好处：

❑ 用户会自行过滤与所处理问题不相关的领域知识，而不是提供大量领域知识信息让开发团队筛选。

❑ 容易将需求的痛点与相关的领域知识对应起来，方便开发团队尽快找到模型的突破口。

这种理想的情况往往可遇不可求。我们在构建用例时，出场的是系统用户，而在深入模型创建时，主角则是领域专家。开发人员要能分辨两类业务人员，避免鸡同鸭讲的尴尬。

5.2.3　沟通

除了必须使用通用语言外，以下是沟通中需要注意的一些约定和技巧。

（1）直奔主题

不要与领域专家逐个讨论需求列表中的条目，而应该直接讨论其中的核心部分。当然，每个人对核心的理解可能不一样，所以只能从自己的工作领域出发来定义核心。

这里的核心指的是企业的核心竞争力，系统中那些与众不同的元素、独特的业务逻辑，以及验收时客户最在意的部分。直接从核心用例开始讨论可以让双方更快地进入状态，尽快地适应彼此的工作方式，使通用语言尽快成型。

（2）提出有力的问题

这个系统与竞争对手的不同在哪里？我们的盈利模式是什么？软件如何提高效率？系统要达到什么业务目标？在知识提炼的过程中，问出正确的问题能让我们快速抓住重点并找到核心用例。

（3）及时修改模型的命名

模型的命名很重要。随着理解的逐步加深，最初使用的模型名称与实际情况可能有出入，及时地修改以修复通用语言是非常必要的。如果最初的名称所代表的意义和所带来的联想并不准确，会限制我们的思维，影响沟通效果。不要怀疑这种做法带来的益处。

另外，要避免使用 ××× Service、××× Manager 和 ×××Handler 等类似的名称，如果发现模型是一个单纯的服务或一个抽象的协调者，往往有更好的业务概念能取代它们。要更具创造性地思考，并弄明白名称背后真实的业务意图。

（4）参考既有的模型

第 2 章曾提到过"程序员的轮子"文化，设计模型也一样，如果可行的话，就不需要重新发明轮子。

模型的思路可以来源于遗留系统、过去的设计和业务架构。在 Martin Fowler 的《分析模式——可复用的对象模型》中也有许多领域的常用模型，这些可以作为我们讨论的起点。

（5）仅对相关需求建模

领域模型并非现实的孪生体，我们没必要也不可能做到对现实的逼真模拟。一个模型不能说是错误还是正确，而要说它对于要解决的问题有用还是没用。不要试图对现实关系建模，而要根据系统中不变的条件和规则来定义联系。在这方面，用例可以帮助我们，任何模型都有自己的用例场景，绝不是对现实的复制品。

（6）尽早地在代码中实现模型

三合一原则要求语言、模型、代码的实时统一，在开发人员头脑清晰时，最好趁热打铁，将模型转换为代码。如果模型已经经过充分的讨论，这一步已经变得很简单了。不要时隔太久才进入开发，否则容易在实现环节偏离模型。

还有一个重要原因，即代码实现可能会反过来影响模型，比如一些设计模式的引入，一些技术限制导致模型的改变。早发现这类问题，就可以尽快地展开讨论并更新模型。

（7）不要止步于一个好想法

在进行建模工作时，不要在得到了一个好想法后就停止，挑战自己，以不同的方式来创建新模型，尝试用不同的模型来解决问题，持续重构以产生更具表达性的模型。当然，这里面的标准就是领域专家的认可，也许团队会走一些弯路，但是只要与领域专家同步，就无须担心自己的模型是否过于天马行空。

同时，要意识到客观上模型都会随着对领域理解的加深而发生变化，不要迷恋精美的设计，要勇于丢弃模型中不再有用的部分，当新的场景用例出现时，模型也要敢于变更。

5.2.4　方法

前面简单介绍过建模的步骤（图 4-1），这里继续展开说明。

以用例为起点，为领域模型提供重要概念、属性、关联的输入。我们要意识到，领域专家的头脑中并没有一个现成的模型，我们必须激发业务人员的思考，共同打造模型。最好从核心用例开始切入，从每一个领域概念开始。关于如何找到领域概念，下一节有详细的说明。

之后是绘制第一版领域模型。由于 DDD 强调模型与代码的统一，因此我们不用传统的概念透视图（只有属性没有方法的类），而直接使用类图作为模型的载体。沟通时不必绘制所有类的成员，只展示和讨论相关的部分即可。使用各方参与者感觉方便的简化图，现阶段不要过多深入实现细节，把它们留给代码。第 8 章将深入讨论如何增强代码的表现力。

除类图外，我们还会构建动态领域模型，具体来说是时序图或活动图。静态模型展示软件的非运行态，用来指导开发，只有动态模型才能描述软件的运行态。模型之间传递的消息和逻辑分支只能建模在动态视图而不是静态视图上。动态视图在发掘模型概念、构建模型之间的关联、定义模型方法和事件、展示逻辑分支等方面有着不可替代的作用。

交替绘制完静态和动态领域模型，我们还要决定是否撰写操作契约，为以后检查模型提供标准。对于复杂的模型和牵涉众多模型的用例来说，这是必要的。操作契约将帮助我们了解领域模型在用例之后都有哪些改变，对测试和排除缺陷非常有帮助。

最后是词汇表，它是通用语言的字典，是消除概念歧义的地方，领域模型构建完毕后，需要补充和检查词汇表。

注意：

❑ 保持设计的轻量化和简短。

❑ 快速进入编码和测试。

❑ 不要试图在模型中细化所有事物。

❑ 只对业务逻辑复杂的核心域建模。

❑ 模型要在迭代中不断地精炼。

5.2.5　工具

对于建模的空间安排和工具，我们建议如下。

在每次迭代中的建模日，会议室的墙壁应该分为三部分：手绘白板区、静态模型区和动态模型区，如图 5-3 所示。

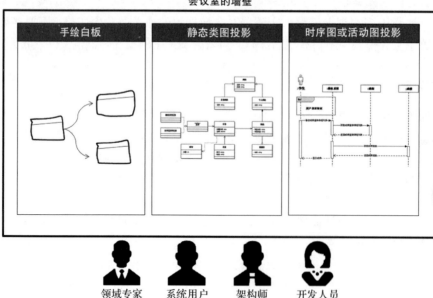

图 5-3　建模会议室

静态模型与动态模型需要交替构建，投影区是已经记录在文档上的静态模型，一般是类图，还有动态模型，一般是协作图。白板区则针对我们正在讨论的用例，用于沟通大家的思路。当然，投影有时会切换回场景用例视图来观察用例。当达成一致时，我们可以随时更新投影的模型，继续下一个分析。

此外，我们还可以使用逆向工程工具，通过代码生成类图来投影，但一定要去掉干扰的不重要的类成员。这种做法在 DDD 中是提倡的，因为代码原则上要与模型完全一致。这为我们检查代码有没有偏离模型提供了良好的机会。

如果业务逻辑比较特殊，UML 图形的表现力不够，可以采用其他图形表达业务，我们称其为解释性模型（比如一些自定义的框线图）。这种模型可用于沟通需求、达成领域知识共识等方面，但风险是在实现阶段，解释性模型不能像类图和交互图那样直接指导开发，如何将其与代码对应将是个问题。即便功能最终都能实现，但代码与这些图形的对应关系如何维护？推荐的做法是仅仅将解释性模型作为沟通手段，搭配在特定的类图与协作图上作为附件。否则，这种做法将偏离 DDD 原则，团队一定要慎重考虑。

还有一种被使用的工具是 CRC 卡，如图 5-4 所示。

CRC 卡是纸质的索引卡片，是流行的面向文本建模技术，用于记录类的职责和协作。每张卡片表示一个类。在 CRC 建模活动中，一组

图 5-4　CRC 卡

人围坐在桌旁讨论并编写卡片。他们通过"如果发生……（模型）将怎样"的对象场景，来思考模型必须做什么，以及必须与哪些其他对象协作。当然，使用用例场景也是同样有效的。

团队可以根据自身情况选择是采用白板图形还是基于文本的 CRC 卡，因为每个人的认知方式不同，不是所有人都认为图形优于文本，反之亦然。尤其要尊重领域专家的习惯，因为他们要通过模型重塑对领域的认识，必须让他们认可模型并充分理解其含义，所以他们的偏好才是最关键的。

5.2.6 时间

在建模的时间安排上，我们可以有以下的约定。

（1）什么时候开始建模

当领域专家、系统用户、架构师和开发人员等角色人员都就绪的情况下，就可以开始建模了。一般在每次迭代开发的起始阶段。

如果人员不齐就过早地建模，会有很多弊端。缺少领域专家，将使我们的设计不能紧贴业务，会带来额外的复杂度，而且一旦领域专家对你的模型产生了陌生感，让他们再投入就更不容易了，那我们一开始就脱离了 DDD 的轨道。开发人员还未就位的情况下，他们将不可避免地错失最宝贵的建模讨论阶段，这与 DDD 倡导的"亲身实践建模者"是不一致的。如果他们不是通用语言的构建者，那么很可能变成它的破坏者。

如前所述，DDD 省掉了业务架构、解决方案架构这些中间产物，它们与实现模型完全脱节，还需要翻译，这不是我们所需要的。当然，详细设计也不需要了，所以时间安排上应该是更充裕了。如果业务本身需要优化和重构而非要做一个新的业务架构，这是另一个话题，与系统开发无关。开发人员要在领域专家头脑中的逻辑清晰之后才能开始。

（2）建模活动需要多少时间

以三周的敏捷开发为例，每次迭代开始时，团队需要固定一天的建模日，分成几个小组，工作 2~6h 即可。

当建模完成后，开发人员可能还需要对方法的实现算法进行一些设计，然后在迭代的剩余时间里，以这些模型为模板，将它们表达为代码。需要强调的是，在传统的做法中，代码的最终设计与模型可能会有出入，毕竟模型只是理解需求的工具，而实现时难免就要因地制宜。但是在 DDD 中，我们要严格要求代码是模型的精确表达，对代码的改动意味着改变模型。因此，不管什么原因改动代码，都要与领域专家和架构师重新修订模型，这部分时间的花费是完全必要的。

5.3 领域模型的构建

本节将介绍基础领域模型的构建，基础领域模型的基本组成有名称、属性、关联、职责、事件和异常。其中，事件和异常是我们容易忽视，但对于表达领域逻辑概念又很重要的部分。

5.3.1 发掘领域概念

发掘领域概念（即名称）是第一步，只有找到那些熟悉的名字，我们和领域专家才能讲述它们接下来的各种故事。

那么该如何找到它们呢？一般有以下 3 种策略。

1）学习已有系统，重用已有模型。虽然是老生常谈，但这的确是最简单、最常用且最有效的方法。即便没有遗留系统可以参考，在许多领域中都存在已发布的、绘制精细的领域模型和数据模型，如金融、进销存等系统。

2）使用分类标签。分类标签来源于领域，需要我们研究一些资料并做一些提炼。从采用 5W 法开始，即事件（What）、原因（Why）、地点（Where）、时间（When）、人员（Who），之后在其上加以补充。这样做的好处是不会有遗漏，在这个过程中我们还加深了对领域的理解。这些标签还可以设定重要级别，以便区分核心域。

表 5-1 是电商交易系统的分类标签和示例。

表 5-1　概念类分类标签和示例

概念类分类标签	示例
业务交易 级别：十分重要	订单、支付
交易项目 级别：重要	购买商品
与交易或交易项目相关的产品或服务 级别：重要	商品目录、购物车、优惠券、售前咨询、售后服务、退货
交易记录于何处 级别：重要	订单列表、账单
与交易相关的人或组织	顾客、店家、客服
交易的地点、服务的地点	门户入口、即时通信工具、移动端
重要事件，包括我们要记录的时间或地点	下单、支付、发货、退货
物理对象 级别：在硬件控制软件或仿真时非常有用	商品、快递包裹
事物的描述	商品详情
类别目录	商品目录、订单目录
事物的容器	购物车、订单
容器中的事物	商品
其他协作系统	支付授权、客服、快递
金融、工作、合约、法律材料的记录	发票
金融手段	支付渠道、账单、余额
执行工作所需的计划、手册、文档	价格更新列表、发货计划

从表 5-1 中可以看出，按标签的思考方式，一些不容易想到的概念也被提了出来，如客服、发货计划等。标签也可随着对领域理解的加深随时扩展。

3）识别名词短语。前面提到过，在起始阶段，团队可能使用的通用语言是一种"混杂语"，业务术语和技术名词都参与其中。另一种有效的策略就是进行语言分析，即在沟通或文档中识别名词，将其作为候选的概念类或属性。

需要注意的是，这些名词只是候选者，并不是都能生搬为概念类，这取决于它们是否能解决问题，是否符合我们解决问题的思考方式。此外，还要注意自然语言中的名词往往具有二义性。

下面来看一段领域专家的语言。

> **敏捷专家：**
>
> 　　在**版本**开发开始前的**计划会议**中，所有的**利益相关人**都可以参与创建一个包含**用户故事**、**用例**、**功能改进**和**缺陷**的列表，这些都将记录在**产品待办事项**中。**产品经理**拥有优先级决定权，但哪些**任务**将添加到下一个迭代中，由团队通过**迭代计划会议**来决定……

其中的名词由粗体标出，这些名词提供了概念类的候选者。事实上，在我们开发完这款敏捷管理软件之后，其中的名词正是核心域的关键类，如版本（Release）、用户故事（UserStory）、用例（UserCase）、功能改进（Enhancement）、缺陷（Defect）、待办事项（Backlog）。即便对于领域小白来说，这种方法的命中率也很高。

我们再看一下用例文本的例子。

用例：客户下单

> 主成功场景：
> 顾客将商品添加到**购物车**，申请结算，生成**订单**。
> 分支场景：
> 如果**商品库存**不足，则不能生成**订单**，告知**顾客**删除该**商品**。
> 如果该商品使用了**优惠券**，则提示重新计算**订单价格**。
> 如果系统检测到与**物流系统**通信失败，则……

我们对电子商务场景都不陌生。在这个用例中，名词对关键概念的命中率甚至更高，最终得到的概念类如图 5-5 所示。

有些成为候选者的名词可能会在本次迭代中忽略，还有一些可能是属性而不是类，但无论如何，语言和用例中的名词是我们重要概念类的来源。这种策略的缺点是自然语言的不精确性，有时多个概念可能指的是一个事物，有时同一个名词在不同业务人员理解中又不尽相同。在从候选者到模型的转换过程中，我们的任务之一就是消除二义性。

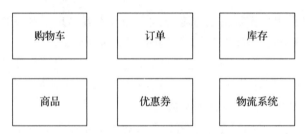

图 5-5　从用例名词得到的概念类

一般情况下，我们会从策略 1 开始，组织中完全没有之前相关的旧系统的情况并不多见，之后策略 2 和 3 结合使用。

在早期建模过程中，通常会遗漏一些重要的概念，这些概念通常在后来进行设计讨论和编程时才被发现。这种情况下，DDD 的优势就体现出来了。如果我们一直坚持使用通用语言交流，那么模型中缺失的概念很快就能在语言中被识别出来。模型是通用语言的核心，在不脱离模型谈业务的前提下，我们很容易发现如果没有某个概念类或属性，沟通将变得困难。在 DDD 中，识别概念是自然而然发生的。

在代码实现过程中也会识别一些被忽略的类，比如计时器等幕后控制类。沟通中如果需要，及时把这些概念加入模型和语言中也是很必要的。

概念类命名的注意事项如下：

❑ 使用领域术语。记住，模型的首要任务是沟通，使用领域专家熟悉和习惯的名字，即使你认为有更精确的表达方式。

❑ 对于相同的名称但不同场景的情况，应该将最易于识别的名字留给最常用的类型，比如"订单"可以在支付场景和配送场景中使用，应该把它用在支付环节而不是配送环节，因为支付环节更加的核心，更符合这个名字的本身的含义，业务逻辑也更复杂。

❑ 尽量避免使用编程语言中的保留字，比如"集合"。

❑ 不要凭空创造概念或添加前缀和后缀来区分名称，这只会增加沟通的障碍。始终以领域专家和系统用户喜欢的方式进行沟通，这是 DDD 的内在特殊要求。

5.3.2　创建关联

看到图 5-5，是否有一种想用线段把它们连起来的冲动？本节介绍如何创建关联，这是领域模型的重要部分。

（1）何时产生关联

前面我们讲过，在实现层面，两个类之间有关联，意味着产生了以下的关系：

❑ 一个类是另一个类的属性。

❑ 使用了该类的类名、属性、方法、静态方法等。

❑ 参数是该类的类型。

❑ 继承该类（接口则为实现）。

然而，这些描述只是从代码层面来看，并不能标识领域模型间的业务关系。在决定是否需要创建关联时，要基于现实世界的关系和解决问题的需要，而不是基于代码的需要。

比如，商品需要和订单产生关联，因为它是订单的核心内容。但是，商品不需要和客户地址与支付对象产生关联，因为这是订单而不是它要关心的事。

在通用语言和用例中，"主谓宾"结构的语句通常是重要的领域逻辑，可以将这种语义表示为关联。其中的谓语可能很多样，如"包含""使用""是……一部分""需要"等。比如"订单包含商品""购物车计算价格""微信支付订单"，也可以采用稍后介绍的常见关联关系表来派生关联。

（2）关联表示法

关联表示为类之间的连线，关联的末端可以包含多重性，这也是重要的业务逻辑，稍后会详细讲述。关联本质上是双向的，即关系不可能是单一的，比如"订单开具发票"（图 5-6），反过来也可以画成"发票归属订单"。但是，模型间的可见性却没必要都是双向透明的，导航访问的方向也不用那么灵活，因为那可能意味着过度的耦合。要分清楚谁是聚合根（详见 6.1 节），而谁只是其中的成员，消除不必要的双向关联也是我们建模的任务之一。

图 5-6 订单开具发票

阅读导向箭头"►"是可选的，它指示关联名称阅读的方向，并不表示可见性或导航的方向。如果图形空间安排合理，可以不使用箭头，阅读的顺序是从上到下、从左到右。

采用"主谓宾"结构为关联命名，连接线上只显示谓语。这里应注意尽量采用行业术语，达到语言和模型的统一，比如"开具"显然要比"生成"要好，不要忽略这一点，它可以加深我们对领域的理解，同时让领域专家感觉熟悉。如果使用英文，注意首字母要大写，如图 5-7 所示。

图 5-7 英文表示

（3）关联关系列表

表 5-2 列举了常见的关联类别，主要还是来自我们熟悉的电商系统。在其他领域中，其中的关系类别可能更丰富。前面讲过列表的好处，它不会有遗漏，且可以随时补充，每一次补充都可以极大加深我们对领域的理解。

表 5-2 常见的关联类别

类别	示例
A 是与 B 相关的交易	订单—支付 商品—退货
A 是交易 B 中的一个项目	订单—商品
A 是交易 B 的产品或服务	顾客—支付 商品—售前咨询

（续）

类别	示例
A 是 B 的物理或逻辑部分	价格—订单 地址—顾客 金额—支付
A 描述了 B	商品—商品详情
A 在 B 中被感知、记录、生成报表、采样	订单—账单 支付—交易日志
A 是 B 的成员	商品—购物车 店铺—客服人员
A 是 B 的组织化子单元	平台—商家 公司—部门
A 使用、管理、拥有 B	订单—优惠券 店铺—商品

（4）关联的多重性

多重性定义了两个类之间实例个数的对应关系，这是重要的领域逻辑。如图 5-8 所示，多重性表达的含义就是一个订单可以开一张或零张发票，多个订单也可以开一张发票的逻辑。

图 5-9 是一些多重性表达的例子。

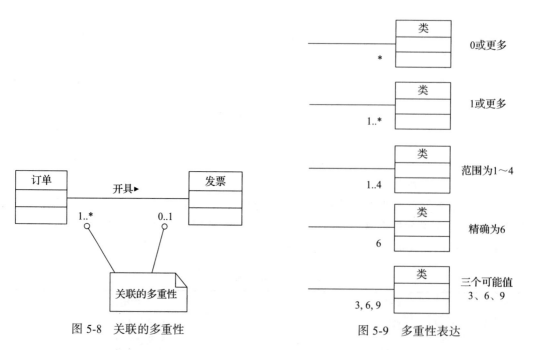

图 5-8 关联的多重性

图 5-9 多重性表达

多重性作为重要的领域逻辑，要注意其中的时效性，这与我们要解决的问题有关。比如在户口管理程序中，一个丈夫只能有一个妻子，但在民政局系统中，他可以对应多位曾经离婚的对象。

还有一点要注意是，关联符号包含"0"时，不管是"＊""0..＊"，还是"0..1"都客观上意味着这是一种可选关联，并不一定发生。比如，订单也许永远不会开发票，一个人也不一定要拥有一张银行卡。这与"0..＊"和"1..＊"在业务含义上的区别是很大的。以图 5-10 为例，虽然这是一个典型的多对多关联关系，一个学生可以选修多门课程，一个课程也可以被多个学生选择，但是两边的符号却有细微差别。学生端是

图 5-10　学生课程关联关系

"1..＊"，而课程端是"＊"。仔细思考一下即可明白，一个学生可以不选择任何课程，可以选 0，但一门课程不能没有学生，如果没有学生，这门课程就会被移除——这是暗含的领域逻辑，一个"0"的不同，代表的领域逻辑天差地别。因此，究竟是 0 还是 1，不能简单下决定，需要谨慎地思考各自所代表的领域含义。

（5）关联类

另一个建模的小技巧是使用关联类，使模型数据的组织更加规范、清晰。关联类允许将关联本身作为类，并且使用属性、操作和其他特性对其进行建模。比如公司雇用了很多员工，建模时使用了"雇佣"关联，则可以将关联本身建模为关联类。两者之间雇佣关系产生的数据都维护在该关联类中，如"期限""薪资"，如图 5-11 所示。

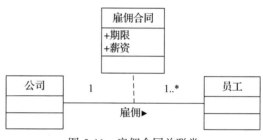

图 5-11　雇佣合同关联类

图 5-11 中的关联类叫"雇佣合同"，显然它是一个领域对象，之前被我们忽略了。所以，当关联关系升级为关联类时，也是我们发掘领域对象的好时机，这时如果有一个客观领域对象相对应，并且被领域专家所认可，那采用关联类无疑是正确的。

当然，并不是所有的关联关系都要升级为关联类，衡量的标准之一是该关联类是否能成为通用语言的一部分，或者是否有人使用它进行交流。例如"×××合同"这种关联类，显然对于"雇佣"这种关联是一个好的解决方法。此外，还应考虑以下关联特征，具备这些特征可以考虑使用关联类。

1）通用语言中就有关联类的概念，如 ×××合同，用来约束两个模型之间的关系。

2）模型的某些属性与关联相关，这些属性脱离关联将显得无意义。

3）关联类的实例具有依赖于关联的生命周期，如合同期、项目时长等。

4）两个模型之间有多对多关联，并且存在与关联本身相关的信息。

其中第 3 条特征明显，可作为一个常用的标准。

图 5-12 是一个工作单关联类的例子。

一个员工可以参与多个项目，一个项目有多个员工，两者的关系体现在工作单上，如时长和岗位。工作单可能就是通用语言的一部分，在员工进入项目之前要填写工作单，

同时两者的关联显然有一个生命周期，即项目时长，这是一个应该采用关联类的典型例子。

（6）关联简化

在把图 5-5 关联起来之前，我们还要明白重要的一点，关联并不是越多越好。为了应对复杂度，我们要尽可能限制关联的数量和方向。还有一个更重要的原因，深层的领域逻辑往往体现在限定关系中。

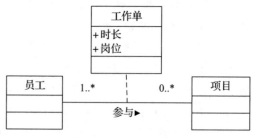

图 5-12　工作单关联类

1）限制关联数量。假设一个拥有 10 个类的领域模型，如果两两产生关联，那么总共会有 45 条连线，如果都绘制出来，这个图是无法阅读的。因此，我们应谨慎地添加关联线。并不是客观世界有关联的事物，它们的模型一定要存在关联关系。我们应当着眼于问题的解决，只关注那些需要记住的关联。模型是对客观世界的简化，而不是复制。

2）限制关联方向。模型中每个可遍历的关联，软件都要有相应的实现机制。比如，通过公司查找员工，或者反过来查找员工的工作单位，这就是双向遍历，且都有使用场景，因此无法简化。

但有些关联是单向的，比如，我们可能有查找健身房会员的需求，但一般不会去询问"这个人加入了哪些健身房？"。限定多对多关联的遍历方向可以有效地简化实现为一对多关联，从而得到一个相对简单的设计。

单向关联用箭头表示，如图 5-13 所示。

3）使用限定关联。第 4 章用了一个限定符把一对多的关系简化为一对一的关系，如图 5-14 所示，订单与折扣是一对多的关系，而限定了某种商品后，就变成一对一的关系，意味着一种商品只能享受一种折扣。

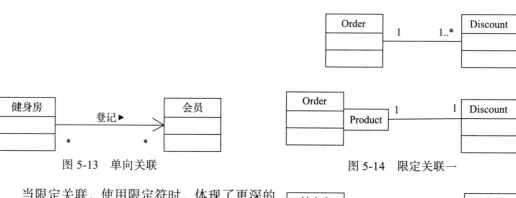

图 5-13　单向关联

图 5-14　限定关联一

当限定关联，使用限定符时，体现了更深的业务逻辑。按照这个方法可以把上面的例子简化为图 5-15。

因为一个会员卡对应一个会员，我们可以用

图 5-15　限定关联二

这个概念，将两者多对多的关系简化为一对一的关系。

可以看到，在简化模型的过程中，我们反而发掘了更深层的领域概念和逻辑。简化不仅仅只是使实现变得简单，而且对于设计也很有帮助。

此外，简化中的单项关联和限定关联可以体现在文档中。但在头脑风暴会议时，不需要绘制这些细节，要先厘清高级层面的领域模型间的关系，后续再进行细化。

还有一种重要的限定关联方法是使用聚合，第 6 章将详细介绍。

5.3.3　定义属性

（1）何时展示属性

当领域模型需要记住信息时，引入属性。例如，订单需要记住总价、日期和时间。用户需要记住地址和自己的名称等。因此，订单需要总价、日期和时间属性；用户需要地址和名称属性。

（2）属性的类型和表示法

第 4 章介绍了属性的 3 种类型和 2 种表示法，本节继续深入展开。3 种类型包括基本类型、通用的值对象和项目中的其他业务对象。

在模型表达上，前两种类型一般写在类图框中，而第三种使用关联来表达，如图 5-16 所示。在代码层面没有什么区别。

由于简单和安全访问，值对象类型的属性比实体类更好。表 5-3 列举了一些属性的业务特征，当符合这些特征时，我们需要在模型中加入新的值对象来定义属性，而不是一直使用字符串或数字。

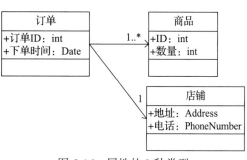

图 5-16　属性的 3 种类型

基于以上特征，我们来看一下常见的属性。

表 5-3　建模新的值对象的属性业务特征

业务特征	示例
由不同的小节组成	电话号码、人名（电话号码有区号，人名有姓和名）
具有与之相关的操作，如解析或校验	身份证号（位数和合法性校验，解析地域和出生日期）
具有其他属性	促销价格（有时效限制）
有相应计量单位	金额（有货币单位，非简单数字）
复杂的生成规则	快递单号（有一套生成规则，非简单数字）
以上各种特征的组合	各类拼接 ID（生成规则 + 日期时间）

基于以上特征，我们来看一下常见的属性。

❏　地址：符合第一个特征，所以要把它建模为值对象。

❏　各种 ID：也都是值对象，因为有复杂的生成规则。

❏ 钱：如果是单一货币，声明为基本 decimal 类型即可，但在多种货币的情况下，则需要创建一个值对象 Money，并关联相关的货币单位。如图 5-17 所示，支付类的属性可以定义为 Money 类型。

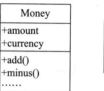
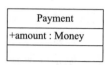

图 5-17　Money 类

（3）属性与方法的选择

在设计模型成员时，我们有时要决定将其建模为属性还是方法。比如，是 address 还是 getAddress() 好呢？这不仅仅是技术或业务问题，而是要综合考虑两方面因素。

显然，两者的通用语言不同。一般来说，属性应该表示数据，而方法则是操作。但问题往往没那么简单，当领域专家说"获取地址"或"设定地址"时，绝不是建议你使用一个方法而非属性。

我们可以考虑这样一个业务场景：多个配送地址。如果使用属性，则会有 address1、address2 等，显然模型和代码的可读性差，此时就应该使用方法。传入一个参数，比如 getAddress(1)，阅读难度显然不会增加。如果一个值仅仅是为了访问，而没有任何传入参数时，则应该使用属性。

综合技术与业务原因，以下情况应该使用方法：

❏ 该操作的访问速度较慢。为了避免线程阻塞，甚至需要考虑为该操作提供一个异步版本，那么将其建模为属性就可能导致开销过大。特别是那些访问网络或文件系统的操作，更应该使用方法而非属性。

❏ 该操作是一个转换操作，如 toString() 方法。

❏ 该操作每次返回的值不同，即使传入的参数不变。比如，Guid().NewGuid() 方法每次都返回不同的值。

❏ 该操作有严重的、能观察到的副作用，比如抛出异常。

❏ 该操作返回一个集合。返回集合的属性容易误导用户，比如，Employees 和 Addresses 等属性就是不合适的。

❏ 需要指定参数才能访问的属性，如前面多个地址的例子。

除以上情况外，请尽量使用属性。

在使用属性建模时，还有一些细节值得注意：

1）如果不想让调用方改变属性的值，要创建只读属性。

如图 5-18 所示，模型上加 {Readonly} 约束即可。代码层面有多种实现方式，以 C# 语言为例，去掉 set 部分，或将 set 部分声明为 private 即为只读。

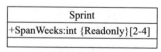

图 5-18　只读属性

2）不要提供只写属性，也不要让设置方法的存取范围比获取方法更广。如果一个属性值没有获取的意义，比如配置资源地址，此时应该提供 set 方法而不是属性。

3）要为所有属性提供默认值。技术上默认值不会导致异常或安全漏洞，业务上也往往体现一定的"默认"的领域含义。比如，+SpanWeeks:int=3。

4）要允许用户以任意顺序来设定属性的值。有时我们需要使用某些属性值来验证其他属性，比如，通过身份证号来验证出生年月设定是否正确。但我们不能强制要求用户先输入身份证号。因此，在设定属性时不要抛出异常，而要在使用这些属性时再抛出。这对用户来说是可理解的，而前者则过于苛刻。

5）如果属性设置方法抛出异常，则要保留属性原来的值。这在业务上也是合理的。

6）不要在属性获取方法中抛出任何异常，这会令人感到困惑。如果确实存在这种可能性，请改用方法。

5.3.4　分配职责

在确定模型的属性和关联之后，领域模型就具备了应有的"知识"，而其业务职责则由其方法来定义。本节讨论领域模型的职责分配和对应的方法设计。

希望以上表述不要让读者产生误解，即必须在完成概念类的定义、关联和属性后才能分配职责。实际上，这几项可以交替进行，起到相辅相成的效果。在为一个类添加职责时，可能需要为其补充相应的属性和字段。同样，当发现一个职责还没有合适载体的时候，可能意味着我们遗漏了某些领域概念，没有构建出对应的模型，最常见的是遗漏了一些领域服务。

职责的分配并不完全依赖于通用语言。通用语言是共同打造的，而非存在于领域专家头脑中的概念。当领域专家说"获取支付总额"时，绝不意味着他已经告诉你这个职责归属于哪个模型，是订单、支付、购物车还是客户本身？这时就取决于设计师了。在你分配这个职责给某个模型时，会形成新的通用语言，比如"顾客获取支付总额""购物车计算支付总额""支付服务计算支付总额"或"订单获取支付总额"，对于领域专家来说，这些都是可以接受的，但对于设计和实现的合理性来说则不同，这里考验的是建模者的内功。

（1）模型承担职责

使用模型来承担业务职责，如果职责分配得好，整个模型就会易于理解、维护和扩展，亦可更灵活地应对未来业务变化。

这里介绍一种分配策略：信息专家模式。在系统的面向职责设计方法中，信息专家模式是职责分配模式（General Responsibility Assignment Software Pattern，GRASP）的 9 个设计模式（创建者、控制器、纯虚构、信息专家、高内聚、间接性、低耦合、多态性和防止变异）中最基本、最实用的一种。其他方法的实操性都不如这个模式。

在信息专家模式中，职责分配给了具有完成该职责所需信息的模型。这里的信息包括模型的各种成员，如字段、属性、关联，以及对资源的可见性等。

以上面的问题举例，哪个对象应该承担提供支付总额（getAmount）的责任，以完成最后的交易？

　　从信息专家模式的标准出发，问题变成——"谁有计算支付总额的信息"？

　　显然，客户、商家、支付对象都是不合适的。计算总额需要的是所购买的商品价格、数量还有附加的优惠信息，客户和商家只有自身的基本信息，支付对象在单击支付按钮之前甚至都是不存在的。那么就剩下了两个候选者：订单和购物车。购物车似乎是合适的，因为它包含商品种类和数量，以及附加在商品上的优惠信息，所以它可以计算出一个价格供客户参考，这里把 getAmount() 的职责分配给它是没有问题的。但是，我们忽略了一点，它不具备与商品本身无关的优惠策略，包括：

❏　与时间段相关的优惠，比如双十一。

❏　与客户身份相关的优惠，比如积分抵扣。

　　而订单拥有这些信息，订单拥有下单时间信息，同时也有客户信息，那么把这个职责分配给订单是最合适的。

　　如果不深入思考，而只是按照思维惯性把这个职责分配给购物车，那么购物车对象还要获取系统时间和客户信息，这将增加不必要的耦合和程序复杂度。

　　再看一个例子，购物车需要让每种商品（SKU）只在购物车内出现一次，购买相同商品时，只需要更新商品的数量即可，那么判断是否相同商品的职责应该放在哪个模型中呢？

　　候选者有购物车、购买项、订单，显然此时放在购物车里是合适的，因为它具有完成该职责的所有信息。而购买项没有其他购买项的信息，这个职责不属于它，它根本不知道其他购买项的存在。

　　如果一个对象能够承担相应的职责，那么最好不要让更大的、具有更多信息的对象来承担这些职责，比如上例中的订单。这是出于内聚性的考虑，封装的粒度更好，设计更加简单。举例来说，计算订单总价时，我们应使用商品条目自身来计算价格，再汇总到购物车，购物车计算后再汇总到订单，如图 5-19 所示。

图 5-19　计算支付总额的职责分配

　　这是一个良好的设计，具有清晰的职责链条和内聚性，复杂性较低且灵活。职责分配好以后，我们要在其静态类图上添加对应的方法，如图 5-20 所示。

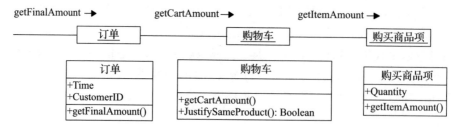

图 5-20　协作图与静态类图

最后的领域模型和对应职责如表 5-4 所示。

表 5-4　领域模型和对应职责

领域模型	职责	方法
订单	计算支付总价	getFinalAmount()
购物车	计算购物车价格	getCartAmount()
商品购买项	计算购买商品项价格	getItemAmout()

可以看到，协作图帮助我们确定了模型的职责，单纯的静态类图对此的帮助并不大。职责意味着对象间的协作方式，以及彼此之间发送的消息。只有协作图或时序图能最终确定这些方式，然后将确定的职责定义为方法补充到类图中。

信息专家模式是对真实世界的模拟。在现实中，我们通常将职责分配给那些具有完成任务所必需信息的个体。比如，只有项目经理才能判断是否超期或超支的。当然，软件世界中并不仅限于人类，我们应该把各种对象看成是有生命的，并运用该模式判断是否某些职责应由其承担。由于贴近现实情况，这种模式也是领域专家最认同的方式。

最后，有一个重要的注意点：信息专家模式也有并不合适的情况，即把不同层面的关注点混为一谈。比如，订单对象是否应该负责把自己存入数据库？按照这个模式，它具有完成这些职责的所有信息，但显然这是不合适的，因为它违反了架构的基本原则，即架构要分离主要的系统关注点。领域逻辑不要与技术架构混为一谈，领域逻辑要与任何持久化机制解耦，这一点在第 1 章已经论述得很充分了。

（2）创建领域服务完成职责

如果一个职责需要的信息无法由一个模型提供，应该怎么处理？可以分为以下两种情况：

1）增加关联以获取必要的信息。

2）使用领域服务。

回顾上一章关于领域服务的内容：适合建模为领域服务的是以多个领域对象作为输入，结果产生一个值对象的无状态操作。一般来说，增加关联会带来不必要的耦合，此时我们应优先选择领域服务。

比如，计算用户的年度积分并不适合放在用户、订单、账单中，因为它需要对一年的订单进行统计。再比如，计算两个候选人之间的匹配程度也不适合放入候选人中，因为候选人的主数据是稳定的，而这个操作可能会发生变化。

因此，当一个职责发现采用信息专家模式没有找到合适的模型时，需考虑创建一个领域服务模型是否更好。这也证实了我们前面所说的，并不是模型就绪后分配职责，而是当发现某个职责还没有合适载体时，我们要考虑是否补充新的领域模型。当然，所有关于模型的决策都应与领域专家沟通，形成新的通用语言。

（3）方法设计细节

方法是职责和操作的实现。掌握职责分配方法后，我们要讨论一些方法设计的技术细节，以期获得优秀的设计，并更好地把握住模型与代码的一致性。

方法参数设计的注意事项如下：

1）应使用类层次中最接近基类的类型来作为方法参数，并保证该类型能够提供成员所需信息。这样做可以使得方法的适用范围更广，因为子类能取代任何基类的位置，即子类可以传入以基类定义的参数，但反过来则不行。

比如，以车作为参数，轿车、卡车都可以传入，但以轿车作为参数，卡车就不能使用该方法了。当然，在某些情况下，使用接口作为参数也是很好的解耦方式。

2）不要将指针、指针数组和多维数组作为方法的参数。即使不在 DDD 团队中，且代码要保证优秀可读性的场合，指针和多维数组也是难以应对的。可以对方法进行重新设计以避免使用这些类型作为参数。

3）尽量不使用输出参数，如 out、ref 关键字修饰的参数。这会增加代码的复杂性，给领域模型的验证和测试带来干扰。同理，尽量使用值对象而不是实体类型的参数，因为值对象没有状态，传入的是一个副本。

4）可以使用重载（Overload）机制来简化方法的命名。重载即模型拥有很多同名的方法，但它们的参数不同，根据传入的参数匹配对应的方法。不要增加无谓的名称，以减少沟通的难度。使用重载机制让方法的命名更加顺畅。

5.3.5　触发事件

领域事件是我们要讨论的一个特殊的模型成员。领域模型状态的改变（属性）或者执行操作时达到某些判定条件，都可能触发事件。我们要做的只是在领域模型合适的位置加上触发逻辑即可。

本书没有单独介绍领域事件，因为领域事件其实是领域模型的一部分，属于领域模型构建的范畴，放在本节更连贯自然。同样，事件发布框架和事件存储技术是一个纯技术话题，且前人多有论述，这里就不再赘述了，重点放在如何理解事件本质、捕获领域事件并为其建模上。

这一步对于完成领域模型至关重要，只有识别了与此模型相关的所有事件，并设置了合适的事件触发机制，这个模型才是完整的。

（1）事件的捕获

领域事件是领域专家所关心的发生在领域中的有影响力的事件。将领域中发生的活动建模为一系列离散事件，每个事件都用领域对象来表示，领域事件是领域模型的组成部分，用于表示领域中所发生的事。

这个定义有两个层面：一是纯业务层面，领域事件来源于领域专家的通用语言，具有业务含义；二是设计层面，领域事件可以建模为一个领域对象，但这种对象是一种不可变类，也就是值对象，它将成为其他领域对象的一部分。

理论上把事件识别出来并不难，因为直接可以从通用语言中捕获。一般领域专家的言语中有以下句式时，往往意味着这是一个领域事件。

- ❏ 当……时
- ❏ 如果……那么
- ❏ 发生……时
- ❏ ……之后
- ❏ 一……就
- ❏ 完成……后

比如，"当订单被创建时，清空购物车中订单的商品"，这里面就暗含一个领域事件，那就是"订单被创建"，至于随后因此产生的操作"清空购物车中订单的商品"重要不重要呢？站在为领域事件建模的角度，事件触发后，执行什么操作并不重要。这是由事件的本质所决定的，下一节将详细分析。

图 5-21 所示是"订单被创建"的模型。事件的命名是过去时态，事件的载体为类图，其中包含的属性称为事件参数，它们是该事件消费者需要的关于事件的信息。当订单创建事件发生时，系统需要记录时间和订单 ID，支付对象需要总额完成支付，商家需要商品列表来完成配送，所以该事件类有上述 4 个字段。

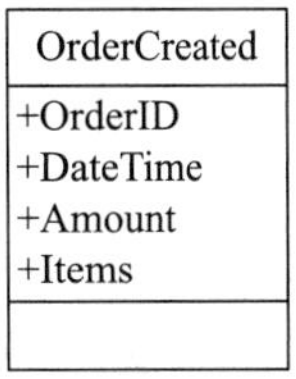

OrderCreated
+OrderID +DateTime +Amount +Items

图 5-21 订单创建事件

通过上述关键字，可以在领域专家的谈话中捕获事件，但并不是总能一网打尽。当我们讨论模型时，领域专家也会忽略一些事件。这是因为当前讨论的模型往往是事件的触发者，而不是消费者，但事件真正的意义和影响力往往在事件消费者身上。比如，我们在讨论订单时，可能不会想到有一个"订单创建"事件需要建模，因为只有对于后面的事件消费者（系统、支付和商家对象）来说，"订单创建"才是一个有意义的事情。所以，我们在捕获领域事件时，要从当前模型往前看一步，比如当前讨论的是清除购物车的操作，那么思考是什么事件触发了购物车清除的操作，这样就能找到真正的领域事件及其所在的模型。

（2）事件的本质

要想正确建模领域事件，应理解领域事件的 3 个本质：

- ❏ 操作因果关系的体现。
- ❏ 为未来处理逻辑留下的逻辑占位符。
- ❏ 提供操作的异步性。

首先，因果关系是指事件的触发机制，存在因果关系的操作必须按顺序发生。比如，订单创建之后才能清理购物车，支付成功之后才能安排送货。在前一个操作完成后，触发接下来的事件，因果顺序是事件体现的第一层业务逻辑。因此，在领域模型合适的位置设置合适的触发条件及相关事件是我们建模的重要任务。

其次，为未来处理逻辑留下的逻辑占位符，这句话怎么理解呢？如果只是体现因果顺序，按顺序执行每步操作，可以使用方法，为什么还要使用事件呢？把这个问题想透了，也就理解了事件的本质。

因为对于事件的处理方式未来可能有变化，这种变化是我们在设计领域模型和事件时不可能知道的。比如，清空购物车的操作后续可能会变更为清空购物车外加发一份邮件给顾客和商家。如果是方法，添加这个逻辑后不得不一次次打开模型的源代码来编辑，这是不符合软件设计的开闭原则（OCP）的。更何况，有时我们使用第三方模型库或组件时，根本没有源代码可以修改，那该怎么办？此时必须有一种机制，让我们添加新的处理逻辑而不用改动模型本身，事件就承担了这样一种作用。发布者设计触发条件并在模型中发布事件即可，至于处理逻辑，由之后的事件消费者来决定，不论再改变或添加任何处理逻辑，都无须改动最初发布事件的模型。

相比其他模型成员，事件并不会记录任何信息或处理任何业务逻辑，也没有与之对应的任何代码实现，其作用就是逻辑留占位符。比如，事件机制就像插卡片的游戏机，随着插入卡片的不同，游戏内容也不同。事件就是插槽，领域对象是游戏机，而事件消费者是游戏卡。当我们玩不同的游戏时，无须打开游戏机，而只需要插入卡（事件消费者）即可。

最后，事件都是异步性操作，这是由第二点的机制所决定的，所以事件的执行结果不会直接影响领域模型的状态，事件的异常也不会影响领域模型自身的任务。事件是一种良好的解耦机制，兼顾了灵活性与扩展性，同时保证了领域模型的稳定性。

（3）事件的作用

领域事件的作用如下，都是其本质机制的具体应用。

❑ 保证模型间的数据一致性。

❑ 替换批处理操作。

❑ 系统集成。

首先，我们通常将领域事件用于维护模型的一致性，比如，订单的状态改变了，支付对象的状态也要随之改变。此时使用事件这种异步方式是最合适的，还有一种方式是采用事务的原子操作，但跨聚合的事务是不合适的。

其次，批处理过程通常需要复杂的查询，并且需要庞大的事务支持。如果在接收到领域事件时，系统就立即处理，业务需求不仅得到了更快的满足，还杜绝了批处理操作。

什么是批处理操作？举个例子，在系统的非高峰时期，通常使用批处理进行一些系统的维护，如删除过期数据、创建新的对象、通知用户、更新统计信息等。如果我们监听系统中的领域事件，在接收领域事件时，系统立即处理。这样，原本批量集中处理的过程就被分散成许多小的处理单元，业务需要也能更快地满足，用户可以及时地进行下一步操作。

最后，事件用在系统集成中。我们可以使用消息队列来发布事件，并集成不同的应用，用于保障跨越有界上下文模型的一致性。

（4）事件的实现

下面用代码来实现事件，以更好地理解前面的内容。在研究代码时，大家要细心体会“逻辑占位符”在其上的体现。

假设有一个领域模型——加热器（图 5-22），它最关键的属性是温度，并且有一个加热的操作。

当加热器的水开了，我们使用热水来完成一些任务。比如泡咖啡或茶，如果这些任务是固定的，那么我们在 BoilWater() 中添加一个判断逻辑就可以了，当温度（temperature）大于 95℃ 时（temperature>95），执行 MakeCoffee() 或 MakeTea()。但我们发现，加热器模型的逻辑就被绑死了，之后想用热水做任何其他事情都需要更改加热器模型。

Heater
+temperature
+BoilWater()

图 5-22　加热器模型

此时，我们就需要使用事件——"水开了"事件（BoilWater），通过使用事件，加热器可以不再关心热水的用途，而只专注于它的领域逻辑——加热即可。

下面是加热器模型的代码实现。

1）使用 .net 默认事件处理类 EventHandler 实现事件。代码如下：

```
public class Heater
{
    private int temperature;
    public event EventHandler BoilEvent;                    // 声明事件
    // 烧水
    public void BoilWater()
    {
        for (int i = 0; i <= 100; i++)
        {
            temperature = i;
            System.Threading.Thread.Sleep(200);
            Console.WriteLine(" 水已经 {0} 度了: ", temperature);
            if (temperature > 95)
            {
                if (BoilEvent != null)
                {// 如果有对象注册
                    BoilEvent(this, new EventArgs());       // 调用所有注册对象的方法
                    break;
                }
            }
        }
    }
}
```

添加了事件的加热器模型如图 5-23 所示。

其中，最关键的语句是 "public event EventHandler BoilEvent;" 和 " if (temperature > 95) { BoilEvent(this, new EventArgs());"，分别定义了事件和触发条件。

至此，加热器模型的代码已经完成。下面我们看一下事件消费者的代码。假设有两个类是这个事件的消费者：Papa 和 Mama。Papa 用它来泡咖啡或茶，Mama 用它来洗澡。

图 5-23　添加了事件的加热器模型

事件消费者 Papa 对应的代码如下：

```
public  class Papa
{
    public static void MakeCoffee(object sender, EventArgs e)
    {
        Console.WriteLine("make coffee");          // 代表泡咖啡处理逻辑
    }
    public static void MakeTea(object sender, EventArgs e)
    {
        Console.WriteLine("make tea");             // 代表泡茶处理逻辑
    }
}
```

事件消费者 Mama 对应的代码如下：

```
public class Mama
{
    public  void TakeBath(object sender, EventArgs e)
    {
        Console.WriteLine("mama take bath");
    }
}
```

测试代码如下：

```
static void Main(string[] args)
{
    Heater heater = new Heater();
    heater.BoilEvent += new Mama().TakeBath;    // 注册事件消费者
    heater.BoilEvent += Papa.MakeTea;           // 可注册多个
    heater.BoilWater();                         // 烧水，会自动调用注册过对象的方法
    Console.ReadLine();
}
```

执行结果如图 5-24 所示。

2）使用委托实现事件。如果不用 .net 默认的事件处理类，使用的是 Java 等语言，可以使用委托机制，此时要设计一个事件类。

水开了事件类代码如下：

```
public class WaterBoiledEvent
{
    public WaterBoiledEvent(Heater2 h)
    {
        heater = h;
    }
    public Heater2 heater { get; private set; }
}
```

加热器的代码改动如下：

```
public class Heater2
{
```

图 5-24　烧水事件执行结果

```
    private int temperature;
    public delegate void WaterBoiledEventdHandler(WaterBoiledEvent evnt);     // 委托
    public event WaterBoiledEventdHandler WaterBoiled;                        // 声明事件
    // 烧水
    public void BoilWater()
    {
        for (int i = 0; i <= 100; i++)
        {
            temperature = i;
            System.Threading.Thread.Sleep(200);
            Console.WriteLine(" 水已经 {0} 度了: ", temperature);
            if (temperature > 95)
            {
                if (WaterBoiled != null)
                {// 如果有对象注册
                    WaterBoiled(new WaterBoiledEvent(this));
                    // 调用所有注册对象的方法
                    break;
                }
            }
        }
    }
}
```

实现效果与前一个方法一样。

3）使用事件参数。事件参数是事件消费者需要的事件信息，通常带有触发事件模型的信息，也可以把触发事件的模型实例整体传递作为参数，示例如下：

```
public  class Papa
{
    public static void MakeCoffee(object sender, EventArgs e)
    {
        Console.WriteLine("papa make coffee");   // 代表泡咖啡处理逻辑
    }
    public static void MakeTea(object sender, EventArgs e)
    {
        Heater h = sender as Heater;
        Console.WriteLine("papa use "+h1.Brand+" heater make tea");
        // 代表泡茶处理逻辑
    }
    public static void MakeGreenTea(WaterBoiledEvent c)
    {
        Console.WriteLine("papa use "+c.heater.Brand+" make green tea");
    }
}
```

上述代码两种方式均有使用。第一种事件参数 sender 其实就是触发事件的加热器类，使用语句 " Heater h = sender as Heater;" 做转化即可访问其中的成员。如果使用的是第二种代理方式，则传入的参数 WaterBoiledEvent 包装了一个加热器 Heater 类，也就是事件触发者。这样我们就可以方便地获取处理事件所需的信息。

（5）设计流程

在了解事件的机制和用途后，接下来的问题就是如何在领域模型中进行设计。领域模型中的事件并不像其他成员那样直观，因此，事件设计流程如图 5-25 所示。

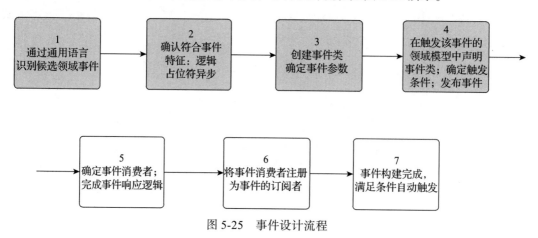

图 5-25　事件设计流程

在图 5-25 中，第 1～4 步为完成领域模型的必要流程，5～7 步为后续的闭环流程，在设计领域模型时无须考虑。事件的本质是未来处理逻辑的占位符，我们把触发条件和触发时机设计好即可，事件的处理逻辑此刻无法确认，也没必要考虑。

事件的技术实现手段有很多，除前面例子中的委托代理方式外，更简洁的方式是采用事件发布订阅总线（EventBus），这是一个事件发布技术框架，同样，上面的设计步骤都是适用的。如果采用事件发布订阅总线的方式，第 4 步就少了"在触发该事件的领域模型中声明事件类"这一步，直接在触发点发布事件即可。发布和订阅事件时使用总线方法 EventBus.Instance.Publish() 和 EventBus.Instance.Subscribe()。

5.3.6　处理异常

异常也是模型的一位成员，是我们在设计模型时需要考虑的。

（1）异常的作用

异常处理是领域模型要考虑的一部分，原因在于模型的责任不可能无限大。在遇到自己处理能力之外的情况时，要采用异常机制报告错误，并将处理权转交。异常就是这样一种机制，某种程度上，它可以保证领域模型的纯洁性，让其只关注于核心逻辑，而不用包含一堆意外情况处理代码。

除异常外，也可以使用错误代码报告意外情况，但我们并不推荐这种形式。使用异常要更加灵活方便，因为如果使用错误代码，你不得不在每一个出错的地方增添一个 if 语句。不管是对于领域模型还是它的调用者来说，这都是个坏消息。而异常可以使我们的代码更简洁，遇到问题抛出即可。同时，它可以包含丰富的领域信息和业务逻辑，而不仅仅是语言层面的错误。

另外，异常是经过精心定义的方法失败模型，因此各种工具（如监控）可能会随时注意到异常的发生。比如，性能监视器会对异常进行追踪统计，而错误代码这种形式就没有这些优点。

如果事件是模型的一种特殊逻辑扩展机制，那么异常就是一种特殊的意外情况处理机制。虽然它们不像其他模型成员那么直观易懂，但它们对于保持模型的纯洁性和扩展性有着不可替代的作用，因此我们在建模时应予以考虑。

（2）自定义异常

使用好异常的关键在于让它表达一定的领域含义，即细分模型不愿处理的条件，抛出有领域含义的异常，以便让合适的上级调用者找到合适的处理方式。显然，"购物车已满"的异常比"数组越界"的异常更容易让调用者知道如何处理。

有些专家建议，当语言框架中已有相应异常时，不要自己创建异常，这适用于语言级别的异常。对于领域层来说，自定义异常是领域逻辑的一部分，它可以丰富通用语言。相比于错误代码，自定义异常能够很自然地被领域专家所理解。

图 5-26 是一个自定义"购物车已满"的异常的例子。

实现代码如下：

图 5-26　自定义异常

```
public class FullCartException : Exception,ISerializable
{
    public string error;
    private Exception innerException;
    public FullCartException() {}
    public FullCartException(string msg) : base(msg)
    {
        this.error = msg;
    }
    public FullCartException(string msg, Exception innerException) : base(msg,
        innerException)
    {
        this.innerException = innerException;
        error = msg;
    }
    protected FullCartException(SerializationInfo info, StreamingContext context)
    {}
    public string GetError()
    {
        return error;
    }
    public int maxCount;
}
```

自定义异常可以继承任何语言中已有的异常，本例继承自 Exception 类。以下是自定义异常的注意点：

❏ 要避免太深的继承层次，一般 Exception 类即可满足要求。

❏ 一定要以 Exception 作为后缀。

❏ 要使异常可序列化。为了使异常能够跨应用程序和跨远程边界工作，这样做是必须的。

❏ 要提供以下常用的构造函数。

```
public class FullCartException : Exception,ISerializable
{
    public FullCartException() { }
    public FullCartException(string msg) :
    public FullCartException(string msg, Exception innerException)
    protected FullCartException(SerializationInfo info, StreamingContext context)
}
```

❏ 要把与安全性有关的信息保存在私有的异常中，确保只有可信赖的代码才能得到该信息。比如数据库连接抛出的各类异常，可能会泄露你的表命名、表结构等信息。

❏ 可以为异常定义属性，这样就能从程序中取得与异常有关的额外信息。

（3）抛出异常

设计了自定义异常以后，接下来就要决定何时抛出它了。何时抛出异常呢？当领域模型不能或不愿处理某些意外情况时，此时应该抛出异常，将其处理权交给上一级调用者，当然，如果调用者不愿处理，则可以继续向上抛出，最后异常可能被抛到应用层，这也是很常见的情况。

这里使用了"意外情况"而不是"错误"，因为前者更符合实际含义。"不能处理"的原因是，领域逻辑并不知道合适的处理方法，可能交由他人更合适。"不愿处理"则是考虑到领域模型的纯粹性，不适宜放入与领域逻辑不相关的代码。

另外要注意，既然领域模型不处理并将处理权转交了，那么程序也就无法继续了。任何方法在抛出异常后，后面的代码都不会被执行（有一种情况可以，即在 finally 中的代码，稍后说明）。这很好理解，因为后面的代码是为正常情况准备的，而现在面对的是异常状况，自然后面的逻辑也用不到了。

在上面例子的添加购物车商品方法中，如果数量超出了购物车的最大容量，可以使用 throw new FullCartException（"购物车已满"）抛出异常。

抛出异常的注意点如下：

❏ 在领域模型中，要使用异常来处理意外情况而不是错误码。

❏ 不要在能处理的正常流程中抛出异常。

❏ 要为所有的自定义异常构建一份文档，使开发人员能够掌握，让他们能使用最合理、最具针对性的异常，比如不要使用"集合超容"来描述"购物车已满"。

❑ 在异常消息中避免使用感叹号和问号。

❑ 注意异常消息的本地化。

除了异常本身的类图，也可以在相关领域模型中列出可能抛出的异常，如图 5-27 所示。由此可以看出，异常的处理也是领域模型不可或缺的成员。

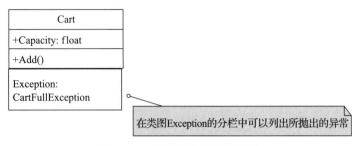

图 5-27　模型可能抛出的异常

（4）处理异常

处理异常使用的是 try…catch…finally 代码结构，在 catch 块中处理 try 块可能抛出的异常，另外，finally 中的代码在遇到异常后也会被执行，这也是一种保护机制，一般要在其中释放一些占用的资源。

要注意，如果你不想处理该异常，大可不必捕获，可允许异常沿着调用栈向上传递。

捕获特定异常的语法是 catch(fileNotFoundException e)，不要省略括号这部分，也不要捕获 Exception 基类，因为这会捕获所有异常，通常是没必要的，而且可能吞掉有用的异常信息，而让软件行为或交互变得奇怪。比如，商品添加不到购物车内，用户却得不到任何提醒。

定义合适的富有领域逻辑的异常，并在模型遇到意外情况时及时抛出，是完成领域模型设计并保证其纯洁性的重要工作。

5.4　典型的领域逻辑建模

如前所述，三者一致性原则要求领域逻辑必须被显式、集中地体现在模型和代码中，而不能被隐式、模糊或分散地表达。这是 DDD 的内在要求。那么，领域逻辑包含哪些内容？又该如何对其建模呢？本节将讨论这两个问题。

领域逻辑主要包括规则与约束、流程与分支、验证与筛选、算法与计算、时间与空间、有状态与无状态、同步与异步等。下面将针对这几种类型给出典型的模型表达，相信对于读者是很有帮助的。

5.4.1　规则与约束

规则与约束是最常见的领域逻辑，也是模型要表达的重要概念。它们常常隐藏在领域专家的话语中，我们要做的就是将其提炼并将隐含的规则显式地表达出来，这样语言和模型才能得到统一，从而得到高质量的模型设计。

（1）通用语言关键字

通用语言关于规则与约束的常见关键字包括"要符合""应当遵守""必须满足""不能""不允许""禁止""取值范围"等，我们在与领域专家沟通时要多加注意。

（2）模型表示法

借用前面的例子，如图 5-28 所示，Sprint 模型使用只读约束 {Readonly} 表达了跨越周期 SpanWeek 只能在程序初始化时设定，不能随意更改的业务约束。

再看一个例子，加热器模型如图 5-29 所示。

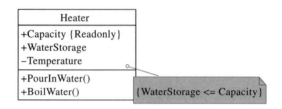

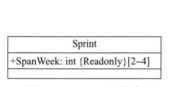

图 5-28　Sprint 的约束　　　　图 5-29　加热器模型的约束

这是我们在举例事件时用过的加热器模型，它除了温度和加热方法外，还有一个容积（Capacity）和水量（WaterStorage）的属性，显然水量不能大于容积，我们用注释标签将这个约束规则表示在模型上。在改变 WaterStorage 的方法上可以加上这一规则的验证，比如注水方法 PourInWater 代码如下：

```
public class Heater
{
    private float Capacity;
    private float WaterStorage;
    public void PourInWater(float addedVolume)
    {
        if (WaterStorage + addedVolume > Capacity)
            WaterStorage = Capacity;
        else
            WaterStorage += addedVolume;
    }
}
```

在模型中，使用大括号 {} 来标记规则，如 {Readonly}、{size>=0}。在代码中，需要在规则发挥作用的对应位置去验证这个规则。

不难看出，当规则和判断条件众多时，规则的验证有可能出现遗漏。此外，一堆 if…else 语句的说明性也不强，很难明白其所揭示的业务含义。同时，条件分支过多也容易出错。

此外，这种做法还会出现同样的规则散布在不同的模型中的问题，违反了前面提到的

"语义一致性"或"用相同的方法做相同的事"架构原则。相同的处理逻辑散布在各处，这是低质量设计和代码的重要信号。解决方法是把这个约束提取到一个单独的方法中，并用具有业务含义的名称来对其命名。

```
public void PourInwater(float addedVolume)
{
    float volume = WaterStorage + addedVolume;
    WaterStorage = StorageConstraints(volume);
}
private float StorageConstraints(float volume)    // 水量约束规则
{
    if (volume > Capacity) return Capacity;
    return volume;
}
```

在以上代码中，我们显式声明了检查容量规则的方法 StorageConstraints()，这样，约束就拥有了身份，不仅可读性高，适用的对象也很明确（Storage），不容易遗漏且方便扩展。业务方法如果包含这个约束，就不用自己实现了。用封装好的方法即可。业务方法只需专注于自己处理的业务，而不用为了安全添加大量判断语句，真是一举多得。

约束的名称也会影响通用语言，为其增添新的领域词汇，这是代码反过来影响语言和模型的例子。将这个约束的名称 Storage Constraints 添加在模型上，可以使我们的通用语言表达得更精确，如图 5-30 所示。

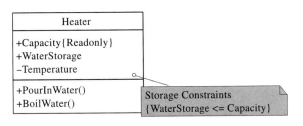

图 5-30　给约束命名

（3）建模约束为单独的对象

约束既可以放在模型内部，又可以单独将其提炼出来作为策略类或领域服务。将其放入一个对象内要符合前面提及的"信息专家"原则，即验证规则所需的信息都在该对象内部，否则，应将验证逻辑提取出来，建模为单独的对象，避免领域模型被不相关的信息所污染，产生不必要的耦合。

以下是一些需要单独提炼的验证规则的特点：

❏ 验证约束所需的信息并不属于这个对象。

❏ 相关规则在多个对象中出现，造成了代码重复，违反了"一处一个事实"原则。

❏ 很多领域逻辑是围绕这些约束展开的，它的层级不适合下放到实体或值对象的方法中。

　将约束单独作为一个模型，可以避免重要的领域概念被淹没，使通用语言更加顺畅。

5.4.2 流程与分支

业务逻辑通常是各类业务流程及其逻辑分支。

（1）通用语言关键字

通用语言关于流程与分支的常见关键字包括"如果……就""下一步""当满足""流程""数据流""分支""判断""选择"等。

（2）业务流程建模

业务流程建模对应的是 UML 中的活动图，这个图之前没有介绍，因为它不涉及领域模型，但对于流程建模有不可替代的作用。图 5-31 是一个线上购物的活动图。

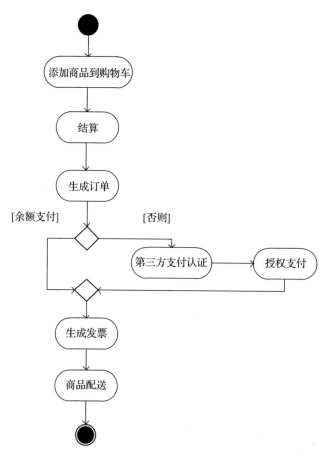

图 5-31　线上购物活动图

在活动图中，起点和终点是圆圈符号，分支判断逻辑是菱形框。

这个模型可以和业务人员讨论需求，但无法指导实现（对于面向过程的语言可能足够，但在面向对象语言中，只有活动图显然是不够的），我们需要再进一步把流程逻辑映射到领域模型上。

（3）协作图建模

把图 5-31 映射到我们的领域模型上，如图 5-32 所示。活动图对应的是协作图或时序图而不可能是类图，它们展示了一个用例的参与对象，以及对象之间传递的消息。

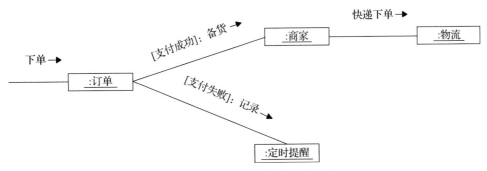

图 5-32　协作图的逻辑分支表示法

如前所述，这两种图是动态模型的载体，可以帮助发掘潜在的概念模型，并通过对象之间传递的消息来分配模型的职责。此外，流程和逻辑分支也要使用这些图形来展示。

不同于活动图，协作图中的节点已经变成了各个领域模型，其中的逻辑分支用中括号 [ ] 来标记，如图 5-32 中的 [支付成功]。在业务流程图的基础上映射绘制出来的协作图，不仅能交流业务，还能直接指导实现开发，是对流程与分支建模的最理想模型。

时序图与协作图大同小异，它可以通过在框图上加条件来表示逻辑分支，如图 5-33 所示。

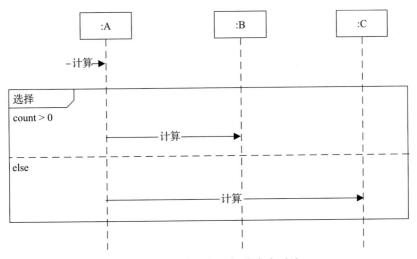

图 5-33　时序图的逻辑分支表示法

但时序图的空间效率不如协作图，格式也相对严格，选择图框绘制起来并不方便，所以推荐采用协作图来建模流程与分支。

在实现层面，协作图和时序图标记了不同条件所需的不同参与模型，以及条件判断的发起者。这可以指导具体的实现，明显优于活动图。

如果要对工作流本身建模，可以使用 9.4 节中介绍的模板模型，还可以使用流程引擎。但是，流程是领域中非常重要的逻辑，配置在外部流程引擎中可能会影响到领域逻辑的内聚性。

5.4.3　验证与筛选

（1）通用语言关键字

通用语言关于验证与筛选的常见关键字包括"是否符合""是否满足""选出符合条件的""获得所有……的集合""查找"等包含过滤条件的词语，或者各类形容词，如"大额""优秀""高净值""失效"等。

（2）规格（Specification）模式

规格模式是将一组判断条件封装成一个单独的值对象，名称中一般带有形容词，表达了很强的领域含义，代表客户对于程度的看法，如"大额存单""过期发票""优秀成绩"等。如图 5-34 所示，这个值对象会有一个是否满足的判断方法（一般是 IsSatisfiedBy() 函数），用于

图 5-34　规格模式

校验某个对象是否满足该规格所表达的条件，只返回真假校验。多个规格对象还可以灵活组装，生成新的规格对象。

下面以大额存单为例，说明规格模式的用法。假设大额存单必须满足以下两个条件：

❑ 总额不小于 100 万。

❑ 存期不短于 5 年。

将这两个条件建模为规格对象如图 5-35 所示。

对应的实现代码如下：

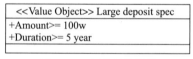

图 5-35　大额存单规格

```
class LargeDepositSpecification extends DepositSpecification
{
    ......
public boolean IsSatisfiedBy(Deposit deposit)    // 接收一个存单对象作为参数
{
    renturn (deposit.amount>= 1,000,000 && deposit.duration>=5);
}
}
```

用法如下：

```
......
Iterator it = deposits.iterator()
While (it.hasNext)
{
```

```
        Deposit deposit =(Deposit) it.next;
        If (LargeDepositSpecification. IsSatisfiedBy(deposit)          // 规格过滤
{
    // 执行大额存单逻辑
}
}
```

不难看出，规格模式将验证与筛选逻辑显式化成领域概念，这将带来更丰富的通用语言、更精确的模型和更具表现力的代码。规格模式也避免了相同的规则散布在代码的各个角落，而是"用相同的方法做相同的事"。这些好处与显式化规则约束是一致的。

在业务逻辑上，规格与约束的不同点在于，约束是必须满足的，而规格只是从集合中筛选或验证符合条件的成员。

（3）规格的用法

规格的用法主要有以下 3 种：

1）验证对象，检查它是否满足某些条件。

2）筛选符合条件的对象。

3）创建满足某种条件的新对象。

最后一种用法的规格实现与其他用法不太相同，因为这种规格不用来过滤和验证已存在的对象，而是创建满足规格的全新对象或对象集合。

在创建新对象的场合，使用规格也是恰当的。因为如果不显式地定义生成对象的条件，那么这些逻辑会散布在类工厂或构造函数中，需要研究每一行代码才能弄清楚确切的要求。

将规格进行显式定义，且有很多领域概念与之对应（如三好学生、高净值客户等），设计和代码就可以充分地表达通用语言，正是我们一直追求的。

（4）规格的实现

规格模式的通用源码如下：

```
public interface ISpecification
{
    boolean isSatisfiedBy(Object candidate);
    ISpecification and(ISpecification spec);
    ISpecification or(ISpecification spec);
    ISpecification not();
}
public abstract class CompositeSpecification implements ISpecification
{
    @Override
    public ISpecification and(ISpecification spec) {
        return new AndSpecification(this, spec);
    }
    @Override
    public ISpecification or(ISpecification spec) {
        return new OrSpecification(this, spec);
    }
```

```
        @Override
        public ISpecification not() {
            return new NotSpecification(this);
        }
    }
public class AndSpecification extends CompositeSpecification
{
    // 传递两个规格书进行 and 操作
    private ISpecification left;
    private ISpecification right;
    public AndSpecification(ISpecification left, ISpecification right) {
        this.left = left;
        this.right = right;
    }
    @Override
    public boolean isSatisfiedBy(Object candidate) {
    return this.left.isSatisfiedBy(candidate) && this.right.isSatisfiedBy(candidate);
    }
}
```

接口设计了是否满足，以及与或非的判断逻辑，无须改动，我们要做的就是编写自己的规格类，具体如下：

```
public class BizSpecification extends CompositeSpecification
{
@SuppressWarnings("unused")
private Object obj;
public BizSpecification(Object obj) {
        this.obj = obj;
}

    @Override.
public boolean isSatisfiedBy(Object candidate)
{
        // 根据基准对象和候选对象进行业务判断，返回 boolean
        return false;
}
}
```

5.4.4　算法与计算

算法逻辑涉及领域的核心逻辑，其本身往往是内聚的，将其独立出来是最值得倡导的建模实践，如复杂的候选人排名规则、销售佣金的计算策略、保单的风险评估等。算法逻辑独立出来后，避免了复杂算法对领域模型的干扰，领域中的其他模型就可以专注于表达"做什么"的逻辑，而把"如何做"的复杂细节转移给了算法模型。

（1）通用语言关键字

通用语言关于算法与计算的常见关键字包括"对比""大于小于""计算""加减乘除""统计""汇总""筛选""评估"等。

（2）建模为算法对象

领域中的算法可以建模为算法对象，常见于实时系统、科学和工程领域中。如果算法需要的信息都在实体或值对象内部，可以将该算法建模为该对象的操作。但如果该算法内聚且明显独立于领域对象而变化，那就不适合绑定一个领域对象，要显式地将其建模为算法对象，而不是隐藏在模型和代码深处。算法对象声明关键字是 <<Algorithm>>，标记在类图或协作图上以表明身份。

图 5-36 是列车控制系统中的"巡航器"算法模型，通过比较当前车辆速度和理想巡航速度来计算如何做出调整。该算法的复杂之处在于，速度调整不是一下调整到位，而必须平缓地加速和减速，这样可以最小化对车内乘客的影响。

算法对象经常会封装计算其算法所需要的数据，这些数据可以是初始化数据、中间结果或阈值数据。算法对象的主要职责是执行算法，不要把任何业务协调职责放入其中。

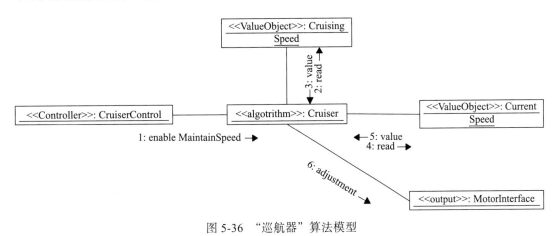

图 5-36　"巡航器"算法模型

（3）建模为领域服务

将算法封装为领域服务是最佳选项，尤其是涉及多个实体类型、返回值为值对象的计算时。比如计算订单最终的折扣，因为促销规则不仅涉及商品，还可能有商家、顾客等级和时间的因素（促销季）。可参考第 4 章关于领域服务的例子，计算两个候选人匹配程度，参数为两个实体，返回值为值对象。

这是没有任何状态的计算，方法可以声明为静态（static）类型。将领域计算逻辑单独建模而不放在其他业务对象内的优点如下：

1）不给领域模型增加负担。如果计算所需的信息超出了该对象的范围，又会增加不必要的耦合。

2）关于计算逻辑的领域概念变得更加清晰，单独的计算规则一般都是核心域范畴，单独出来可以增加通用语言的词汇。

算法领域服务的命名最好采用声明式命名法，揭示其业务意图，而不用难懂的学术术语，比如 ××× 变换。

（4）建模为操作符重载

操作符重载就是让领域模型可以像基本类型那样进行加（+）、减（–）、乘（*）、除（/）操作，还包括等于（==）、大于（>）、小于（<）等比较操作。

比如，我们可以定义一个订单相加的逻辑，即两个订单的总额相加，商品列表合并。实现代码如下：

```
public class Order
{
    private decimal amount;
    private ArrayList items =new ArrayList();
    public decimal Amount
    {
        get { return amount; }
        set { amount = value; }
    }
    public ArrayList Items
    {
        get { return items; }
        set { items = value; }
    }
    public static Order operator +(Order order1, Order order2)
    {
        Order newOrder = new Order();
        newOrder.Amount = order1.Amount + order2.Amount;
        order1.Items.AddRange(order2.Items);
        newOrder.Items = order1.Items;
        return newOrder;
    }
}
```

之后我们就可以使用 Order1+Order2 这种操作了。这个例子并不完美，毕竟"订单相加"这种说法并不直观，此处只是为了说明用法。在一些计算复杂的领域，操作符重载的确能给模型的使用者带来更好的感受。

但是，我们也需要小心地使用操作符重载。团队要知道这些操作是被重载过的，并理解运算背后的业务逻辑，而不要产生困惑。另外，也要考虑为重载过的运算符提供对应的方法，并使用容易理解的名字来命名，如 Add、Subtract，以适应不同的场合和使用习惯。

细心的读者可能发现，重载的操作符必须用 public static 关键字修饰，所以，操作符重载其实是领域服务的一个变种。事实上，当一个类内部出现 public static 的方法时，应该考虑该方法是继续放在这个类中还是单独成领域服务。这种情况下，哪一种更符合通用语言，更能保证模型的简洁，就选择哪一种。

5.4.5 时间与空间

（1）通用语言关键字

与时长约束相关的通用语言关键字有"时长""超时""在……时间范围内""每"，与时效相关的关键字有"当时""实时""过期"等。与空间相关的关键字有"部署""分布""上下文"等。

（2）定时约束

时间也是领域逻辑的一部分，尤其是在实时系统中，该如何对其建模呢？我们来看下面的例子，如图 5-37 所示。

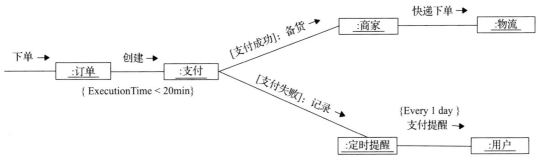

图 5-37 建模时间约束

图 5-37 中用 {} 表示了两个时间逻辑：

❑ 创建消息下的 { ExecutionTime<20min }，表示创建支付对象的执行时间不能超过 20 分钟。

❑ 支付提醒消息上的 { Every 1 day }，表示提醒的间隔是一天。

对定时约束建模通常遵循以下策略：

1）对于交互中的每条消息，考虑其开始时间和触发周期。将这个实时特征建模为消息的定时约束。

2）对于交互中每个值得关注的消息序列，考虑是否有一个相关的最大的相对时间。将这个实时特征加为对该消息的定时约束。

把系统对时间的要求表示为约束 {}，并放在对应的消息旁边即可。时间是动态逻辑，只能展示在时序图或协作图上。

（3）计时器

计时器对象是由外部计时器激活的控制对象。计时器对象要么自己执行某个动作，要么激活另一个对象来执行期望的动作。计时器对象示例如图 5-38 所示。

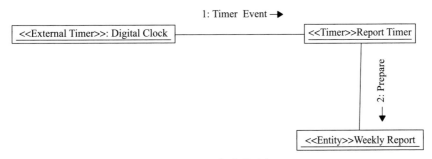

图 5-38 计时器对象

报告计时器（Report Timer）通过一个外部计时器 Digital Clock 的计时器事件激活，然后，该计时器对象发送一个准备（Prepare）消息给周报（Weekly Report）对象。

严格来说，计时器属于应用服务而不是领域服务。大多实现定时执行任务的语言框架都有现成方案，比如使用 Spring Boot 的定时任务，在方法前添加 @Scheduled 属性即可。

（4）时效建模

时效是指与时间段相关联的信息。比如，订单中商品的价格都是通过调用商品库对象得到的，如图 5-39 所示。但这样的设计存在一个问题，如果购买项总是从商品库获得价格，那么当价格改变时，旧订单的销售价格将指向新的价格，这是不正确的。因此需要区分销售发生时的价格和当前价格。有两种方法可以对此建模：一种是商品库仍然保留当前价格，并在购买项中保存交易时的价。这个方案并不好，因为在众多的订单和与之对应数量极大的购买项

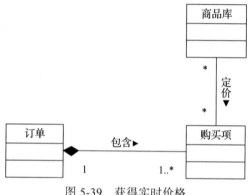

图 5-39 获得实时价格

中保存同一个价格会浪费空间。我们推荐采用另一种更稳健的办法——将一组价格类与商品库相关联，并为每个类设置可适用的时间间隔，如图 5-40 所示。这样就可以记录所有的历史价格，并且满足了上述需求，甚至可以用历史价格数据做分析和预测，提前规划未来的价格，比如，我们可以在 10 月份把双十一的价格预设好。

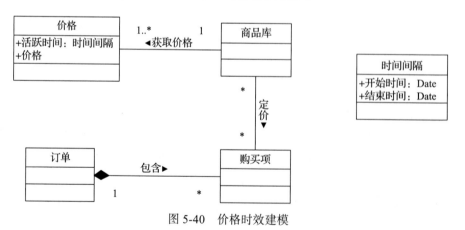

图 5-40 价格时效建模

建模的方式是维护与一组时间间隔相关的信息，而不是单个值。这种需求在物理、医药、科学测量以及许多的财务和法律类应用中都存在。

（5）建模空间

建模空间指模型在分布式系统中的位置。虽然这个内容超出了本书的范围，但在微服务架构流行的当下，在领域模型中能标注其位置无疑有助于实现落地，并保证了模型和代

码的一致性。

图 5-41 展示了一个零售系统对象的分布建模，其中不仅包括领域模型，还显示它们对应的微服务分布情况。更多关于微服务和 DDD 的内容可参考第 10 章。

还有一类空间建模是为相同名称的领域模型创建不同的命名空间，这其实代表了不同的上下文。这部分内容将在第 7 章中详细讨论。

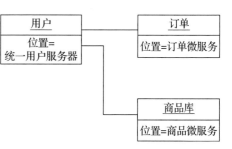

图 5-41　为模型空间建模

5.4.6　有状态与无状态

在和领域专家讨论时，我们可能经常会遇到的一个词是"状态"，当这类领域逻辑有以下特点时，适合将其建模为独立模型：

❏ 领域模型具有多个状态，它们会根据一定条件进行转换。

❏ 不同的状态会导致不同的行为。

❏ 未来还可能会增加新的状态。

最佳方法是对这些状态建模，而不只是用条件语句加以判断。状态建模后，通用语言也变得更为自然，比如"控制器变为制冷状态"显然要比"控制器开始制冷"听起来更自然。模型也更易于维护，状态转换显式化并具有事务的特点，即要么转换成功，要么维持原状。由于模型的状态一般由一些内部的数据所确定，因此这些数据的某些组合决定了模型所处的状态。如果决定状态的数据项很多，则判断状态就较困难。而采用状态对象来识别状态则容易得多，并且非常直观。同时，状态转换变为引用的状态对象的变化，不会出现表示的状态与数据项不一致的情况。

（1）通用语言关键字

与"状态"相关的关键字包括"打开""工作""关闭""准备""就绪"等。

（2）为状态本身、状态转换条件和不同状态下的工作方式建模

图 5-42 为 GoF 模式中状态模型的类图，该模式会为状态、状态转换条件和不同状态下的工作方式建模。

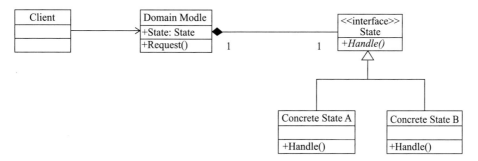

图 5-42　状态模型

读者可以在 9.10 节获得如何为状态建模的一整套方法，包括需求、模型和代码，这里不赘述了。

（3）状态与枚举类型

如前所述，实体都是有状态的，可以在类图上用 <<Entity>> 加以标识，实体的各种状态不意味着都要将其规划为模型，而可能只是一个轻量级的枚举类型。

图 5-43 中的订单有唯一标识和状态。订单的状态包括已下单、待支付、已支付、已配送、已收货、已评价等。相应的枚举类型如下：

```
public enum OrderStatus { Booked = 0, Unpaid = 1, Paid = 2, Delivered = 3, Received = 4,
    Commented = 5 }
```

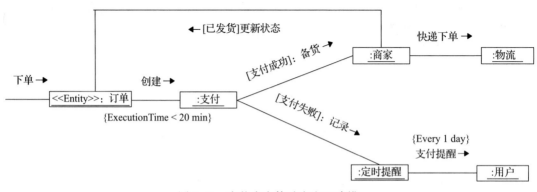

图 5-43　有状态实体动态交互建模

如果至少有一个是与状态相关的对象，那么整个交互就被定为有状态的操作，图中一般有更新状态的消息。

值对象一般都是无状态对象，无状态的操作创建为领域服务或应用服务，分别用 <<Value Object>> 和 <<Service>> 加以标识。

图 5-44 是一个只有无状态对象参与的协作图。

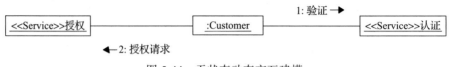

图 5-44　无状态动态交互建模

在图 5-44 中，认证和授权两个模型的 <<Service>> 标签代表它们是无状态的领域服务。这是无状态的动态交互建模。

5.4.7　同步与异步

同步与异步的问题经常在技术讨论中出现，但实际上它包含深层的领域逻辑。一个操作是同步还是异步，是可以使用最终一致性还是必须使用强事务，往往是业务问题而不是技术问题。常见的与同步或异步逻辑相关的关键字有"同步""等待""无须等待""并发""分发""通知"等。

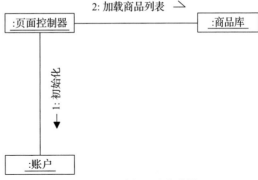

异步的实现机制就不再赘述了，读者可参考相关章节。

图 5-45 是一个同步消息和异步消息的模型。

在协作图中，图中的初始化为黑色实心箭头，代表同步消息，而加载列表为异步操作，用树状箭头表示。

图 5-45　同步和异步建模

可以用约束 {} 对同步或异步消息附加时间要求，比如使用 {wait=5s} 约束一个同步消息，即表示该同步调用的过期时间不超过 5s。

综上，典型领域逻辑的关键字和建模方案如表 5-5 所示。

表 5-5　典型领域逻辑关键字和建模方案

领域逻辑	通用语言关键字	建模方案
规则与约束	"要符合""应当遵守""必须满足""不能""不允许""禁止"	添加判断语句；建模为单独的约束方法；建模为策略类；建模为领域服务
流程与分支	"如果……就""下一步""当满足""流程""数据流""分支""判断""选择"	业务活动图转协作图；建模为模板模型
验证与筛选	"是否符合""是否满足""选出符合条件的""获得所有……的集合""查找"	将过滤条件建模为规格对象
算法与计算	"对比""大于小于""计算""加减乘除""统计""汇总"	建模为算法对象；建模为领域服务；建模为操作符重载
时间与空间	时间："时长""超时""在……时间范围内""每""当时""实时""过期" 空间："部署""分布""上下文"	时间：构建定时器；时效建模 空间：标记微服务分布；使用命名空间
有状态与无状态	"打开""工作""关闭""准备""就绪"	有状态：将状态建模为对象；将状态建模为枚举类型 无状态：值对象；领域服务
同步和异步	"同步""等待""无须等待""并发""分发""通知"	异步：建模为事件、观察者、中介者或命令模型

5.5　典型案例

本节将展示一些大型系统的领域模型。类图是领域模型必不可少的部分，协作图和时序图等动态模型在确定模型职责、事件、相互关系和逻辑分支等方面也有着不可替代的作用，这两种类型案例中都会展示。此外，还应有用例和操作契约。用例是讨论模型的切入点和有效模型的过滤器，操作契约是测试模型的必要约定。但这两部分前面已有不少例子，且难度不高，这里就不再举例了。

5.5.1 案例 1：在线购物网站

还记得 5.3.1 节我们从用例名字中发现的领域概念吗？如图 5-5 所示。

现在把它们整合成一张完整的领域模型，如图 5-46 所示。

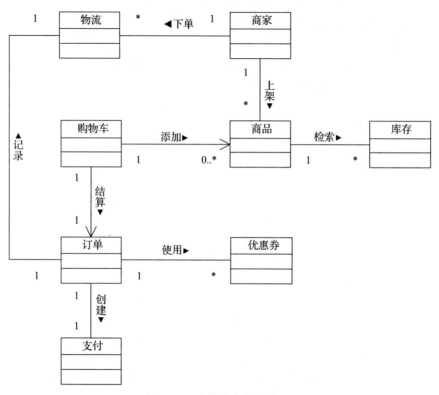

图 5-46　在线购物领域模型

本例要注意类图关联中的动词标记，如"添加▶"，这是对类图沟通能力的一种增强，动词标签对于树立模型在通用语言中的核心地位十分重要。在构建静态领域模型时，不要像传统类图一样忽略这一部分。

用例的逻辑分支需要用协作图来展现，如图 5-47 所示。

以上用协作图展示了支付成功与失败的两个逻辑分支路径，在静态类图中是无法体现出来的。

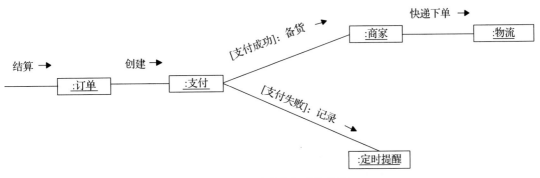

图 5-47　在线购物部分协作图

5.5.2　案例 2: 汽车租赁系统

汽车租赁系统的领域模型设计如图 5-48（静态）和图 5-49（动态）所示。

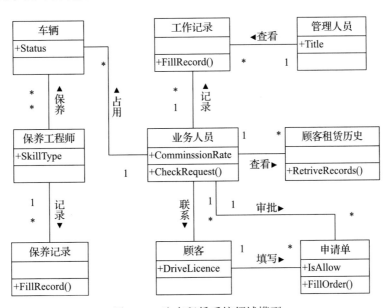

图 5-48　汽车租赁系统领域模型

图 5-49　客户还车模型协作图

本案例的重点是观察动态视图在确定模型间传递消息方面所起的作用。这些消息最终会转化为静态类图中对应的方法，如"填写记录（FillRecord）"。

在静态图中，根据静态类关联中的动词标记，展示了操作可能引起变化的对应属性，如"保养"会引起车辆"状态（Status）"的变化。

5.5.3 案例 3：银行系统

银行系统的领域模型及其相关属性如图 5-50 和图 5-51 所示。

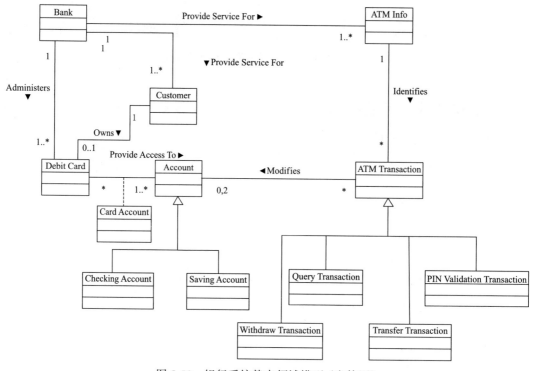

图 5-50　银行系统静态领域模型（实体图）

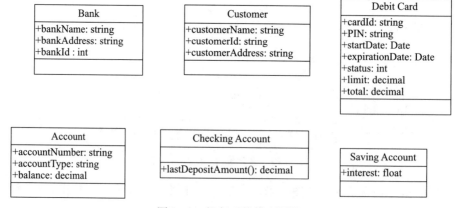

图 5-51　银行系统模型属性

    本案例展示了静态建模的中间成果，模型只创建了关联和属性，消息的传递、职责的划分和方法的设计可以在绘制协作图时予以确定。

    同时，图 5-51 还展示了除多重性关联外的模型间另一种关系——抽象概念和具体类，如账户（Account）和支票账户（Checking Account）、储蓄账户（Saving Account）的关系，以及 ATM 交易（ATM Transaction）与其下的不同交易类型（如 Transfer Transaction）之间的关系。

第 6 章

精炼模型——深入模型设计

第 5 章介绍了建模的基本方法，本章将继续深入模型设计，就建模过程中遇到的一些高级问题给出其解决方案，包括聚合、工厂、存储库、基类与继承、优秀的开发组件等主题。

6.1 模型引力场：聚合

在上一章中，我们学会创建了各类领域模型。目前为止，这些模型还都是独立的，代表不同的领域概念。在使用这些模型时，它们之间也没有什么区别。但是，它们之间是否有作用力呢？就像夜空中的星星一样，虽然看似独立，但彼此之间存在引力，一些行星被一个强大的恒星吸引而形成了一个星系。

答案是肯定的，即便是单纯的领域概念之间，它们也不是完全平等的，一些概念要依赖其他的概念的存在而存在。比如本书和它的章节之间的关系，以及你上传的视频和它的点赞与评论之间的关系。作为建模者，必须洞悉这种差别，要能看到星系而不是单独的行星。

为了加深对这个问题的理解，我们列举几个模型设计过程中遇到的问题：

❑ 任何订单都会创建一个支付对象来完成支付，那么后台人员改价时能否直接更改这个支付对象呢？当我们删除一个订单时，这个支付对象该如何处置？

❑ 一个采购订单有一定的额度，但每次采购的是一个个不同的实体对象，在我们新建一个采购项时，如何保证不超过采购订单的额度？

❑ 如果两个竞标者同时给一件拍卖品出价，意味着他们要同时改变一个对象的状态，如何才能让他们的价格都是有效价格而不产生相互干扰？如果同时修改一个拍卖品的信息，会不会干扰此刻竞标者的出价？

解决以上这些问题，就要运用 DDD 的聚合战术。

6.1.1　聚合的定义及作用

模型之间的状态并不是完全自由的，它们之间存在着制约关系，必须和谐共存，而不能产生冲突。这种约束和作用力的背后是领域的内在逻辑。

作用力有强弱之分。完成用例实现的模型之间很可能只是一种弱作用力，彼此相对自由。但还有一种协作关系是强作用力，彼此之间可以说是生死与共，这种协作关系本身也是领域逻辑的体现，显然超越了普通的联系。这种强作用力体现在以下几个方面：

- ❏ 某个领域模型是另一些模型存在的前提，没有前者，后者就失去了生存的意义。
- ❏ 一组领域模型之间存在关联的领域逻辑，任何时候都不能违反。
- ❏ 一组领域模型必须以一个完整的、一致的状态呈现给外部，而不能是某个中间彼此不和谐的状态。

当模型之间的相互作用力强到一定程度的时候，将产生质变，必须把它们当作一个整体，我们称之为聚合。

聚合是一组相关对象的集合，可以称其为数据修改单元或者事务一致性组合单元。每个聚合都有一个根（root）和一个边界（boundary）。边界定义了聚合内部包含的内容，根则是聚合所包含的一个特定的实体（entity）。

结合上面三点强作用力，我们引入聚合概念的必要性在于：

1）保证模型存在的意义。聚合内的成员脱离聚合根的存在是没有意义的，比如支付之于订单。这不是一个技术问题，而是一个领域逻辑问题，领域专家和用户不会在意一个没有订单的支付对象。

2）时刻保持领域内在逻辑不被违反。这里的关键字是"时刻"，即不允许在任何时候把不和谐的状态暴露给用户。相关逻辑一般体现在聚合根内。

3）划定事务的合理边界。在某种程度上，划定聚合就是划定事务边界。如果事务范围过大，锁定机制会导致多个用户之间毫无意义的互相干扰，而如果事务范围过小，会产生实时一致性问题，有把不完整的模型状态呈现给客户的风险。并不是强求时刻一致性就好，因为有性能代价，但无视客户体验也并非良策。聚合代表着两者的平衡。

4）聚合根提供了业务操作入口和界面。前三点偏技术，这一点对领域专家来说可能是最重要的。

聚合根中定义的方法都是符合通用语言，且有领域含义的，要通过它们调动聚合中的其他组件。直接操控聚合成员的行为往往并不符业务的正常流程。聚合根应该是业务操作的唯一入口和工作界面。

如果模型之间的作用力没有强到上面描述的那样，即便模型看起来有所谓的从属关系，也不要把它们归到一个聚合。如前所述，聚合对于使用者来说是一个"整体"，不能把其中的成员当作独立的成员来看待。

6.1.2　聚合规则

图 6-1 展示了一个以订单为根的聚合，为什么支付和购买项对象在订单内，而购物车在订单外呢？因为购物车可以脱离订单而存在，所以它不属于聚合。另外，购物车的访问也不通过订单，尽管两者业务的连接非常紧密。

通过这个例子可知，聚合内的约束一般归纳为以下 6 条：

1）只有聚合根具有全局标识，它最终负责领域内在规则的检查。有标识意味着聚合根必须是一个实体，而不是值对象。聚合根负责校验聚合中的规则而不是其他成员或在聚合外部。

2）聚合范围内的实体具有本地标识，这些标识不需要全局范围内唯一，保证在聚合范围内唯一即可。为何不需要全局标识呢？这是由第三条约束决定的。

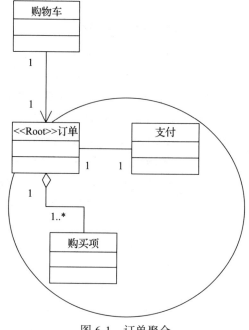

图 6-1　订单聚合

3）只能通过聚合根才能访问聚合内的其他元素，聚合根是其所在聚合所有模型的唯一操作界面。不要略过订单去操控支付对象，不要忽略车辆而去保养轮胎，不要省掉棋盘去访问棋子，不要不看新闻就去看评论。聚合保证了对象存在的意义，避免产生不符合逻辑的操作。这些例子中，脱离聚合根去访问对象是没有实际意义的。

聚合根可以把对内部实体的引用传递给外部，但只是临时使用这些引用，而不能一直保持引用。这意味着外部获得的是内部对象的一个副本，对这个副本的修改丝毫不影响聚合内真实的对象。

4）只有聚合根才能直接通过数据库查询获取，其他对象必须通过遍历关联发现。当然，聚合的获取一般通过工厂和存储库，这两项技术后续章节有详细说明。

5）删除根元素，必须一次删除聚合内所有对象。这个问题在有垃圾回收机制的语言中不用过分操心，因为缺少外部引用，当聚合根被删除之后，其他对象会被自动回收。

6）当聚合内部任何对象被修改时，整个聚合内的所有规则都必须被满足。这里不是指有延迟的最终一致性，而是任何时间点都不存在中间状态。

以上 6 条约束是模型融入聚合必须付出的代价。

6.1.3　聚合设计法则

星系是天然形成的，但聚合不是，哪些对象属于一个聚合，还需要设计师的仔细斟酌，本质上是由领域的内在规则和用例场景决定的。比如，什么数据必须时刻保持一致，什么地方只能把聚合根当作操作入口，什么时候模型间的生命周期必须保持一致。

如何规划聚合？我们总结出以下 7 条聚合设计法则：

（1）与生命周期保持一致

在我们划分聚合时，往往不是一个技术要求，而取决于领域内在逻辑。聚合是领域专家和业务人员认识领域的方式，聚合根是他们的操作层面，这个层面之下没有操作意义，业务人员也不会这么做。因此，从业务入手，不妨问一问"脱离……（聚合根领域概念），那……（聚合成员领域概念）还有意义吗？"来确定聚合的范围。

如果一个部分脱离整体后不再有业务意义，那么该部分应当属于一个聚合；如果一个模型脱离了聚合根仍有其业务价值，那么它就不属于该聚合。比如，发动机与汽车虽然存在明显的从属关系，但因为发动机有自己的编号且脱离汽车还会被单独跟踪，所以它不属于汽车这个聚合。当然，是不是一个聚合不会影响汽车和发动机正常的关联关系。

（2）围绕领域内在逻辑

在定义聚合时，需要识别出满足一个用例共同工作的对象组合，并且这些对象彼此必须时刻保持一致以满足业务用例。这就用到了我们之前提到的时序图或协作图等动态视图，所以，动态视图在规划聚合方面的作用是不可或缺的。

这里面的一个关键词是"时刻保持"，也就是说不一致的状态是不允许出现的。比如，任何购买都不能超过采购订单的总额，否则就要立即提醒；任何项目任务时长都不能超过项目的总工时，否则就无法登记该任务；任何出价都必须高于竞拍品的底价等。

当聚合内部任何对象被修改时，整个聚合内的所有规则都必须被满足。这个规则是聚合根来负责检查的。

（3）与事务的粒度保持一致

这条其实是上一个说法的延伸，因为事务的本质是不允许不一致的中间状态的产生，要么全部成功，要么全部失败，不允许部分成功。

我们要尝试聚合的边界与事务保持一致，这句话的具体含义是在一个事务中，应该只修改一个聚合实例。事务主要用来保持聚合内在规则的履行和数据一致性，而不是跨聚合的规则。如果你在一个事务中修改多个聚合，并不意味着你的聚合一定有问题，也可能是提示你应该思考设立的强事务是否有必要。此时可协同领域专家，从以下两方面着手：

1）聚合是否应该合并来扩大范围。

2）强事务是否有必要，是否最终一致性就可以解决问题。

（4）不滥用聚合

对聚合的一个常见误解是，聚合是其他对象的集合或容器，体现的是"拥有"这种业务关系。比如前面提到的发动机和汽车，类似的概念还有迭代和需求、部门和员工、项目和成员、班级和学生，它们都不是聚合。当两个模型间不存在 6.1.1 节列出的 4 个必要性时，不要将其化为一个聚合。

强行划分聚合，会带来许多麻烦：不创建迭代，你将无法编辑需求；脱离了部门，你将无法为员工上保险；项目结束将无法访问团队成员；不通过班级，学生无法参加任何活动。无中生有的聚合让软件的行为丧失了自由和灵活性，这是自寻烦恼。

在你不能确定两者是否属于一个聚合的时候，最好的办法是先不要管它，先让它们保持普通关系而不是聚合关系，之后根据实际情况来判断，不要进展过快。

（5）作用范围宜小不宜大

不要随意扩大聚合作用力的范围。在创建任何聚合之前，问自己这些问题：聚合的大小是事务的粒度吗？事务是必要的还是可以忍受的？不可忍受的时长是多少？可以采用最终一致性解决问题吗？

大的聚合会影响性能。成员数据在聚合被创建时都需要从数据库中加载，当集合成员快速增长时，对内存的占用也不可忽视。

小的聚合不仅有利于性能，还有助于事务的成功执行，可以减少事务提交的冲突，系统的可用性也获得了提升（不再锁定资源）。

（6）通过标识符引用其他聚合

聚合是小巧的，但关联是丰富的。一个聚合可以引用另一个聚合的聚合根来完成自己的任务。但被引用的聚合根不应该放在引用聚合的内部，这不符合聚合的规则。另外，在引用聚合根时，应该优先考虑全局唯一标识（ID）而不是通过直接的对象引用，有以下好处：一是性能，此时所关联的聚合不会立即加载，从而提高了系统的性能；二是降低了模型间的耦合性，当选用了 ID 而非对象引用时，意味着你只保存了对方的联系方式，而不必承担创建对方这个繁重的任务，可在需要时再通过工厂、存储库等机制来创建。虽然这会丧失一定的对象导航性，比如不能用 car.engine 直接获得发动机对象了，但相比收益来说是微不足道的。

（7）利用最终一致性更新其他聚合

聚合内的规则是时刻不能被违反的，但聚合间的规则要弱一些，所以跨越多个聚合的规则不立刻保持一致是可以接受的（容忍时长取决于业务），我们可以应用最终一致性规则来更新其他聚合，如图 6-2 所示。

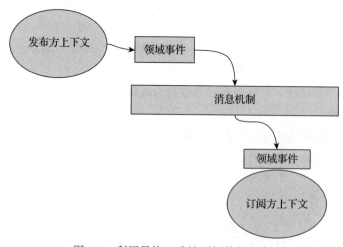

图 6-2 利用最终一致性更新其他聚合

需要注意的是，最终一致性意味着不同聚合间的数据在一段时间内会存在一定的不一致状态，但它们最终会保持一致，否则就不符合规则了。

事件是保证最终一致性的一种实现机制，其作用之一是保持数据的一致性。这里要补充的是，事件的应用范围并不只局限于一个上下文（系统）内，它还可以跨越上下文。

使用最终一致性还是强事务，这是一个业务问题而非技术决策。比如，有这样一个需求：当用户购买额度达到某一数值时，升级用户，不同级别的用户下单时享受不同的折扣。订单结算和用户等级更新之间显然就不需要强事务，两次下单之间的操作最少需要几分钟才能完成，使用最终一致性就足够了。使用强事务会锁定多个对象，从而降低系统的可用性。

6.1.4　实现方法

（1）如何限定访问

首先，我们必须找到聚合根，领域专家和用户会给你答案。前面讲过，聚合根是他们的操作入口和界面，有着重要的领域含义。

其次，尽量不要开放聚合内部成员的可见性为 public。如果确实需要引用，也不要开放该属性的设置（set）功能，可以设为私有可见性，从而保护其不被修改。比如，public virtual ICollection<Payslip> PaySlips {get; private set;}。这一点很重要，如果开发了聚合内部成员的设置器，则聚合内部可能就被公开了，之后其他领域对象就可能直接访问该成员，并产生耦合。之后修改聚合内的成员都会产生级联效应而影响调用者，更重要的是你将无从验证逻辑，你的聚合将变为不和谐的状态。

那么，关于聚合中的成员，我们如何能够合理地操控它而不至于违反领域规则呢？下面可以找到解决办法。

（2）如何验证规则

验证规则是在聚合根完成的，保证规则的方法就是封装聚合的责任和行为，在对应的业务操作和方法中验证领域内在规则，而不是暴露成员。

比如更改订单购买项的价格，没有封装聚合责任和行为的做法是：

```
Order.items.find(productId).price=newPrice;
```

直接暴露成员的方式将使订单内在的领域逻辑无从验证，比如，顾客设置了购买物品的最高价格。而封装了行为的做法是：

```
Order.ChangePriceOf(productId, newPrice);
```

在 ChangePriceOf 内部可以验证任何关于价格更改的逻辑。

这种公开定义聚合责任和行为的做法与 DDD 的设计理念是高度吻合的。这样，我们的模型就能显式地传达领域的概念，避免"贫血模型"这个老问题。

从某种角度上说，这仍然需要开发人员开动脑筋，因为领域专家可能只是简单地说"可以更改订单中商品的价格"，不同的人有不同的理解，是封装该行为的方法还是直接改变购买项的价格，领域专家并不会给你建议。通过公开聚合的行为接口，聚合根有了控制力，使得内在领域逻辑都不会被违反。

类似地，为了不超过采购订单的总额，我们不应该直接在采购项集合上添加对象：

```
PurchaseOrder.Items.Add(new procurement());
```

而应该封装方法，在方法内部验证规则：

```
PurchaseOrder.makeNewProcurement(new procurement());
```

除了封装行为接口外，我们还有一些设计模式可以保证规则的执行，比如模板（Template）模式，它可以在用户无感的情况下，在底层施加隐藏的策略。这个模式将在第 9 章中详细说明。

（3）如何同生共消亡

这一点是聚合实现的具体落脚之处。

我们往往采用工厂方法来实现同生。工厂一次性创建聚合的所有成员，并且按照一定规则组装。工厂可以放置在聚合根内，也可以是一个单独的领域服务。

不要为聚合成员提供单独的构造函数，理论上也不应将聚合组装的权力交给用户，因为组装体现的是领域逻辑而不是给用户的自由。聚合成员最好只依赖于工厂而被创建，避免被越级使用而产生副作用。

共消亡机制要用到后面提到的存储库模式，存储库将只为客户端提供对聚合根的访问，我们无法通过存储库去访问不是聚合根的对象，也就不会越过聚合根获得其成员的引用。

在有垃圾回收机制的语言中，没有引用的对象会被定时回收，比如 Java、C#。当然，也可以在聚合根使用析构函数或实现 IDispose 接口，来显式释放其他成员占用的资源。

（4）实现事务一致性

第一，不要在一个事务中更新一个以上的聚合。

第二，聚合作为一个整体，持久化时必须在一个事务中以保证内在的一致性。聚合是存储在一个表或多个表中并不重要，重要的是当聚合被持久化时，需要在单个事务中提交，以确保在持文化失败时，聚合不会以不一致的状态被存储。

实现事务一致性很大程度上依赖于所采用的持久化技术。ORM（Object Relational Mapping，对象关系映射）框架如 Hibernate 和 NHibernate 提供了对几乎一切数据库命令的显式事务的支持。

（5）实现最终一致性

实现最终一致性保证的是聚合间的一致性，而不是聚合内的一致性。常见策略是采用异步方法来处理数据不一致问题，这与本地事务有所区别。虽然异步方法会导致聚合间数据不一致的时间较长，但其实现更为可靠且不会对并发性能产生影响。之所以说更为可靠，是因为当操作失败时通常可以重试，但必须采用 kafka、MQ 等消息传递技术。

聚合间的最终一致性可以通过前面提及的异步领域事件来实现，使用 EventBus 等事件发布和订阅框架可以很方便地发布和订阅领域事件。

6.2　模型装配线：工厂

在 DDD 中，工厂是生产领域模型的地方，特别是聚合。它为用户抽象了对象的创建过程，通过制定专门的语义（通用语言）和更精细地控制对象的实例化过程来达到这一目的。简而言之，工厂模式的主要目的是生产对象的实例并提供给调用者。

工厂模式并非 DDD 的专属，它在 DDD 之前就已经成熟应用。最初的类工厂出发点是解耦，让类的使用者甚至可以不与具体类相耦合。但在 DDD 项目中，它的作用得到了更大发挥：不仅可以解耦模型的职责及其复杂的创建工序，还可以灵活地反映通用语言。对于语言、模型、代码三者统一的 DDD 方法来说，无疑是完美的匹配。

6.2.1　为什么需要工厂

（1）解耦：分离领域职责与创建工序

工厂的主要目的是分离模型的领域职责及其复杂的创建工序。模型创建本身就是一个复杂的操作，尤其在面对大而丰富的领域和关系众多的聚合时更是如此。工厂和聚合是天生的好搭档，因为聚合不仅要初始化各类数据，还要体现某种装配规则。把这个任务交给用户，显然超出了他们的意愿与能力范围。第 9 章有很多工厂配合设计模式创建聚合的例子，这些示例可以让人更深入地理解工厂的作用。

模型本身并不适合承担装配自己的复杂操作，如果将其领域职责与创建逻辑混在一起，则会破坏领域模型的纯洁性。我们使用了很多机制来保证领域逻辑的纯洁性，比如第 5 章的"事件"和"异常"等机制，都是在确保不丢失模型纯洁性的前提下，为其提供了扩展机制。装配发动机与使用发动机本来就是两个互不相关的事情，没有必要把它们放在一起。

同时，创建模型的职责也不适合放到应用层中。虽然应用层领域模型的用户将使用领域模型来实现用例和完成需求，但装配方式在某种程度上仍是一种领域逻辑，应用层代表了"业务"，但绝不代表"业务逻辑"。如果将创建模型的职责交给应用层，则难免会泄露一些领域逻辑到该层中去。

比如，在创建聚合时要满足聚合内在领域逻辑不被违反。如果由应用层负责创建聚合，则这些约束条件（业务逻辑）不可避免地会泄露到应用层中，从而破坏了领域模型的内聚性。同时，这无疑也增加了用户创建聚合的负担，在使用领域模型时必须经历复杂的创建过程，显然是没有必要的。

所以，创建复杂对象是领域层的职责，但同时又不适合放在领域模型内部。因此，我们需要一个单独的领域对象来负责创建模型，不承担其他领域逻辑，这个对象就是工厂。

下面是一个没有使用工厂方法，在应用层创建模型的例子。

第一种实现方式：应用层创建对象。

```
public class AddToCart
{
    public void Add(Product product, Guid cartId)
    {
        var cart = cartRepository.findBy(cartId);
        var Rate = TaxRateService.obtainTaxRateFor(product, country.Id);      // 计算税率
        var item = new CartItem(Rate, product, Id, product.Price);           // 创建购物项
        cart.add(item);
    }
}
```

以上是一个跨境电商的购物车对象，添加一个购物项，必须计算相应税率。我们可以看到，应用层必须理解这个逻辑才能够创建购物项，这样领域逻辑就泄露到了应用层。下面是改进后的设计。

第二种实现方式：非工厂领域模型创建对象。

应用层代码如下：

```
public class AddToCart
{
    public void Add(Product product, Guid cartId)
    {
        var cart = cartRepository.findBy(cartId);
        cart.add(product);
    }
}
```

领域层代码如下：

```
public class Cart
{
    public void Add(Product product)
    {
        if (contains(product))
            GetItemFor(product).IncreaseItemQuantityBy(1);
        else
        {
            var rate= TaxRateService.obtainTaxRateFor(product, country.Id);
            var item = new CartItem(Rate, product, Id, product.Price);
            _items.Add(item);
        }
    }
}
```

这一版使用领域对象 Cart 来创建购物项，将领域逻辑保留在领域层。然而，购物车对象 Cart 和税费计算服务 TaxRateService 之间不可避免地产生了耦合，这破坏了 Cart 的纯洁性，未来任何与购物车内在逻辑无关的变化都会影响到购物车。这是自找麻烦，因此我们用工厂模式将两者解耦是最佳选择。

第三种实现方式：工厂创建对象。

```
public class Cart
{
    public void Add(Product product)
    {
        if (contains(product))
            GetItemFor(product).IncreaseItemQuantityBy(1);
        else
        {
            _items.Add(CartItemFactory.CreateItemFor(product));
        }
    }
}
public class CartItemFactory
{
    public static CartItem CreateItemFor(Product product, Country country)
    {
        var rate = TaxRateService.obtainTaxRateFor(product, country.Id);
        var item = new CartItem(Rate, product, Id, product.Price);
        return item;
    }
}
```

工厂隐藏了创建对象的细节，从而购物车无须再关心与其内在业务逻辑无关的创建信息。

（2）通用语言：让创建过程体现业务含义

工厂可以让模型更好地表达通用语言。为什么会这样呢？我们换个思路就明白了，工厂创建实例时，命名方法不一定是 GetInstanceOf×××　而可以根据通用语言来命名，如 BookTicket（预订车票）、ScheduleMeeting（安排会议）、RegisterUser（注册用户）、OfferInvitation（发送邀请）、ScheduleCalendarEntry（添加日程）。这些操作本质上都是要创建新对象的工厂方法，并且表现力要强得多。

另外，我们必须清楚地认识到工厂是领域层中承载领域逻辑的对象，在聚合的创建方面尤其如此，而不仅仅是一个技术组件。

预订车票的代码示例如下：

```
public class Customer
{
    public Ticket BookTicket(TicketInfo ticketInfo)
    {
        Ticket aTicket = new Ticket(this.Id, ticketInfo);
        DomainEventPublisher.instance.publish(new TicketBookedEvent);
        return aTicket;
    }
}
```

BookTicket 是客户对象中的一个工厂方法，用于返回一个车票的实例。细心的读者可能发现，我们把创建车票的工厂方法放在了 Customer 对象中，这与前面的不应将创建方法放入对象的说法并不矛盾，因为 Customer 是聚合根，在聚合根中放置创建成员的工厂是合适的。并非所有的工厂都是单独的领域服务，只要没产生多余的耦合，就可以灵活选择厂址，我们会在 6.2.2 节中详细说明。

事实上，很多工厂方法都不叫工厂，它们将创建新对象的操作与领域的通用语言相结合，使 DDD 的模型和代码都更具表现力。

（3）验证：确保所创建的聚合处于正确状态

在工厂中创建新对象时，可以添加逻辑验证以确保创建出的聚合符合领域内在规则。例如，在聚合根账户上创建订单，要满足账户必须有足够的信用额度。

```
public class Account
{
    public Order CreateOrder()
    {
        if (HasEnoughCreditToOrder())                          // 如果额度足够
            return new Order(this.Id, this.PaymentMethod, this.Address);
            // 创建新订单
        else
            throw new InsufficentCreditToCreaterAnOrder();     // 否则抛出异常
    }
}
```

工厂是领域层的对象，在其中包含领域逻辑是合理且必要的。

（4）多态：为一种接口生产多个组件

对于多态的支持，也是工厂模式的重要作用。多态是领域模型获得扩展性的重要手段。

什么是多态？简单来说，多态即"多种实现形态"之意。这些实现形态是针对抽象方法的多种实现形态，它们位于接口和抽象类之中。从业务上来讲，就是一个操作的多种实现方式。

一个支持抽象对象的工厂能够根据业务需要灵活地返回所需的具体类，同时使工厂的用户与具体的类完全解耦。这是符合 OCP 的完美解决方案。

在模型用户使用抽象模型时，如果不清楚创建对象的具体类型，可以使用工厂将这项任务的责任转移。例如，一个订单需要创建一个快递对象，完成该订单的派送。但使用哪一种快递类型（比如不同的快递公司）是由货物和目的地决定的，显然，这个业务逻辑的变化频率很高，它不适合放在订单对象内，交由工厂来创建对应的快递对象比较合适。

订单代码如下：

```
public class Order
{
    public Delivery ArrangeDelivery
    {
        var delivery = DeliveryFactory.GetDeliveryFor(this.items, this.destination);
        SetAsDispatched(items, delivery);
        return delivery;
    }
}
```

快递工厂代码如下：

```
public class DeliveryFactory
{
        public static Delivery GetDeliveryFor(IEnumerable<Item> items, Address
            destination)
        {
        // 根据物品列表和目的地判断采用何种快递
        if (destination.IsRemote)
            return new EMSDelivery;
        if ( isCommanProduct(items))
        {
            return new YuanTongDelivery();
        }
        else
        {
            return new ShunfengDelivery;
        }
    }
}
```

其中，EMSDelivery、YuanTongDelivery、ShunfengDelivery 都是具体的执行类，按照一定的业务逻辑由 DeliveryFactory 返回。它们都是 Delivery 抽象类的子类，因此可以完成订单中定义的 Delivery 对象的任务，而订单无须关心是谁来完成，创建订单类的程序员也可以不考虑这个复杂的问题。

```
public abstract class Delivery
{
    public string MailCode
    {
        get;
        set;
    }
    public abstract void Delivery();
}
public class EMSDelivery : Delivery
{
    public override void Delivery()
    {
        Console.WriteLine("Delivered by EMS");
    }
}
```

把选择逻辑分离在工厂内，减轻了模型的负担，并使领域模型符合开闭原则，通过针对接口（抽象类）编程，订单不再关心具体类，因此后续我们修改快递选择逻辑或扩展快递类型时，都无须修改订单模型，极大提升了模型的稳定性。

多态工厂的模型如图 6-3 所示。

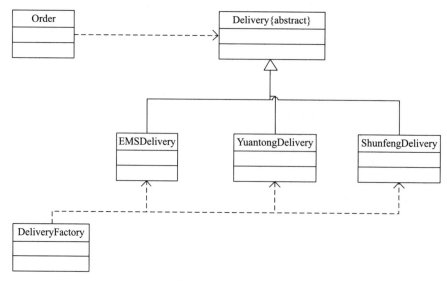

图 6-3 快递多态工厂

（5）重建：重建已存储的对象

虽然 DDD 不关注技术复杂性，但领域模型实例会被持久化存储在数据库中或序列化成文件以供网络传输。工厂的最后一个目的就是重建已存储的对象，将散布在文件或数据库中的各个部分重新组装成一个可用的对象。

不能要求模型的用户在创建模型时除了调用代码还要做其他的工作，比如访问数据库或文件，也不应让他们生成资源文件。因此，基于持久化机制的对象重建一定要封装在工厂之内。

重建工厂与创建新对象的工厂有以下两个不同点：

1）创建实体对象时，新对象是生成新的标识符，而重建工厂则是获取已有的标识符 ID。

2）模型或聚合的内在领域逻辑不满足时，新对象工厂可以直接拒绝生成对象，而重建工厂生成的对象违背规则时，需要设计师采用一种纠错机制，比如默认值等策略来处理冲突。

图 6-4 显示了 XML 类工厂，它可以从 XML 文件中重构 Customer 对象。

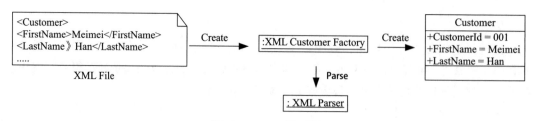

图 6-4 XML 类工厂

6.2.2　厂址选择

（1）聚合根上的工厂

如果往一个聚合内添加元素，可以在聚合根上添加一个工厂方法，这样聚合内部的元素的生成细节，外部就无须关心了。同时，因为聚合的内在原则检查都在聚合根内，所以可以保证添加的元素都符合领域内在规则。

在前面的例子中，工厂位于聚合根上，且命名更符合通用语言的业务含义。在聚合根和其他模型上的工厂方法，都可以采用通用语言来命名，而不用使用 GetInstanceOf××× 这种机械的、说明性不强的命名方式。

基于聚合成员与聚合根的"同生共消亡"的特性，将工厂建在聚合根上是合理的，可以检查生成的成员对象是否符合内在逻辑。

图 6-5 是订单创建支付对象的例子。

（2）"信息专家"工厂

信息专家模式是把职责分配给具有完成该职责所需信息的那个模型。我们在分配模型职责的时采用的是信

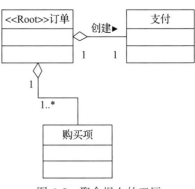

图 6-5　聚合根上的工厂

息专家模式，这个模式也可以用在厂址的选择上。比如，如果一个对象 A 拥有创建另一个对象 B 所需的信息，则可以在 A 上构建一个工厂方法用于创建 B。这种就近原则可以避免把 A 的信息提取到其他地方，增加不必要的复杂性，最重要的是往往 B 和 A 有深层的领域连接逻辑，可以通过工厂得以体现。与上面聚合根上工厂的区别在于，A 和 B 不一定属于一个聚合。

延续上面的例子，我们把购物车添加进来。虽然购物车不属于订单聚合，但按照信息专家原则，它拥有创建订单所需的所有信息，依然可以负责订单的创建。在购物车对象上定义订单的工厂方法是再自然不过的了，这样做并没有增加购物车的负担，也没有增加耦合度。否则，我们需要把购物车的信息提取到额外的对象中，这会模糊购物车到订单这种自然的业务流转关系，如图 6-6 所示。

（3）领域服务类工厂

将工厂单独地构建为领域服务是一种不错的方法，也是最常用的工厂形式。前两种厂址的选择方式必须在不增加模型负担和耦合度，且创建新对象的流程比较自然的情况下才可以进行。如果这种衔接关系并不明显，且会影响模型的职责，增加耦合度，那么还是要秉持初衷，分离模型的领域职责及其创建环节，构建单独的工厂对象来创建复杂对象和聚合，实现形式一般是领域服务。整个聚合的创建由一个单独的工厂完成，工厂负责把对根的引用传递出去，并确保创建出的聚合满足领域内在规则。

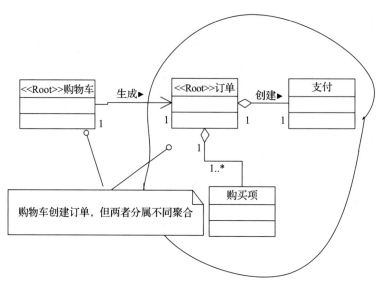

图 6-6 "信息专家"工厂

这种工厂的应用场景之一是把一个不同上下文的模型翻译成另一个上下文的模型：

```
public class CustomerCreatorService
{
    public Customer CustomerFrom(string LoginID)
    {
        return CustomerRepostirory.findBy(LoginID) as Customer;
    }
}
```

以上代码就是一个独立的客户工厂，通过登录 ID 构建出了一个 Customer 对象。

（4）只需使用构造函数的场合

是否任何模型的创建都要经过工厂呢？恰恰相反，我们应该优先使用构造函数而不是工厂，因为领域模型并不一定都是复杂对象或聚合。如果在不需要解耦、不需要创建聚合、不需要表达通用语言、没有内在规则或不需要多态的场合，应该直接使用构造函数 new，因为构造函数更简单、方便。

另外，没有参与工厂建模的团队成员可能意识不到工厂的存在，而直接使用构造函数，这也是模型构建团队需要注意的地方。

具体来说，若满足以下条件，则可直接选择简单的、公共构造函数。

❑ 对象是值对象，且不是任何相关层次结构的一部分，而且不需要创建对象多态性。

❑ 客户关心的是具体类，而不是只关心接口。

❑ 客户可以访问对象的所有属性，且模型没有嵌套对象的创建。

❑ 构造环节并不复杂，客户端创建代价不高。

❑ 构造函数必须满足工厂的相同规则：创建过程必须是一个原子操作，且能满足领域内在规则。

（5）厂名选择

1）选择与领域含义相关的命名，如 BookTicket（预订车票）、ScheduleMeeting（安排会议）。

2）将 Create 与要创建的类型名连在一起，以此来命名工厂方法，如 CreateWhite-Board。

3）将创建的类型名与 Factory 连接在一起，以此来命名工厂类型。例如，可以将创建 Role 对象的工厂类型命名为 RoleFactory。

6.3　模型货架：存储库

领域模型要想保持自己的独立性，离不开存储库将其与持久化机制解耦。

6.3.1　为什么需要存储库

在 DDD 中，存储库承担了 4 个角色，分别是隔离墙、冰箱和菜单、体现通用语言和管理员，下面分别进行说明。

（1）隔离墙：隔离领域模型与持久化技术，保证领域模型独立性

在 DDD 的两个基本原则中，三合一原则通过通用语言和单一模型来保证，领域模型的独立性该如何保证呢？现实中，所有的模型、被二级制化的领域逻辑和数据都不可能一直活跃在内存中，而需要被存储在数据库或文件中。此时，代码就要与具体的持久化技术框架产生耦合，比如访问数据库的 SQL 语句。如果不能将这部分代码分离出去，领域层的独立性就无从谈起了。我们也不可能脱离技术复杂度而独立开发领域逻辑，如果无法解决这个问题，DDD 努力要达成的目标就难以实现。

保证领域模型不与持久化机制耦合的一种解耦的方式是通过存储库解决方案，我们可以将其理解为存取模型的货架或仓库。

因此，存储库模式的第一个意义在于保持领域模型与技术持久化机制的分离。这保证了领域模型的独立性，使模型能够在不受底层技术影响的情况下进行演化，让我们可以独立开发领域模型，无须关注架构的技术细节。

没有了存储库，你的持久化基础架构可能会渗透进你的领域模型之中，破坏其独立和内聚性，最终减弱其可用性。

存储库模式还可以赋能测试，在底层基础设施不具备时，生成模拟的可供测试的模型。同时，当我们需要替换底层持久化存储技术栈时，该模式能给我们带来方便，我们只需要更新存储库代码即可，不会影响到领域层固有的领域逻辑的设计和实现。

那么存储库模式是如何实现的呢？存储库的实现机制可以用图 6-7 简单概括。之所以称其为存储库解决方案而不是领域对象，是因为存储库分为两部分，它们并不都位于领域层。

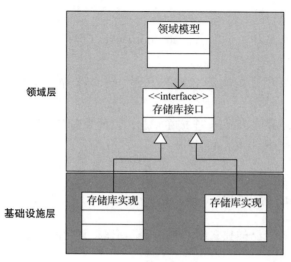

图 6-7 存储库的实现机制

这两部分具体如下。

1）存储库接口：位于领域层内，既有标准化的方法，如增加和删除，又有体现通用语言的、业务上、特殊的检索需求。

2）存储库实现：位于基础设施层，实现存储库接口。图 6-7 是一个典型的依赖倒置架构，领域模型无须关心存储库的实现部分，而只需要和存储库接口打交道即可。

存储库的实现步骤为：首先在领域层定义存储库接口，这些接口有通用的方法，也有根据聚合的特殊情况定制的方法。然后，再在基础设施层提供一个存储库实现即可，这一部分涉及具体的持久化技术，如数据库、文件或其他资源的访问。

存储库接口也是一种领域模型，接口设计也是建模工作，由熟悉通用语言的建模团队完成。实现则需要懂得与持久化技术打交道的语言，如 SQL。对于这部分工作，开发人员要熟悉数据库结构，可以不熟悉领域逻辑。

通过将聚合存储在一个隐藏了真实底层基础架构机制的集合外形的背后，领域层可以无视持久化具体的技术，从而确保将技术复杂度保持在领域模型之外，实现其独立的目的。当然，作为一个开发者，你不关心项目使用什么数据库，以及对实现有什么影响是不现实的。在解决业务复杂度之前不要对技术复杂度作出妥协，你可以在专心完成建模后，再决定如何处理技术复杂度。作为业务与技术的隔离墙，存储库的依赖倒置架构模式可以帮助我们解决技术复杂度的大部分问题。

（2）冰箱和菜单：保鲜且提供菜肴而不是食材

存储库要负责所有对象的持久化工作，同时提供这些对象的访问接口。如果把模型比作一道道菜，存储库就是存放这些菜的冰箱，当你下次使用它们时，依然保持着上次放入冰箱的状态。

同时，存储库要保证只保存和提供成品菜肴，也就是聚合，就像饭店只允许顾客点宫保鸡丁，而不能直接点生鸡肉一样。点原材料的做法对应于脱离聚合约束而直接获取其成员，这是不符合聚合规则的。

当然，真正的领域专家通常不会这么做，因为业务要求从聚合根入手，但是我们要防止不熟悉领域逻辑的用户这么做。过于自由的餐厅不一定符合食客的利益。当他们吃到原始食材而拉肚子时，会毫不犹豫地给你差评。

我们一般会为一个聚合提供一个存储库，即一个聚合对应一个存储库，代码实现上也是一对一存在的。一个对存储库的典型调用如下：

```
OrderRepository.getByCustomerID
```

其中，OrderRepository 与 Order 是一一对应的。

除聚合根外，存储库不应提供其成员对象的访问方式。毫无约束的数据库查询可能会破坏领域对象的封装和聚合的内在规则。基础设施和数据库访问机制的暴露会增加客户端代码的复杂度，并妨碍模型的驱动设计。如果基础设施随随便便地就允许开发人员获得模型的引用，那么他们可能会增加很多可遍历的关联，这会使模型变得非常混乱。

另外，开发人员使用查询从数据库中提取他们所需的数据，直接提取几个具体的对象，而不是通过聚合根开始导航来得到这些对象。这样会导致领域逻辑泄露到查询和模型用户代码中，而领域模型变成单纯的数据容器。大多数用于数据库访问的技术复杂度很快就会使用户的代码变得混乱，这将导致开发人员放弃领域层，最终使模型变得无关紧要。

当模型活跃时，我们可以约定成员及其设值方法的可见性（public/private），以便客户端只能通过聚合根来访问聚合元素，从而在聚合根方法内验证领域的内在规则。但当模型存储在数据库中时，这个约定就无法发挥作用了。阻止直接访问数据表并修改聚合成员的方法是必须使用存储库来获取模型。

一方面要保鲜，另一方面要保证提供的是菜肴而不是食材，这就是存储库的第二个重要意义。

（3）体现通用语言：让检索请求体现业务含义

除了通用的接口方法，每个聚合的存储库必须支持通用语言的特定查询。存储库不仅是 CRUD 接口，还是领域模型的扩展，应当以领域专家的术语来编写，应当基于用例实现来构建查询接口，而不是类似于 CRUD 数据访问的角度来构建。

"永久的内存中的集合"这个对存储库的比喻仅是从技术角度进行的描述，但其接口的构建和命名其实是一项领域建模工作，它们应该是根据领域逻辑定制的，并能够揭示其业务意图。

比如，在订单存储库接口 IOrderRepository 中可以定义 FindAllThatAreDelayed（获得所有延迟的订单）、FindAllThatNotPaid（获得所有未支付的订单）、FindAllThatBetween（获得某时间段内的订单）等满足特定用例的定制查询。需注意，存储库接口是在领域层内的，应根据用例的需要和完成用例的聚合具体的领域职责来确定将哪些检索方法添加到接口中。

相反地，应避免以下这种没有领域含义、完全由用户灵活掌握的接口定义：

```
namespace RepositoryDemo
{
    interface ICustomerRepository
    {
        Customer GetByCustomerId(Guid Id);;
        IEnumerable<Customer> FindAllThatMatch(Query query);     // 不要提供此类接口
        IEnumerable<Customer> FindAllThatMatch(string sql);      // 不要提供此类接口
        void Add(Customer customer);
        void Remove (Customer customer);
    }
}
```

以上代码允许 Repository 的使用者以任何方式查询领域对象，只要传入查询语句即可。这么做犯了以下两点严重的错误。

1）作为领域层的对象，该存储库接口没有阐明检索的业务意图和领域逻辑。如果想理解这些方法是如何使用的，开发人员需要查阅所有代码，以理解查询的意图和需求。即便找到了一个答案，也没有自信完全理解了代码作者的初衷，改动很可能会带来副作用，更不用说如何优化它们了，语言、模型、代码的一致性也会被破坏。

2）传入的查询字符串必然导致领域层与具体的持久化技术相耦合，领域模型的独立性被破坏。

应以能揭示业务意图的名称替换无意义的方法命名，查询方式也不是越灵活越好，查询方式过于自由，会破坏聚合的内在规则。上例中的接口方法命名改进如下：

```
interface ICustomerRepository
    {
        Customer GetByCustomerId(Guid Id);;
        IEnumerable<Customer> FindAllThatAreActived();          // 查询所有活跃用户
        IEnumerable<Customer> FindAllThatOverAllowedCredit();   // 查询超出信用额度的用户
        void Add(Customer customer);
        void Remove(Customer customer);
    }
```

体现通用语言和检索的业务含义是存储库区别于单纯的持久化框架的一个重要特征。

（4）管理员：集合的统计与汇总

作为模型仓库，存储库的另一个实用的功能是扮演仓库管理员，给我们提供关于集合的统计信息，比如对象的数量、集合中所有匹配对象的某个数值属性的总和等。此时，存储库提供的方法不再返回一个聚合根，而是一个值对象。对于"最好贴近原始数据进行计算"的计算原则来说，存储库的这个功能非常强大。仍以上面的例子进行演示：

```
interface ICustomerRepository
{
    Customer GetByCustomerId(Guid Id);
    IEnumerable<Customer> FindAllThatAreActived();
    IEnumerable<Customer> FindAllThatOverAllowedCredit();
    void Add(Customer customer);
```

```
    void Remove(Customer customer);
    int Size();
    Summary summary();
}
public class summary
{
    public int CustomerCount();
    public int ActivedCustomerCount();
    public int OverAllowedCreditAmount();
}
```

这个存储库接口的定义要求实现者为我们返回所有的 Customer 的数量（size()）、活跃用户的数量（ActivedCustomerCount）和超出信用额度的总额（OverAllowedCreditAmount）这 3 个统计结果。

熟悉 SQL 函数的开发人员在实现类中完成这项任务并不难，统计功能给存储库赋予了更强的业务职责。存储库是此类集合统计数据的良好载体，这些计算任务放在其他领域对象中并不合适。

博闻强记的管理员是存储库需要扮演的另一个重要角色。

6.3.2 存储库接口

在领域层中，存储库接口的代码实现的一般形式如下：

```
public interface IRepository<TEntity> where TEntity : EntityObject, IAggregateRoot
{
    void Add(TEntity entity);
    TEntity GetByKey(int id);
    IEnumerable<TEntity> FindBySpecification(Func<TEntity, bool> spec);
    void Remove(TEntity entity);
}
```

其中，Add() 和 Remove() 方法用于向存储库中添加和删除对象，存储库将同一类型的所有对象表示为一个概念集合。GetByKey 通过标识符（id）来获得聚合根，这是几乎所有存储库都会提供的方法。FindBySpecification 方法是通过具体的规格来获得满足规格的对象的方法，任何条件都可以建模为一种规格，因此这种方法非常灵活，可以满足几乎所有检索需求。以下是灵活使用规格模式获取对象的（FindBySpecification）的使用案例。

顾客聚合存储库接口如下：

```
public interface ICustomerRepository
{
    Customer GetBySpecification(Specification spec);
    IList<Customer> GetAllBySpecification(Specification spec);
}
```

定义一个规格：筛选满足 60 岁退休年龄的候选人。

```csharp
public class RetiredSpecification : Specification
{
    public override bool IsSatisifedBy(object obj)
    {
        return (obj as Customer).Age >= 60;
    }
}
```

用户端代码如下：

```csharp
static void Main(string[] args)
    {
        ICustomerRepository cr; // = new CustomerRepository();
        IList<Customer> getRetiredCustomers = cr.GetAllBySpecification(new
            RetiredSpecification());
    }
```

除按规格查找的通用方法外，我们还要添加通用语言的特定查询。

在使用存储库时，我们可以把它看作内存中同类型聚合的集合，无须关心它是如何访问持久化框架获得这一效果的。Add() 方法可以往集合中添加新创建的聚合，Remove() 方法则从集合中删除对象。至于是如何将聚合插入数据库、逻辑删除还是真实删除，模型与储存库用户也无须关心。

实现存储库接口时，我们要注意以下几点：

❑ 要把 Add() 方法实现为幂等，即使向集合重复添加相同聚合（一般由 ID 判断），实际效果仅为一个聚合实例。

❑ 如果持久化机制支持对对象变化的跟踪，那么它会自动将内存中的更改保存到数据库中，比如 Hibernate 框架，在存储库接口定义中不需要添加 Save() 方法。但如果持久化机制不支持对变化的跟踪，则上述接口中需要添加 Save() 方法，并在领域对象被改变后，显式调用该方法，以使更改在数据库中生效。

❑ 不要在领域模型上维护已更改的标识符，也不要让持久化逻辑干扰领域模型的纯洁性。将跟踪变化的工作交由存储库来处理。

6.3.3　存储库与工厂的区别

存储库与工厂的设计出发点有些相似，但需要搞清楚两者的区别。

1）负责模型生命周期的不同阶段。工厂负责模型生命周期的开始，而存储库管理模型生命周期的中间和结束。工厂的作用之一是重建已存储的对象，这与存储库有些类似，但此时对象还不存在或未成型，因此具有"新建"的含义。而在存储库中的对象，则让用户感觉是一直存在于内存集合中的既有对象。

2）存储库专注于封装持久化机制，而工厂专注于创建新对象。工厂用数据和领域逻辑来初始化和装配一个复杂的对象（聚合）。新对象创建好之后，需要调用存储库的 Add() 方法将其添加到存储库中，由存储库负责其在数据库中的存储。

3）工厂更注重于对象创建的多态机制，而存储库分为两个部分，接口部分更注重符合业务需求和通用语言的支持，实现部分的重点则是对持久化技术的封装。

6.3.4　存储库与数据访问对象的区别

存储库模式的替代方案是数据访问对象（Data Access Object，DAO），两者都提供了对持久化机制的抽象，且都是依赖倒置架构——这保证了领域模型的独立性。在技术层面，两者确实不容易区分。

一个标准的 DAO 接口如下：

```
public interface AccountDAO
{
    Account get(String userName);
    void create(Account account);
    void update(Account account);
    void delete(String userName);
}
```

一个模型对应一个 DAO 接口，提供了增删改查等操作，经过一段时间的演变，DAO 接口会变成如下形式：

```
public interface AccountDAO
{
    Account get(String userName);
    void create(Account account);
    void update(Account account);
    void delete(String userName);
    List getAccountByLastName(String lastName);
    List getAccountByAgeRange(int minAge, int maxAge);
    void updateEmailAddress(String userName, String newEmailAddress);
    void updateFullName(String userName, String firstName, String lastName);
}
```

结合上面的示例，我们可以看到 DAO 与存储库的 3 个不同点：

❑ 存储库面向的是内存中的集合方式，而 DAO 面向数据库表提供 CRUD 操作。

❑ 存储库的设计更加贴近领域，而 DAO 中方法的业务意图并不明显。

❑ 存储库接口必须位于领域层内，且只提供聚合根的访问，DAO 没有这种约束。

实际上，两者是领域和技术的侧重点略有不同，它们的技术实现是一致的。因此，如果 DAO 做到了以上几点，那么它与存储库也只有名字上的差异了。对于习惯于使用 DAO 的开发者，在此基础上将其改进为存储库，并不存在什么阻碍。

6.3.5　存储库实现的注意事项

（1）不要提供无条件随机查询接口

无条件随机查询接口类似于我们前面提到的 IEnumerable<Customer> FindAllThatMatch(string sql) 接口，使用者可以通过查询字符串编写任何类型的查询。操作缺乏业务场景，给了使用者无限的自由。

这种做法的缺点参见 6.3.1 节，这里就不再赘述了。总之，这种做法与领域驱动设计的初衷背道而驰，完全是技术导向的思维，应尽量避免。

（2）可以像工厂一样在存储库中使用多态，返回子类或实现类

存储库也可以像工厂的多态机制一样，不一定返回固定的子类，而是返回一个层次结构中的抽象基类和接口。但由于数据库缺乏这样的多态机制，设计这种功能时需要做很多额外的工作。

（3）充分利用存储库接口与实现解耦的特点

这种特点可以方便我们自由地切换持久化底层技术。如果这种切换让开发者为难，那么很可能是底层的持久化技术浸入到了领域层，破坏了领域模型的独立性，要认真梳理问题所在。

同时，通过一个易于操控的内存中的模拟实现（比如用集合类模拟访问数据库），还能够方便测试阶段对领域对象进行测试。

（4）存储库中不要涉及事务

尽管存储库执行数据库的插入和删除操作，但通常不会提交事务。事务的管理不应该出现在领域模型和领域层中。与领域模型的相关操作通常是非常细粒度的，不适合管理事务。此外，领域模型也不应意识到事务的存在，事务管理可以在应用层和基础设施层中进行。

6.4 富二代的烦恼：基类与继承

在建模中，有一类模型关系前面很少提及却值得我们重视，那就是模型之间的抽象和具象的关系。这些关系的相互作用力之强不亚于聚合。在面向对象中，这些关系对应子类和基类的继承关系。在设计领域模型时，如果使用了这种机制，一定要合理地规划它们的继承层级，否则会产生严重的副作用。下面进行详细说明。

6.4.1 抽象、泛化与DDD

封装、继承、多态是面向对象的三大特征。我们通常使用类图作为领域模型的主要载体，那么这几个特征在领域模型中如何体现呢？它们对表达业务逻辑有没有用呢？答案自然是肯定的。封装是显而易见的，但继承和多态可以表达领域里什么类型的逻辑呢？

前面讲述工厂和存储库时，我们提到了它们对于多态的支持，多态即针对抽象方法的多种实现形态。其实在通用语言中有许多抽象概念，这就是能用到继承和多态的场合。

在认识抽象概念并将其建模为基类之前，我们要先澄清一个被传统团队采用但一直存在问题的做法，尤其是在 DDD 中特别不合理，那就是传统的面向对象建模中泛化（Generalization）的操作。泛化的定义是这样的：泛化是在多个概念中识别共性，并定义基类（普遍概念）与子类（具体概念）关系的活动。

从定义来看，泛化的做法是从没有重复代码的原则出发，把具有共性的对象抽象出相应的基类，然后再让子类继承它们。即使从技术角度来看，这个做法也不尽合理。

因为如此来看，泛化的意义在于代码的重用。消除重复代码的出发点是好的，这是我们前面强调过的"语义一致性原则"的体现，但是问题在于，重用不一定要采用继承这种机制，普通的关联引用足矣。只为重用而采用继承这么强的耦合关系，会带来严重的副作用。原因在于，继承虽然可以让你成为"富二代"，但父类中其他你不想要的东西，也无法拒绝。只是为了重用某个方法、属性或关联关系而继承一个基类，往往得不偿失。因此，不要为了重用某个类的代码而继承它，这会给你的代码维护带来巨大的灾难。

在 DDD 中，泛化的做法就更不合理了。因为语言与模型是统一的，脱离通用语言和领域专家的理解，仅从技术角度抽象基类是不可取的。比如，你可能认为经理和员工可能都属于人（Person）这个概念，Sprint 和里程碑都属于迭代（Iteration）这个基类下的子类，或者应收金额与实收金额都属于出款项（Money）这个抽象概念，进而在这些概念上抽象出新的模型。这并不是一个好主意。

如果你在未与领域专家讨论之前就提炼抽象模型，那么领域专家很难理解这种抽象。他们也不会用这些概念进行交流，这种做法很容易导致通用语言与模型脱离。与由此带来的损失相比，取得的那一点重用的收益可以说微不足道。

因此，我们这里要澄清的一个错误做法是脱离通用语言和领域概念，通过提炼模型中的共性进行纯技术抽象。

在 DDD 中，要控制住这种抽象的冲动。任何提炼基类和接口的行为，都必须保证该基类和接口体现了领域中的（抽象）概念和词汇，并被领域专家所理解。否则，宁可保持单个具体的类，也不要增加不必要的模型层级。保持明确性总比将重要的领域概念隐藏在不必要的抽象层之后好。

我们不能强行改变领域中的专业词汇，从而使通用语言变得晦涩难懂。从技术角度上，继承关系是两个模型之间最强的耦合关系，会在面对新的场景用例而重构模型时产生不必要的冲突。当我们试图将重复的属性和代码提炼到基类中时，不可避免地会对所有子类产生影响。过多的抽象层级还会使代码的可读性急剧下降，模型之间的关系更加复杂，读者必须深入研究代码才能领会其中的领域概念。

那么，既然重用不是运用基类与继承的合适方式，我们该何时发掘领域中基类，构建继承层级关系，进而发挥它们的良好作用呢？

其实，对应于领域逻辑，基类与继承有天然的应用场景，一般有以下两个特征：

1）通用语言中本身就有很多抽象概念，应当把它们构建为基类。

2）针对抽象，领域总有多种实现形式或变体（多态）。

下面做详细解释。

6.4.2　通用语言与基类

在 DDD 中，基类必须是通用语言的一部分，代表某个抽象概念。虽然是抽象概念，但并非看不见、摸不着，它在实际业务中会被细化为更详细的子类。比如，"订单创建一个支付对象"，这里的支付对象显然是一个抽象概念，支付的方法有很多种，必须体现为某种具体的支付类型才有意义，如图 6-8 所示。

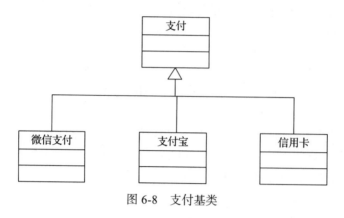

图 6-8　支付基类

并非只有技术人员会运用抽象，人类的自然语言本身就包含了大量的抽象词汇。在与领域专家沟通时，语言中会涉及大量抽象概念。我们要注意聆听，保持敏锐的嗅觉，它们可能就是我们所需的基类领域模型。比如，下面这些需求描述：

❑ 用户选择一种通勤方式，系统会根据……
❑ ……发生错误时，发送通知。
❑ 用户要先提出申请，后台管理员会处理……

这是与业务人员的对话，你能分辨出几个抽象概念？"通勤方式"就是一个必须被细化的抽象概念，步行、乘公交、自驾都是这个概念的具体子类。同样，"通知"也是一个要被细化的抽象概念，包括邮件、短信、站内消息等，我们无法想象一个没有被细化的通知是什么。"申请"很可能也是一个要被细化的概念，如果只有一种申请方式，不管是填写表单还是发送邮件，大家都已经知道申请的具体形式，且后续也不会增加更多的申请方式，那么它就不是一个基类。而如果有多种申请方式，显然它也是一个抽象概念。

结合上一节提到的观点，我们总结一下领域模型中何时发掘和应用基类与继承：

1）基类概念必须是通用语言的一部分，并且对应领域中的一个抽象概念。
2）这个概念必须被进一步细化，才能具备实际业务含义。
3）基类概念被细化的子类存在着不同的变体（多态）。

基于后面两点，领域模型中的基类最好都定义为抽象类，即使它们并不包含任何抽象成员。在模型中用斜体标识模型的名称，或者用 {abstract} 关键字标识，在代码中也是在类前面添加 abstract 前缀表明该类为抽象类。抽象类中至少有一个没有任何代码实现的抽象方法。

抽象类是不能被实例化的，因为这么做符合抽象概念的含义。我们显然无法实例化一个"通勤方式"，更重要的是为了清晰地告诉用户，要去使用它的派生类或用户自己去派生子类，而不要直接使用该类。

抽象方法有默认实现，从而保留基类能够被实例化的能力，这种做法往往并不可取。因为这种默认实现只是子类变体的一种，理应下放到派生类中去，且保留在基类中会带来结构上的混淆和理解上的困难。这类需要多态实现的函数在 C# 中以 virtual 标记，在 Java 中则没有任何要求。

抽象类发布之后，基于测试和调试的需要，我们应同时发布至少一个继承自该类的具体类型。

6.4.3　为多态去继承

除了反映通用语言中的抽象概念，这些领域概念被具象化时往往有多种变体（如不同的支付方式）。此时，我们需要构建基类的领域模型与类之间的继承关系。如果没有多态的需求和规划，不必采用基类和继承的形式，重用不是这么做的理由。

构建基类时，要把子类中所有相同的属性、方法和关联集中到基类中，子类只保留需要多态的方法。只属于某个子类或一部分子类的属性，不要放在基类型中，示例如图 6-9 所示。

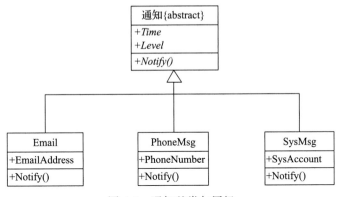

图 6-9　通知基类与层级

如图 6-9 所示，"通知"是一个抽象概念，将其建模为抽象类，用 {abstract} 标记。多态虚方法 Notify() 需要子类来实现，并斜体标识其为抽象方法。"通知"有 3 个实现子类的变体，即电子邮件、短信和站内消息，这正是利用多态和继承机制的合适方式。"通知"的公有属性如时间和等级都建模在基类中，而特殊的邮箱地址、电话号码、站内账号等为子类额外的信息，要建模在子类中。

这看起来与前面提到的泛化的做法是相同的，但两者的出发点完全不同。我们是从抽象概念和多态需求出发才这么做的。再强调一下，要为多态而不是重用来构建继承关系，因为除了重用的部分，基类里所有的成员、行为和多态接口都会强加给子类，成为子类不能承受之重。

再看一个例子，如图 6-10 所示。

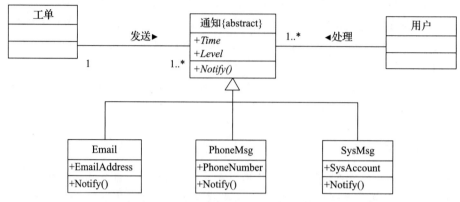

图 6-10 与通知交互的领域模型

从图 6-10 中可以看到，虽然在领域层内展示了细化的通知子类，但其他模型关联的可能只是基类，并不关心子类，这是基于契约和接口编程思想的体现。

此外，子类具有扩展性，往往还会增添新的变体，比如新的通知方式。但是，这种扩展性绝对不应影响到基类的用户和其他模型，它们对此应该是无感的。若达到周围生态只需关心基类，而不用担心被子类影响的效果，我们称之为没有副作用的类继承关系。

关于什么是没有副作用的继承关系，我们要介绍一个关于继承的守则——Liskov 原则，下面进行详细说明。

6.4.4 合格的子类、自然的继承关系：Liskov 原则

Liskov 原则的内容如下：

❑ 子类必须可通过基类接口使用，而用户无须知道其差异。

❑ 子类应该能够替换其基类的任何实例，而不会产生问题。

通过基类接口使用子类，正是我们在工厂和存储库中借用的机制，工厂可以根据运行时情况返回恰当的子类，而工厂和基类用户无须知道这种变化，子类应能替换任意位置出现的基类。这意味着，子类必须具备与基类相同的能力，且符合用户的预期。该原则可用于判断构建的类的层级是否合理。

在领域内每一个具象的子类与基类的关系必须是"is a"（即"是一个"）的关系。比如，信用卡是一类支付，邮件通知是一种通知，电话申请是一种申请。如果这种表述在通用语言中不能成立，被领域专家质疑，那么不管两者多么相似，都不适合采用继承关系。比如，"玩具大象是一头大象"就不正确，因为大象能做的事情，玩具大象做不到，那么这种继承关系就是错误的。

如果遵循我们前面提到的做法，即基类都为抽象类，构建基类型时，把子类所有相同的属性、方法和关联集中到基类中，子类只保留需要多态的方法，那么基本不会违反

Liskov 原则。

违反 Liskov 原则通常出现在基类不是抽象类的情况下，此时子类重写（override）基类方法就需要注意了。最著名的例子就是"正方形是不是一个长方形"的讨论，关于这个例子的讨论很多，本书就不再赘述了。当子类复写基类非抽象方法时，往往都有违背 Liskov原则的风险。因为，使用者只使用基类型来完成任务，并不会预测未来出现的新的子类，所以改变基类的行为，就是改变了用户的预期，会产生出乎意料的后果。

因此，要想保证 Liskov 原则不被违反，需要做到：

❑ 子类可以实现父类的抽象方法，但不能覆盖父类的非抽象方法。

❑ 子类可以增加自己特有的方法。

❑ 当子类的方法重载父类的方法时，方法的前置条件（即入参）要比父类更宽松。

❑ 当子类的方法实现父类的方法时（重写、重载、实现抽象方法），方法的后置条件（即输出、返回值）要比父类更严格或相等。

总之，Liskov 原则是对契约和接口编程思想的保证，是开闭原则的延伸。它可以保证我们的继承机制是健康的，类的层级设计是良好的，对使用者而言是没有副作用的。

6.4.5　抽象类与接口的选择

提到多态的实现机制，还有一种方式就是采用接口。从抽象的层面来看，接口似乎做得更彻底，它只包含属性和方法签名，而没有任何实现。但实际上，抽象类才是我们实现多态机制的第一选择。

技术方面的原因主要是接口过于抽象，导致它的灵活性不如抽象类。当需求引起 API不断变化时，接口很难变更，一旦你发布了一个接口，它的成员就永远固定了。给接口添加任何东西都会破坏那些实现了该接口的已有类型。而抽象类提供了更多的灵活性，你可以给一个已经发布的类添加成员，只要添加的方法不是纯粹的虚方法（也就是说该方法有一个默认的实现），任何已有的派生类无须改变就能继续使用。

针对接口编程是非常好的工程实践。在存储库模式中，我们使用接口来接偶，从而分离了领域层的约定与具体实现技术。经过正确的设计，抽象类也能够解除约定与实现的耦合，与接口所能达到的程度不相上下。而与基于接口的 API 相比，基于类的 API 更容易演化，因为可以给类添加成员，而不会破坏已有的代码。

从建模角度而言，前面已经讲过，当一个类派生自一个基类时，派生类和基类之间是"is a"的关系。如果不存在这种关系，则两者不应构建继承关联。但是，当一个类实现一个接口时，实现接口的类和接口之间是"can do"（即"我能做"）的关系。两者所对应通用语言中的关键字不一样，因此两者的适用场景并不难区分。

推广开来，以前面介绍过的实体与值对象为例，实体的多态一般采用抽象类，以体现抽象概念和具体的子类的"is a"关系。而值对象一般不存在这种关系，最好不要无缘无故继承不相关的抽象类（不存在"is a"关系），它的多态一般是要实现接口，表示自己可以完成某种任务（can do）。比如，下面代码展示的 Address，可以被 Compare、Format 和 Convert 调用。

```
public class Address:IComparable,IFormattable,IConvertible
{
}
```

6.5　模型质量：优秀的开发组件

什么是高质量模型？在 DDD 中，这个问题不难回答。符合我们一直强调的两个基本原则就是高质量模型，这方面的论述已经很多了。但是除了这两个原则之外，还有一个方面也关系到模型的质量，那就是——模型作为开发组件是易用的、用例实现的效率和灵活性是高的，只有保证了这一点，我们的模型才算合格。

具体来说，我们要意识到，模型的封装隐藏了领域规则，目的是作为应用层的开发"组件"来实现用例需求。对于应用层的开发人员——模型的用户来说，模型类似于语言框架中的"类库"。不同的语言和类库，用户的评分是不一样的。同样，我们构建的领域模型也可以从这个角度来考量，优秀与否，用户有最终的发言权。

在 DDD 中，我们强调开发人员必须是模型的构建者，但这只是针对模型开发团队而言，我们无法要求模型使用者与开发者是同一个人。实际上，建模团队与应用开发团队完全可能不在一个团队。模型是对企业核心商业逻辑的提炼，当它们被广泛地重用时，模型质量的高低取决于用户使用它来实现业务用例的效率如何、是否容易上手等。

我们将从这个角度总结一些模型的良好特征和对应原则，目的是增进模型的设计，保证模型用户的开发效率，毕竟这才是模型最终的用武之地。往小处说，遵守这些原则可以增进建模团队与兄弟开发团队内部的和谐，让模型更受欢迎，往大处说，这些原则能帮助我们检查设计是否合理，进而优化设计。

一个开发人员用起来很别扭的领域模型必定有改进的空间，只有经过用户检验的领域模型，才具有顽强的生命力。

6.5.1　精心设计领域模型的特征

（1）简单性

精心设计的模型是简单的。在 DDD 中，通用语言对此做出重大贡献，因为业务人员和领域专家必须理解模型，用模型重塑对领域的认知，这在很大程度上就过滤了复杂和不切实际的设计。

从以下 3 个方面可以检查简单性：

❑ 与业务复杂度相当而不是更高。通过通用语言和三合一来保证。

❑ 与业务的重用粒度相匹配。模型的大小应该适中，一个上下文中使用一套独立的模型，不同的上下文中使用不同的模型，不要追求大而全。

- ❑ 易发现。好的模型和方法是容易发现的，它所在的命名空间和上下文都很清晰，命名都很直观，符合一般人的联想习惯，不需要阅读复杂的文档就能上手开发。

（2）一致性

一致性是精心设计的领域层的关键特征，也是影响用户开发效率的最重要因素之一。采用一致的风格设计可以使模型用户从已经了解的模型推知未知的模型。比如，领域模型对于概念、属性和操作的命名规则是否相同，是否统一使用工厂和存储库等，在一个上下文中，所有模型均应保持风格一致。

一致性还可以帮助模型用户快速了解哪些部分是某个特定的模型和需求所独有的设计，哪些是既有的设计模式和惯用方法。

（3）独立性

这里的独立性不仅指领域模型独立于技术架构，还指领域模型间的耦合。

对于体现内在领域逻辑的部分，我们要大胆地使用聚合、自定义的值对象和关联等。但是，我们要考虑模型的通用性，权衡过于复杂和多的关联关系是否必要，做到既能有意义地关联，又能让用户独立使用某一个领域模型。

（4）取舍得当

十全十美的设计并不存在。设计的核心是先理解不同选择之间的利弊，然后对它们进行权衡，并最终做出正确的决定。领域模型也是如此，设计的最终目的是完成用例实现，而不是对客观世界进行模拟。

舍弃一些功能，而不试图满足所有的上下文，舍弃一些抽象概念，而让模型更贴近通用语言。

（5）借鉴历史

不要忽视企业的残留系统中的模型，特别是那些是基于面向对象设计的模型。大多数成功的领域模型都会借鉴已有的、经过实践检验的设计，并在其基础上进行构建。同样，旧系统中那些丑陋的、难以维护的部分更值得我们研究，背后究竟有何难言之隐，如何才能避免重蹈覆辙。

（6）考虑未来

考虑模型对于未来业务的支持是一把双刃剑。一方面，它会以"万一"的名义增加设计的复杂度，事后却发现使用频率几乎为零。另一方面，它可以避免让模型随着时间的流逝而贬值，避免产生无法向后兼容的设计。

与领域专家充分沟通，并且能预测业务的变化点，这是一门不小的学问。另外，不要把不成熟的设计放到当前的实现中，最好是整个业务能构成闭环时再统一发布。

（7）良好的集成性

领域模型的集成性体现在：

1）领域模型与技术架构的集成。良好的集成性与领域模型的独立性并不矛盾，甚至两者是相互促进的。独立性越好，不相关的技术栈耦合越少，集成的工作量越小。同样，这也体现在领域模型对于事件、接口、异常处理等扩展性和灵活性机制的运用是否到位。第10章将讨论独立的领域层与周围的技术环境集成的问题。

2）不同上下文中的集成。虽然这与领域模型本身的关系并不大，但需要我们在架构上进行一些考量，比如采用 Rest 接口或事件驱动架构等。这一内容将在第 7 章介绍。

6.5.2　模型设计的基本原则

为了保证模型的上述优秀特征，我们总结了应当遵循的 4 个原则。

（1）场景驱动原则

良好的模型设计应当是由场景驱动的。我们在设计模型时，不妨把注意力集中在模型所在的常用的用例场景中。建模设计师首先站在模型用户的角度，来编写一些使用模型实现用例的样例代码，注意此时模型还没有设计，样例代码只是根据我们对模型的理想设想，然后再回过头来设计模型满足这些代码。这是场景驱动的做法，也是我们之前提到的测试驱动的设计思想。

这种做法与第 5 章提到的发掘领域概念、规划模型职责的做法并不冲突，因为在 DDD 的实践中，领域专家和业务人员应该是能够看懂测试代码并添加测试用例的，此时他们就是模型的用户。如果领域专家使用模型完成这项任务感觉很别扭，那么肯定与通用语言有出入，他们会提出改进意见。

站在用户的使用角度而不是容易实现的角度来设计模型，并且为模型或聚合的每个方法和属性都找到它们使用的用例场景。在协调模型完成用例实现的过程中，观察我们能不能自然地使用这些成员。

作为开发组件的领域模型，需要具备良好的易用性。建模团队应站在模型用户的角度，编写理想的样例代码，然后再定义模型来支持样例的实现。

（2）低门槛原则

如果一个模型在用户第一次使用时给他留下太过复杂的印象，那么必然会妨碍用户用它来完成用例的实现。在 DDD 中，虽然模型是由开发团队和领域专家共同打造的，但我们实在无法强求模型的使用者全程参与模型的构建。因此，模型应当遵守低门槛原则，让用户能迅速进入状态。以下是一些具体的要求：

- ❑ 对于核心用例和常见需求场景，必须让用户能轻易发现要使用的模型及其成员。
- ❑ 通常来说，无论模型能否满足最终的需求，模型的上手和验证一定要容易。如果模型需要进行许多初始化，或者聚合的成员过多，要求用户逐一地实例化成员，那么用户就很难用它们来验证是否能实现需求。这个问题可以交给工厂解决。
- ❑ 要通过异常机制来传达对模型的误用。异常的机制在第 5 章已做了详细介绍，当把意外情况的处置权交给用户时，要让他们明白发生了什么。
- ❑ 运用上下文和子域将模型合理归类。

❑ 运用好工厂模式，不要让用户一次实例化大量模型。

❑ 不要让用户在使用模型前做大量的初始化工作。

❑ 尽可能地为模型的属性和参数提供合适的默认值。

（3）自说明原则

在 DDD 中，模型即是最终设计，并被如实地翻译为代码实现。我们设计的模型一定要让用户不需要文档说明就能使用，当然，类图和交互图会为我们提供极大的帮助。

除此之外，我们还应该从以下几个方面入手，以设计出直观的、相对自说明的模型和 API。

1）命名。概念类、属性和方法确保来源于通用语言，具备简单、直观的效果。从核心用例开始，把最好的名字留给最常用的模型，不要把最好的名字浪费在一些不太常用的场景对象中。前面举过例子，比如不要把"订单"这样核心的概念用在配送环节。有关为方法和属性选择描述性的、揭示业务目的的名字的详细内容，请参见第 8 章。总的来说，开发团队和领域专家在命名上花些精力是非常值得的，因为后续更改的成本非常高。

2）异常。在设计自说明模型时，异常扮演着重要的角色。通过异常消息（Exception Message）可告诉用户正确的用法，操作是否违背了聚合的内部规则，哪些条件是模型能够处理的，哪些属于意外情况，且模型会把处理权移交给用户。

3）构建自定义类型。比如，构建富含领域含义的自定义的值对象、枚举类型等。比如，if(order.state==status.paid) 比 if(order.state=="paid") 更具表现力。

4）一致性。模型设计的一致性可以很好地降低用户掌握它们的门槛。如果用户熟悉了某一核心域的模型设计风格，而新的核心域又与其熟悉的东西保持一致，他会认为你的设计是自然顺畅的。

5）限制抽象。前面已经强调过，领域模型的抽象和基类必须是通用语言的一部分，天然对应领域中的一个抽象概念。不要出于技术原因去提炼抽象（尤其是重用）。

如果框架中存在太多的抽象，即使用户想实现最简单的用例，也需要深入去了解抽象类和子类的继承结构，但我们完全没必要这样做。模型的用户希望它们足够简单，无须理解复杂的继承体系就能够使用它们，这才是最好的选择。

（4）上下文匹配原则

企业内部的众多系统不可能采用同一套模型。即便在一个大型系统中，不同的子系统中的模型也不一定一样。如果我们尝试在所有的子系统中使用一套模型，会使模型变得臃肿且难以维护，因为包含了太多的业务逻辑和内在约束，这将导致模型的使用更加困难。

模型应当与用例相匹配。更精确的做法是模型应当与一个需求上下文相匹配，上下文可能对应的是一组相关的用例、一个用户角色的所有业务，或整体业务中的某个环节，所有人都应当知道这种匹配关系。

如果用例实现的子系统有多个同样概念的模型可供选择，那么这些血缘不同的模型放在一起协作，很容易产生缺陷，软件变得不可靠和难于理解，团队成员之间的沟通也变得混乱。这就是忽略了模型与上下文对应关系的结果。

在定义模型时，要明确它所属的上下文。根据用例类别、用户群体、业务处理环节，甚至是团队组织来设置模型的边界，在边界内保持模型的唯一性和简单性，不受外界的干扰和混淆。

前面强调了用例对于模型设计取舍的过滤作用，这种作用更适合于上下文。在一个上下文中，人们对领域概念的理解是统一、单一、唯一的而没有歧义。模型专注地解决一类问题。由此也可以看出，用例是划分上下文的重要依据。更深入的讨论请参考第 7 章。

6.5.3　为扩展性而设计

当建模团队完成模型设计并交给应用团队开发时，如果我们忘了预留扩展性，那么相当于给顾客奉上了一顿大餐却不允许添加调味料（那些爱吃辣的顾客怎么办呢？）。

预留扩展性绝不意味着应用开发团队可以随意更改模型的代码并发布模型，而是在不改变模型代码的前提下添加领域逻辑。我们用到的主要有以下几种机制，这些机制在前面都有详细介绍，这里再做一下总结和回顾。

（1）事件与回调函数

事件的本质在第 5 章有详细论述，它相当于一个逻辑占位符。用户可以使用事件，在模型的流程中插入自己的执行代码。下面是一个绑定事件的代码示例。

```
Timer timer=new Timer(1000);
timer.Elapsed +=delegate {
// 自定义逻辑
};
```

事件是一种特殊的回调函数，它为用户提供了一致的语法，使用户能够非常方便地把自定义逻辑插入特定的位置。

如果是直接定义委托与回调函数，也能实现事件的效果。下面是一个回调函数的示例。

```
public delegate void Age(string a,int b);// 定义一个委托
class Found
{
    // 定义一个回调函数，使之能以参数的形式进行传递，代表用户自定义逻辑
    public static void Much(string a,int b)
    {
        Console.WriteLine(" 我是 "+a+" 今年 "+b+" 岁了 ");
    }
    /// <summary>
    /// 有参方法
    /// </summary>
    /// <param name="age"> 委托类型 </param>
    public static void Many(Age age)
    // 另一方实现回调函数之处，委托作为方法参数
    {
```

```
            if (age!=null)// 判断是否传来了一个不为空的参数
            {
                Console.WriteLine(" 有 Age 类型的委托 ");
            }
            age(" 小明 ",20);// 实现并调用了回调函数
        }
    }
    class Program
    {
            static void Main(string[] args)
        {
        Found.Many(Found.Much);
        //Much 方法作为参数传入，这里为 Age 委托 Many 方法来实现回调函数 Much，加入自定义逻辑
        }
    }
```

可以看到，事件、委托和回调函数是一种不错的扩展机制，而且可以完美对应领域中的事件概念。在使用过程中，我们要注意以下几点：

❑ 委托和回调函数的调用性能不如调用虚方法，要避免在对性能要求很高的 API 中使用回调函数。

❑ 要优先使用事件，而不是一般类型的委托，因为语言框架和很多监测工具对事件有特殊的支持。

❑ 要知道调用委托可以执行任何用户定制的代码，但可能会引起安全性、正确性及兼容性的问题。当然，这是模型用户需要考虑的事，模型构建团队无法控制，也不必考虑。

（2）抽象类与抽象方法

通过多态的机制提供扩展性。

模型中的抽象方法可以被覆盖，从而执行子类的定义逻辑，这是对多态的支持。面对各类不同需求的应用开发团队，这种灵活的特性肯定是受欢迎的。

从提供的扩展性来说，抽象方法与回调函数旗鼓相当，但从执行性能和内存消耗来看，抽象方法更胜一筹。抽象类往往与领域的抽象概念相对应，它和事件都来自通用语言，是自然的领域建模方式。

与事件和回调函数相比，抽象方法的主要缺点在于它的行为只能静态修改（在编译前修改），而事件的行为则可以动态修改（运行时修改）。

如果一个概念被确定为基类，考虑将其实现为抽象类，对于多态的方法最好不要提供默认实现。这样做能够清晰地告诉用户派生自己的子类来使用，而不是使用这些基类。

（3）接口

如果你真的不在乎具体的执行者是谁，那么在模型中使用接口，贯彻面向契约的编程思想，无疑会给你的模型提供强大的扩展性。接口是后续应用众多设计模式的核心。比如，在工厂和存储库中使用的接口，极大地保护了模型的独立性。

（4）异常

异常的扩展性体现在当意外或错误的情况发生时，能够把处理权交给模型用户。当然，用户也可以选择不处理，交给用户的上一级用户，这样领域模型就不必再考虑此问题。这种做法是合理的，因为模型的使用场景不同，对错误的处理方法也不尽相同。模型设计者无法预测未知的场景和各种定制的处理方式，此时采用异常机制是最佳的选择，因为它扩展了我们对意外和错误情况处理的各种可能性。

分而治之——上下文、模块和子域

当系统规模太大时，应用DDD的原则和方法都面临新的挑战，上下文、模块和子域是针对这一问题的有力武器。从不同角度对系统进行切割，使我们能对系统分而治之。本章首先介绍上下文的概念、价值和用法，这是庖丁解牛的第一步。然后介绍传统的模块划分技术，也可以被称为打包六原则。接着介绍DDD的另一个专属概念——子域，了解它的价值和分割系统的出发点。最后说明它们三者的关系，解决困扰很多DDD实践者的一些问题，让三者能应用得当、各尽其职。

7.1 分离用例、模型和团队：上下文

本节将介绍分割庞大系统的第一个利器——上下文，包括其含义、识别方法与步骤、上下文内以及上下文之间的团队如何工作，具有很强的实战指导意义。

7.1.1 什么是上下文

我们已经掌握了DDD的基本原则和模型设计方法，但随着系统规模的扩大，继续坚持这些原则将面临着新的挑战。

首先，随着系统规模的扩大，用户群体的不断引入，我们会发现通用语言是有边界的，同一个组织内部不同的部门和不同的用户群体对同一个领域概念的定义并不完全一致，对于相同概念模型的能力期望也完全不相同。但是，DDD的语言、模型、代码三合一原则要求我们必须保持语言和模型的一致。这是否意味着我们应该将所有的业务诉求合并到一个

统一的大模型中呢？看着日渐臃肿的模型，感觉这并不是一个好主意，那么该怎么办呢？

其次，随着项目规模的扩大，我们需要对系统化繁为简，使团队能够从容应对开发工作，而不至于淹没在信息的海洋中。过大的团队会使沟通成本急剧增加。我们有什么好的办法来分割系统、划分团队呢？是按照现有的技术架构还是现有的组织架构？什么才是匹配 DDD 的最好方式？在战略层面上，我们需要一种方法，它既能够解决语言上的冲突，给模型减负，又能合理划分系统，控制团队规模和保证效率。这就是有界上下文技术（Bounded Context，以下简称上下文）。这个英文短语的直接翻译是"有限语境"，如果采用这个翻译，就可以自然地理解它的应用场合了。

既然领域概念在不同的客户群体、不同的用例描述、不同需求场景中会产生概念不一致的问题，那么我们可以将通用语言的语境发生变化的地方作为系统天然的边界。在边界之内，领域概念具有单一的含义和业务职责，同时，在语言的边界划分团队也是顺理成章的事，一个团队应该讲同一种语言。如果沟通中还要切换语境，会给团队带来额外的负担。

上下文是一个语义上的边界，在一个上下文之内，每个领域概念的含义是明确的。同时，上下文也定义了模型的适用范围，清晰地定义了模型的用途（对应的用例），以及模型应该包含和忽略什么（有且仅有，内聚性）。它可以确保上下文之内的领域概念不会脱离其旨在解决的问题。它可以让团队明确模型的能力范围是什么。

上下文既是天然形成的，又是人为构建的。语言的边界是天然的，但当我们识别出这种边界之后，上下文将决定系统的各个方面，如需求的拆分、模型的分割、代码和数据库的分离及团队的划分。作为大型系统的第一步拆分方法，上下文的作用是巨大的。

上下文并不是简单的模块划分技术，它的层级更高，对系统的影响也更大。事实上，上下文将大型系统拆成多个子系统或微服务，对开发团队和客户来说，在项目验收和项目管理上都会产生深刻的影响。

应用上下文战术，一种明显的错误是搞错工作的顺序。比如，按照别的方式划分模块后（比如按技术框架或既有团队架构），再在模块之间寻找上下文，这是南辕北辙的做法。虽然业务逻辑内聚在模型中，但模型周边的生态却是无序的，需要紧密协作的对象可能散布在不同的模块或服务中，某种程度上破坏了领域逻辑的内聚性。正确的做法是在识别上下文之后，再划分模块。虽然一个模块和子域可以服务于多个上下文，但它们并不应该先于上下文而考虑。上下文更多的是从业务角度出发，而子域和模块更侧重于其他能力，比如功能专注性和重用性来，以分隔系统。三者的区别之后会逐步展开介绍。

我们要摒弃在分割好的模块中再发掘上下文的思维方式。上下文应该是顶级的系统拆分方法，在做系统拆分的其他尝试之前，首先要用上下文来分割系统。在大型系统拆分后，理想的情况是一个上下文对应一个子系统、一个团队。

当系统用例较少时，一个团队也可维护多个子系统。但是，一个上下文对应多个团队是奇怪的，或者说是没必要的。因为如果"语境"一致，团队的沟通墙和边界是不存在的，那么我们又怎么能称其为不同的团队呢？如果我们强行这样做，那么不同团队的语境会逐渐分化而变得不一致，从而形成不同的上下文。这就是上下文为什么决定团队划分的内在逻辑。

不同上下文中不要共享代码，而要通过转换来集成。语言和模型是分离的，把不同上下文的代码放在一起并没有任何好处，只会增加干扰。如果需要在不同上下文间共享数据和逻辑，不要使用共享数据库和代码的方式，而要通过科学的系统集成方法来解决。

7.1.2　为什么需要上下文

在上一节中，我们已经列举了上下文解决的问题，但有些富有雄心且技术能力强的读者可能还执着于一个完美的逻辑："为什么不能只构建一个业务模型，满足企业大型系统内不同用户群体的所有需求呢？"Evans 在书中坦白他曾试图这样做。是的，划分上下文并非没有代价，它会带来集成的额外工作。但上面的思路是完全理想的技术型思维，现实世界是复杂的。撇开划分团队的需要不谈，下面我们将列举无法这么做的原因，更深入地理解分离上下文的必要性。之后，我们将学习如何识别上下文及上下文分离的方法。

（1）模型复杂度的增加

假设一个大型的电商系统共享一个模型，比如"产品"，那么情况可能如图 7-1 所示。

图 7-1　不同角色对产品的理解

从图 7-1 中可以深刻地感受到，即便是同一个团队，沟通成本降到最低，即便领域专家完全认可模型表达的领域逻辑，没有增加额外的复杂度，"产品"模型也承载了太多的责任。不仅是面对不同领域的专家和用户群，大模型也会导致开发人员的认知超载。代码混合在一起后，难免相互影响而产生奇怪的缺陷。比如，交付团队刚发布了一个需求，客服团队的功能就产生了问题。

（2）特殊需求的尴尬

具有特殊需求的用例，如果强行将特殊的逻辑塞入一个模型，则会加重第一条提出的过载问题，因而很可能不会得到团队其他成员的认可。这将导致开发人员将这些无法满足的行为放到领域模型之外，破坏领域模型的内聚性。通用语言与模型之间也不再保持一致。

（3）发布和运维的困扰

我们都听说过大型系统恐怖的"版本火车"，如果想向其中添加新的功能，必须等待某一列版本火车经过，不然就得花更多的时间等待。其原因就在于升级包囊括了太多不同业务域的功能。如果希望升级不产生副作用和缺陷，需要做大量的回归测试，这是大模型不可避免的问题。

（4）并发工作的冲突

采用一个模型，不可避免地会出现多个团队并发修改的冲突，要求多个团队在新功能的设计上协作或统一发布节奏，会导致不必要的效率的损失。

当一个团队与其自身的领域专家一起工作，尝试在不同需求方向上驱动模型设计时，让其他团队成员来与他们一起工作，会导致双方的身心疲惫。没有人愿意花费大量脑力去理解与自己不相关的工作。但是如果不这样做，在缺乏沟通的情况下修改同一代码，事后付出的代价可能更大。

（5）协调成本的增加

即使模型有海纳百川的胸怀，兼容所有对于同一领域概念的不同业务诉求，但往往这些客户群体客观上也属于不同的部门和管理单元，协调他们的开销很大，往往会超出项目团队的能力范围。

还要避免的一种错误做法是将具有共性的大模型与特制的模型共存，这样做不仅享受不到两端的收益，还可能会经受双倍的痛苦。

首先，将模型分为两部分的做法破坏了模型的内聚性，何时更新或使用哪一部分让人无所适从。这里没有理由使用继承机制，因为是完全不同的业务域、不同的方法，不是多态的场景。其次，模型公用的部分仍会有以上所列举的种种问题。有经验的读者可能会说，这种做法类似于 Evans 提出的"共享内核"模式，但共享内核并不分裂模型，而且"共性内核"绝非我们推荐的工作方法。这些模式将在 7.1.6 节详细说明。

试图构建大模型，有点像盲人摸象故事中各方试图画出完整的大象。既然无法维护一个涵盖整个企业的统一模型，就不要再受到这种思路的限制。承认多个互相冲突的领域模型，实际上正是面对现实的做法。

通过明确定义模型外层上下文的边界，可以维护每个模型的完整性，并清楚地看到两个上下文之间创建的任何关联的意义。尽管盲人没办法看到大象，但只要他们承认各自的理解是不完整的，问题就能得到解决。

7.1.3 上下文的识别方法

了解了上下文的概念和必要性后，我们将进入划分上下文的操作。试想我们正在开发一个系统，在了解了它的用户角色和用例数量后，你做出了这是一个"大型"项目的判断，我们的工作该如何开始呢？

按照"语境（Context）"的含义，我们应该找到每一个领域概念产生歧义的边界，然后依照边界将系统分割即可。但是，单单这么说不具备任何实操意义。

既然是大型系统，其中的领域概念非常丰富，我们该如何确定每个概念的边界呢？另外，我们分割的又是什么？难道要将需求文档一分为二吗？我们必须提供具备实操意义的具体步骤。

表面上，我们在寻找语义的边界，但其实这涉及我们怎么看待和定义系统，以及对交付价值的理解。

（1）不同用户群，不同上下文

❑ 订单包含商品信息、数量、优惠策略。

❑ 订单包括交货地址、收件人、联系方式和支付方式等信息。

你能感受到上面"订单"的语义发生了改变吗？如果你能立刻识别出这两个订单的语义来源于不同上下文，说明你的感觉很敏锐，因为你可能读出了这两句话背后的信息，但一般人可能无法快速领会到这一点。不能因为任何领域概念记录不同信息时，都认为是不同的上下文。这背后的玄机在于——这两句话来源于不同的用户群体。

寻找语言的边界在某种程度上就是区别不同的用户群体。不同的用户群体使用的通用语言是不同的。划分上下文的方法之一就是将需求按照用户群体归类，一个用户群体的需求属于一个单独的上下文。比如上面的论述中，第一句来自"卖家"用户群，而第二句来自"配送"用户群。

这里没有用"角色"而是"用户群体"这个词，是为了不引起混淆。用户群体是具有相关联或相似职责的用户角色的统一集合，他们的业务目标是一致的。而"角色"常常用来分配权限，相对于前者粒度更细一些。比如"卖家"这个用户群体可能就包含"售前""下单员""财务""售后"等更细分的角色，而"配送"这个用户群体包括"物流公司""快递员"等角色。

按照这个逻辑，我们的电商平台在需求层面已经划分为两个子系统："交易系统"和"配送系统"，即两个划分好的上下文。上下文具有文化和组织属性，往往现实中的组织结构就给我们提供了最合适的上下文划分方式。

通过用例图再看一个例子，如图 7-2 所示。

图 7-2 是一个门诊系统，按照"不同用户群体，不同上下文"的做法，将系统分为了"诊疗""挂号""收费""取药"4 个上下文，并按照这 4 个上下文形成了子系统。事实证明，按照用户群体进行拆分非常成功，4 个子系统都具备高内聚低耦合的特点。

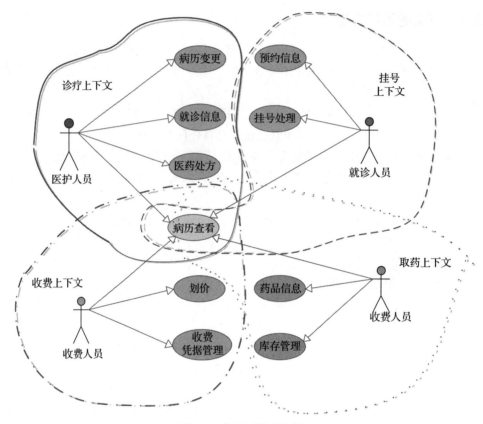

图 7-2　门诊系统用例图

项目经验丰富的人通过行业经验可以快速地划分子系统和上下文，但按照用户群体划分是一种系统的方法，这种方法非常容易操作，甚至可以在用例图中快速画出上下文的轮廓。关键在于，在按这种方法划分上下文之后，相应的用例也有了上下文的归属这样一来，用例就被上下文划分好了，为后续的模型分离、代码分割和团队划分的提供了一个坚实的起点。

"不同用户群，不同上下文"的原理在于：一个用户群体只会使用一种语言描述一个概念，不会出现歧义。因此，在用例描述中，不会出现术语定义不一致的情况，用例也就不会跨越不同上下文去实现。

另外，将一类用户的需求归纳成一个上下文、子系统，则它们变化的原因只来源于这一个角色。不要小看这一点，这种方式能让系统优雅的演进，不会产生难解的冲突，同时提高用户满意度。比如，上述例子中的"挂号"上下文，按照用户的要求，后续用户界面完全改造到了移动端，且修改了大量交互和领域逻辑（比如手机与人的绑定等），但其他的上下文（不管是设计、代码还是发布节奏方面）都没有受到任何影响。这不就是我们理想的系统解耦方式吗？

当然，还有一个小细节，即图 7-2 中的"病历查看"功能，它跨越了 4 个上下文。这种情况是常见的，相当于 4 个子系统间共享的数据，这就涉及后面我们要介绍的另一个重要内容——上下文之间的集成。4 个上下文可以采用"共享内核"方式分享病历模型，或者采用"供应者 / 消费者"的方式，其中"诊疗"上下文作为"供应者"（Supplier），其他上下文作为消费者（Customer），如果"诊疗"上下文是唯一决定病历数据的上下文。

（2）不同商业价值，不同上下文

对一个大型系统来说，不仅可以带来一种商业价值，往往若不同部分有不同的商业逻辑，这样，不同的商业价值和逻辑部分就是天然不同的上下文。比如一个为企业提供云服务的平台，其不同阶段交付的商业价值如图 7-3 所示。

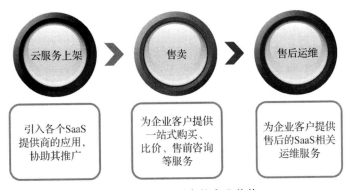

图 7-3　云服务平台的商业价值

这是笔者曾经开发过的一个系统，整个项目由 3 个团队组成，它们的人数和人员技能要求完全不同，代码库和数据库彻底隔离。正是得益于如此上下文的划分，才让我们在一周两个版本的发布中游刃有余，每一个上下文都可以独自升级和维护，而不用管其他上下文是否遇到了阻塞。

"不同商业价值，不同上下文"的原理在于：一种商业价值是以一组核心用例为代表，并由一组核心模型实现的。交付一种价值对于模型的业务诉求是一致的。在这个过程中，用例中的术语及模型的定义和任务不可能有歧义。

把交付不同商业价值的模块分为不同上下文，可以带来额外的好处。它们可以单独发布，彼此不会影响，从而使发布效率和频率最大化。对于日新月异的各类互联网应用来说，这种能力尤其重要。

当然，从另一个角度看，不同的商业价值必然对应着不同的客户和用户群。因此，这种方法也符合上一条规则，某种程度上是殊途同归。

值得推荐的一种实践是：不同商业价值的上下文由不同的产品经理负责。这样团队在语言方面是统一的，在此上下文内部不会受到其他上下文的困扰。在上面的例子中，我们就拥有三个产品经理，他们的专长领域分别是"云计算产品""B2B 电商交易"和"系统运维"。他们可以独立工作，功能发布时不会相互掣肘。

（3）不同工作环节，不同上下文

领域概念含义的改变往往发生在工作环节切换的阶段。所以，不同的工作环节也是我们可以划分上下文的参考依据之一。与前面的例子不同，不同工作环节不一定会提供不同的商业价值，它只是整体流程的一部分，且用户群体的可能发生变化，也可能不变。比如处于承保、审核和理赔中的保单模型。

- ❑ 承保保单：核心为风险评估算法，评估保险人的资质以及保险费。
- ❑ 审核保单：主体为工作流的众多节点的跟踪履行，确保保单的真实合规。
- ❑ 理赔保单：着重于各类资料的记录存储，评估被保物的损坏情况。

可以看到，虽然它们都被称为"保单"，但承载的业务变化很大，对模型的能力要求更是大相径庭。如果将其合并为一个适合所有工作阶段的单一概念模型，显然是有些超负荷的，将它们划分为不同上下文才是明智之举。因此，我们构建了三个子系统或独立应用。

"不同工作环节，不同上下文"的原理在于：当工作环节转换时，概念和模型的业务目标、所记录的信息、具备的能力都发生了较大的变化。

当然，从另一方面来讲，并非所有的工作阶段转换都是不同的上下文，比如缺陷管理软件中的 Bug 状态，它的工作阶段经常发生变化，包括不同的负责人，但是它所承载的信息，除了"状态"有变化外，几乎没有什么增量，因此它显然在一个上下文中。

不同工作环节分为不同的上下文后，将对应于三个子系统。这些子系统的入口可以放在统一的门户下，采用单点登录技术来集成。这也是一种不同上下文的集成方式，但是它们背后的代码和数据都是分离的。

（4）不同技术栈，不同上下文

当两个系统部分需要不同的语言平台来实现时，往往需要把它们隔离到不同的上下文中。这里并不是指前后端分离，比如服务前端的 JavaScript 和移动端开发语言与 Java 分开，而是指后台不同的商业逻辑因某种原因必须采用的不同语言平台的情况。

划分上下文的成果是分离需求、模型、代码数据和团队。既然代码是分离的，开发人员的技术栈也不一样，客观上就造成了不同上下文的事实。为了使不同上下文的协作更加高效，我们需要把需求、架构设计、测试用例和团队也划分出来，并且明确其与主体上下文的集成方法和协作模式。

这种方法要慎用，因为它有点像本末倒置的做法即技术决定领域划分。注意，此时的技术栈无法选择，才造成不得不如此划分的结果。最佳的和合理的方法还是前 3 种方式。

综上，我们介绍了如何识别不同的上下文。其中，以用户群体划分是最值得推荐的，按此方法划分的上下文，变化因素单一，可以更专注地服务于客户群体，进而带来更好的用户体验。当然，也可以综合运用这些方法，互相验证。当你发现不同的方法，结果往往是相同的，也增强了做出对应架构决策的信心。

当我们定义一个上下文时，实际上是在划分子系统。子系统的需求、设计、代码、数据都是独立的，子系统间可以单独进化而彼此不受影响，这也可以用来判断我们找到的上下文是否合适。如果一个上下文总是都到其他上下文的影响，不管是设计的变动、团队的变化或发布节奏，都可能在暗示我们划分的上下文边界并不合适，这个上下文可能是另一个上下文的一部分。

在划分上下文时，不要受康威定律的反向影响。不要拘泥于现有团队结构或人员配置，比如，如果有 4 个开发经理，则要等量划分上下文，此类做法显然是本末倒置。要按照前面讲的方法划分好上下文后，再决定团队的配置。颠倒因果，后面会付出巨大的代价。

另外，上下文要么是团队决策，要么做出决策后务必让全体团体知晓。有时，团队决策的质量还不如某个思维敏锐的个人的直觉。让全体明白每个上下文的边界在哪，即每个上下文对应的用户群体是谁、提供什么商业价值、完成什么工作环节、产品经理是谁、用例文档如何找到、代码库地址在哪、数据库在何处等，这些信息必须公开透明。

7.1.4　识别上下文的步骤

上下文并不局限于模型。虽然最初的目的是分割通用语言和模型，但基于 DDD 的语言、模型、代码一致的原则，它必然包含为领域模型提供交互手段和辅助功能的内容。

从上面的例子中可以看到，无论从用户群体还是商业价值出发，上下文先分离出来的是用例（用户故事），其次才是领域模型。因为模型是分离的，所以代码应当也是分离的，数据库也应该独立出来。当用户界面被用于维护领域模型，并且驱动着模型的行为设计时，这些界面也应单独属于上下文。

上下文是一个独立系统，具备从展现层到领域逻辑层、持久化（包括工厂和存储库），甚至到数据库的全部功能。有些基础设施组件，比如日志、消息队列、工作流可能服务于多个上下文，而非单个上下文所共享，它们属于通用域的概念，我们稍后会讲解。把上下文定位为子系统是准确的，当然也可以把它定位于微服务，但那就是比较大粒度的微服务了。第 10 章将会重谈上下文和微服务的话题。

在上下文之下，可以再细分出更多的微服务。当然，划分的粒度需要团队进行评估，上下文（子系统）是微服务划分的最上面一层。

识别上下文及其对应的一系列工作步骤如图 7-4 所示。

1. 划分用户群和　　2. 分离模型（设计）、　　3. 划分团队，一个上下　　4. 明确与其他上下文
　用例（需求）　　　代码和数据库　　　　文内只有一个团队　　　的集成方式

图 7-4　上下文的工作步骤

上下文之间的代码虽然是分离的，但有个细节要注意，即根据所用语言给领域模型的类加一层限定修饰，它一般对应的就是上下文的名称。比如，在 .net 中使用命名空间（namespace），在 Java 中使用包名。命名的规则如下：

```
<Company>.<Product>.<Feature>.<Subnamespace>
```

我们可以在合适的层级替换为上下文的名称，比如 Product 或 Feature 部分。具体例子如 Microsoft.Office.Word、Tencent.Wechat.Money、Alicloud.Cloudcomputering.RDS、Mycompany.Myproduct.MyContext 等。

这种方式对于一些上下文集成方式来说是必要的，比如共享内核模式或追随者模式，这个我们马上会讲到。

命名空间和包的命名方式，需要注意如下几点：

❑ 第一层要用公司名称，避免与另一家公司使用相同的名字。在厂商众多的复杂客户集成环境中，这非常重要。

❑ 要用稳定的、与版本无关的产品名称作为第二层，不要加版本号。

❑ 上下文和子系统的名称可以位于除第一层之外的其他层级，这取决于公司产品的商业设计架构。

至此，我们得到了想要的语言、系统、模型、代码、数据的边界，以及与之规模匹配的团队。但系统解耦、分割和减熵的工作不会就此停止，下面还要继续拆分模块，分离子域。得益于上下文的合理划分，我们已经成功地迈出了第一步，为后续工作构建了一个坚实的起点。

7.1.5 同一上下文工作法

在限定了上下文之后，里面的任何概念都不会有歧义，比如用户、用例、模型和代码。然而，即使是很小的团队，随着项目的进展和各种不可控因素（比如人员的增减），模型很容易发生分裂。常见的情况是，不了解 DDD 原则的新开发人员加入，为了快速交付任务且不引起修改模型的副作用，将领域逻辑另存它处，模型的内聚性被逐渐破坏。

前面已经讲过，在一个上下文内应只有一个团队，它们之间没有沟通障碍。当然，这并不意味着必须划分团队。与之相应的要求是，在一个上下文内，为了保持所有概念的一致性理解，需要维持很高的沟通水平。但这一点并不容易，也不好衡量，如果因此把团队淹没在会议之中，那并不是一个好策略。因此，我们必须制定相应的规范来保证这种一致性，那就是采用持续集成的开发过程。持续集成能保证当模型或代码的分歧发生分裂时，我们能迅速发现问题并纠正。在 DDD 中，持续集成分为以下两个层面。

（1）模型概念的集成

为了做到这一点，需要我们在讨论需求和实现方案时，坚持使用通用语言，使用模型来沟通需求和描述设计。让每个人都知晓模型已经拥有的和我们即将赋予它的能力。这样，在修改代码时，开发人员就知道对应的领域逻辑，将大大提高开发的效率，有助于后续的代码集成和测试。

关于沟通的注意事项和方法可参见第 5 章。模型的静态和动态视图可以放入版本管理系统，以保持最新版本的一致性和团队对于模型的共识。

（2）代码的集成

基于主干和分支的开发方式，能够让我们在系统升级时拥有更多的灵活性。已经测试成功的功能分支将被合并到主干发布，让未开发完或有缺陷的分支可以暂时不合并，且不会对已成功构建的功能产生任何影响。但是，开发人员在自己的分支上工作的时间越长，将越难合并到主干。当分支数量和变更数量过多时，过晚的合并将会导致积重难返的结果。因此，每日集成的口号被提了出来。

代码的持续集成是 CICD 平台中的 CI（Continuous Integration）部分。业界有很多成熟的策略和支持工具可供使用。

一个完整的 CI 流程如图 7-5 所示。

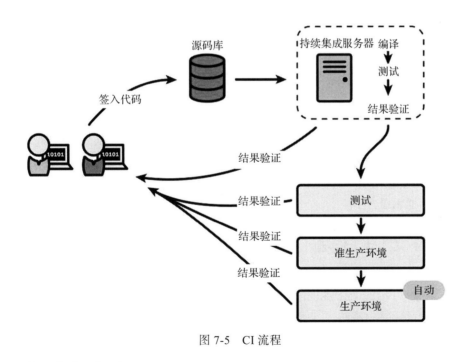

图 7-5　CI 流程

通用的工作步骤如下。

1）签出代码：从源码管理系统中签出最新的代码到本地开发环境。

2）提交：基于主干分支创建一个新的功能分支，并在此分支编写代码，并向仓库提交代码。

3）自动化单元测试：代码仓库对每一次提交代码都会触发测试，单元测试将会被执行。

一般来说，这些测试也会被打包到代码里。

4）编译：通过测试后，将源码转换为可以运行的实际代码，比如安装依赖、配置各种资源等。实现一个 CI 流程的唯一必要条件是有一个自动构建系统。源代码一般是自包含构建的，即 CI 流程所需的构建脚本是放在源码仓库中的。

5）接口和端到端测试：以自动化为主的全面测试，包括接口测试和端对端测试，测试的范围取决于团队制定的回归策略。

6）合并：通过测试后，将代码更新集成到主干。

7）回滚：如果当前版本发生问题，则回滚到上一个版本的构建结果。一般来说，CI 服务器会配置成在遇到故障时发送邮件给相关人员，以便快速了解故障并采取纠正措施。

CICD 是 DevOps 大循环中的关键部分，旨在快速获得反馈，降低系统熵值，并与 DDD 分别负责项目的不同生命阶段。本书不涉及此内容，这里就不详述了，只介绍以下几点 CI 在 DDD 中的特殊之处。

❏ 对于领域层代码的签入应随时进行，改动不要在本地保留太久，不要超过 24 小时。另外，可以增加一个审核环节，审核通过后再合并到主干。审核有疑问要开会讨论，并叫上领域专家。

❏ 保持领域模型的独立与内聚，这将极大减轻 CI 和测试的工作量。系统最复杂的部分——业务逻辑，将只涉及领域层代码的合并。测试用例的编写、测试的运行也变得简单易行。

❏ 自动化测试对于 CI 的成功与否非常重要，领域专家和业务人员能充分参与单元测试用例设计，测试代码能体现通用语言，这是 DDD 的独特优势，一定要充分利用。

❏ 通用语言可对违规操作起到纠正作用。比如“订单判断是否超过合同规定的采购限额”，基于这句话，我们显然知道判断逻辑和限额都应该存在什么地方。一定要坚持使用通用语言。

7.1.6 跨上下文团队工作法

前面介绍了在一个上下文中的工作注意事项，那么在不同上下文中，团队之间该如何工作呢？需求、设计、代码和团队都已经分离了，还有什么交集吗？是不是可以各行其是？这些问题的答案并不简单，它取决于这两个上下文之间的依赖关系及其集成方式。

（1）上下文映射图

上下文映射图是一个重要的概念和成果，它描绘了现有企业各系统（不同上下文）间的关系和集成方式，是确定不同上下文之间团队协作方式的基础。

图 7-6 所示是一个上下文映射图的例子。

当然，上下文映射关系也有可能是比较重量级的集成架构，图 7-7 就是一个各系统通过企业服务总线集成的 SOA 架构图。

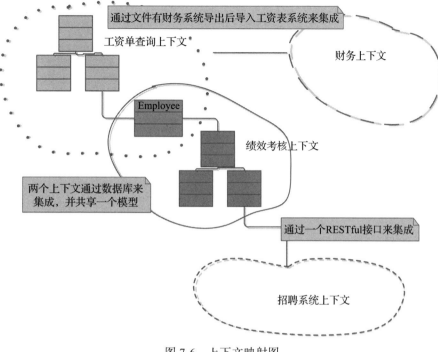

图 7-6　上下文映射图

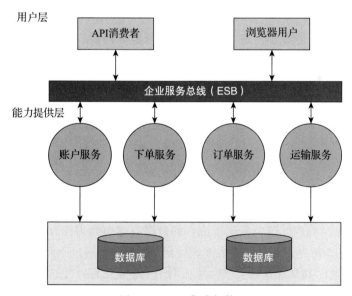

图 7-7　SOA 集成架构

　　值得注意的是，上下文映射图是对现状的描述，而不是对未来的规划。它要描述模型之间的联系点，明确所有通信需要的转化，并突出任何共享的内容，是我们未来优化集成架构和团队协作的基础。它的重要性主要体现在：

1）明确所交付项目与所依赖项目之间的关系。我们不可能从头创建所有东西，我们创建的系统终归要融入既有技术生态。因此与关键上下文的依赖关系和协作方式明确得越早，系统的交付就会越顺利，否则可能会导致意料之外的麻烦。

2）保持不同上下文内，彼此拥有的模型的领域逻辑的内聚性。哪些数据需要从外部获取，哪些逻辑必须保留在当前上下文内，这些信息需要尽早在映射图中清晰地标明。

比如在图 7-6 的例子中，如果工资单查询系统和绩效系统是通过共享雇员模型的方式集成的，就应该明确哪个上下文可以修改该模型，哪一个是消费者，或者两者都可以修改。在一个上下文内，我们可以保证模型的内聚性和独立性，但是跨越上下文时就需要明确一些保护机制。如果本该内聚的领域逻辑散布在多个上下文中，那将是个灾难。上下文映射图可以帮助我们控制这种现象。

3）帮助团队制定集成的优先级和方式。上下文映射图可以揭示模糊和混乱的部分，更重要的是会以当前上下文为核心，展示其周围的应用生态。

关系过远或实时性要求不高的集成关系，可以暂时被隔离或后置。对于项目取得成功关键的核心区域与周围的应用生态，要加大重视，提高其集成优先级。

4）分清团队的所有权和职责。上下文映射图可以明确团队之间的边界和协作方式。有些部分的责任是清晰的，但是对于两个上下文团队共享的部分（如共享模型）或共同维护的部分（如防腐层和转换层），也需要明确责任和归属，如果是共同维护，则需要制定同步规则。

上下文之间控制业务过程的灰色区域通常缺乏职责安排，比如中间件消息队列的维护或微服务框架的优化等，这些区域也应该指定专门的团队维护和优化。在我们的项目中，这个团队被称为"底层架构组"。

5）识别管理障碍，提前获得支持。上下文映射图还会揭示参与到项目中的部门边界。团队不可能拥有所需集成的所有上下文，如果某种集成涉及了跨部门协作，预先理解可能出现的管理障碍并获得支持，将极大提升项目成功的概率。同样，需要集成外部第三方上下文时，需要及时协调测试和调试环境，以及需要访问的沙箱环境和各类资源访问权限。

（2）集成方式

关于集成方式，读者可以参考比较流行的微服务架构的集成方式。前面提到，上下文就是一个大粒度的微服务，它们的集成方式是相通的，主要有以下几种。

1）代码和数据库共享。这种方式会使得两个上下文之间产生比较强的耦合。但不可否认，它是最常见、最容易实现的集成方式。

相对于数据库的共享，共享代码模型可能更好。因为毕竟模型有业务含义，封装了业务规则。如前面门诊系统的例子，多个团队共享病历模型，这比直接访问读取病历数据表要好得多。后者的行为根本无法预测，可能产生无法控制的副作用。

2）基于 RPC 或 RESTful 的同步集成方式。这两种方式是上下文之间的同步调用方案。RPC 远程调用相对于代码和数据库集成方式是一个巨大的进步，但它仍然有可能使两边的上下文被绑定在特定的技术栈上，比如 Java 的 RMI。另外，在升级服务端接口时，这两种方式都会影响到所有的调用方。

RESTful 是一种软件架构风格、一种面向服务的架构，具备无状态调用、自治性的特征，采用这种方式的上下文之间将有更好的松耦合性。在理想情况下，RESTful 客户端将从单个 URI 开始访问，然后通过超媒体连接访问不同的资源。

3）基于事件的异步协作方式。有两个部分需要考虑，即上游的上下文如何发布事件和消费的上下文如何接受事件。像 RabbitMQ 这样的消息中间件可以处理这两个问题。

事件驱动的集成方式使得两个上下文之间的耦合度非常低，而且容易扩展性能。但这种编程风格具有一定的复杂性，这种复杂性不仅包括对消息的发布和订阅，还包括对超时请求的处理。此外，对于习惯了同步调用的开发人员来说，使用异步方式也需要思维上的转换。

关于集成方式的技术类资料很多，这里并不做深入探讨，它们只是落地 DDD 的基础技术设施层的众多选项之一。在第 10 章介绍的六边形架构中，它们都对应一个外部被动适配器，而适配器是可以随时添加而不会影响到领域层的。

（3）团队协作模式

团队协作模式来源于 Evans 的著作，这里做了进一步的提炼、总结和扩展。

1）共享内核（Shared Kernel）。在图 7-6 中，Employee 就是一个共享内核。它是指在其他集成方式成本非常高的情况下，多个上下文共享一部分模型以达到共享数据和逻辑的效果，这部分共享的模型就是共享内核。共享内核一般较稳定，模型可能是一个上下文的核心域，同时是另一个上下文的支撑域。对于共享内核的修改，所有上下文团队应该协商一致。这需要一些有效的软件过程来保证这种同步机制，且通用语言能覆盖多个上下文的需求。

2）消费者与供应商（Customer-Supplier Development Team)。上下文之间是一种单向依赖关系，比如处于上游的交易系统和处于下游的数据分析系统。处于上游的交易系统可能独立于下游系统，而下游系统的开发可能会受到很大的影响，如果不能形成上下游的有效协同，那么下游系统就必须遵从上游上下文的发布节奏来安排自己的工作。

在形成有效协同的过程中，以下是一些建议：

❏ 上下游团队最好在同一个管理单元中。如果下游团队对上游的变更具有否决权，那么下游团队的无力感会大大减轻。

❏ 自动化测试套件可以起到关键作用。有些测试用例来自下游团队，这样上游团队在修改代码时不必担心破坏下游团队的工作，那么上游团队的焦虑感会大大释放。

❏ 下游团队往往不是上游团队的唯一客户，因此不同客户的要求必须通过协商来平衡。在管理方面，建议由不同的产品经理来负责，避免顾此失彼。

3）追随者（Conformist）。当上下游团队不在同一个管理单元中时，上游团队没有配合下游的动力或可能性，下游团队对于上游的变更往往无能为力。这常常发生在内部团队和外部供应商之间。几乎可以肯定的是，面对众多集成的客户，上游团队无法单独响应谁的请求，而只能按照自己的计划来。这时，下游团队采用的就是追随者模式，完全借用跟随上游发布的模型或接口，下游团队可能必须牺牲其领域模型的清晰性，必须与上游的模型保持一致，通用语言也会因此发生变化，或者借用上游系统的上下文。

虽然听起来似乎缺少一种掌控感，但这种方法避免了创建代价比较高的防腐层，协调成本也降到最低，可以极大地简化集成工作。与共享内核不同之处在于合作形式不同，一个是高度协作的，一个是无法协作的。

4）防腐层（Anticorruption Layer）。防腐层是我们推荐的团队协作模式，对于下游团队来说，即根据自己的领域模型创建一个单独的层，该层作为上游系统的代理向本上下文提供功能。防腐层承担两个上下文翻译的任务，这个层的实现可能不会很优雅，但是它可以让我们不牺牲自己领域模型的完美设计去换取对另一个上下文 API 的匹配。此外，除了一定的必要工作量，这个模式并没有任何副作用。

防腐层的主动权始终在团队手中，无需外部配合。系统内部也可以完全隔绝外部，对变化做到无感，只需要和代理类交互即可。基于代理模式，我们还可以提升用户的体验，比如接口调用失败后的系统行为。

外部世界总是不可控的，无论当前与其他上下文团队的协作关系如何，我们始终推荐保留一个防腐层的设计。

5）分道扬镳（Separate Way）。这个模式的含义是上下文之间完全独立开发、独立发布，不受外界任何影响，上下文团队不再纠结于与谁集成，而只通过接口的方式将自己的能力开放出去。

其实，这反而是理想的团队协作模式，相濡以沫不如相忘于江湖。一个团队在构建系统时，应该把未来的集成环境视为一个黑洞，不要过分关注会被谁集成及会以哪种方式集成，这样才能设计出完美内聚性和独立性的模型。至于未来集成的需求，应是消费端考虑的，而非供应端应该思量的。应需而动，结合后面提到的开放主机服务和发布语言，将自己的能力适当包装并保持开放。

6）开放主机服务和发布语言（Open-Host Service and Published Langage）。类似于RPC、RESTful 接口，都属于开放主机服务。你也可以定义一种协议，并公开该协议，让其他上下文通过该协议来访问你的服务。发布语言是类似于 XML 和 JSON 的序列化语言，可以序列化模型，作为两个上下文模型翻译的媒介，以便在网络间传输。此外，这种语言也是可以创新和扩展的。

这两种模式通常一起使用，再配合分道扬镳的团队模式，可以给上下文团队极大的自由度和兼容性。与防腐层一样，我们应优先考虑使用这种模式。

团队协作模式、适用集成方式与推荐度如表 7-1 所示。

表 7-1　团队协作模式、适用集成方式与推荐度

团队协作模式	适用集成方式	推荐度
共享内核	1）	★★
消费者与供应商	1）、2）	★★★
追随者	1）	★
防腐层	2）、3）	★★★★
分道扬镳	2）、3）	★★★★★
开放主机服务和发布语言	2）	★★★★★

7.2　重用性和稳定性：模块

上下文是系统拆分的第一级，之后还需要进一步分割系统来降低系统的熵，使开发团队可以从容应对开发的工作，这就要用到模块（Module）。

基于 DDD 的统一原则，对代码的划分也就是对模型和概念的划分。在一些语言中，模块是通过打包（Package）来实现的，模块以共享库、DLL 和 JAR 等为物理载体。为了统一术语，有时我们会以"包"的说法代替"模块"，两者其实是一回事。

模块之间应该是低耦合的，而模块内部则是高内聚的。所谓高内聚，即我们前面提到的"有且仅有"的概念，完成一个关键任务的模型都应包含在一个模块中，同时没有与此无关的东西。当然，这是一种理想情况，因为我们要完成的任务并不只有一个，但模块间耦合的高低是我们衡量模块划分好坏的依据。

模块可以分为两种：横向的和纵向的。横向的称为分层。分层架构将在第 10 章重点讨论，本节重点讨论纵向的划分方法，即研究如何给领域层内的模型打包。撇开技术因素的影响，我们该如何合理地打包领域模型并纵向划分模块呢？有什么评判的标准呢？可从以下两个维度作为度量的出发点：包的内聚性原则和包的耦合性原则。

7.2.1　包的内聚性原则

包的内聚性原则有以下 3 条。

（1）重用和发布原则

重用和发布原则即包的重用粒度和发布的粒度相同。这一原则是从开发组件的角度来讲如何封装打包模型的，它包括以下 3 层含义：

❑ 模型是一个抽象的概念，为了重用一个模型，你必须将其放入一个可以重用的包中。同时，如果包是可重用的，那么模块中包含的所有模型都应该是可以重用的。

❑ 不以重用为目的的模型，不应该放入重用目的的包中，而要将其另行放置。

❑ 模型要同时被发布和跟踪。只有建立一个跟踪系统，为模型的使用者提供所需要的变更通知、安全性以及支持后，才有可能重用。

所谓重用，其实就是可以灵活组合来完成不同用例，包括封装的业务逻辑或技术能力。不具备重用性的类包括用户界面、数据访问层、数据结构等，因为它们的特殊性，一般不会被重用。可重用和不可重用的资源不要打包在一起。

本章只讨论领域层的模块划分，如果保持了领域层的独立性，原则上它们都是可以被重用的。借助打包的操作，可以帮助我们将与领域逻辑不相关的类从领域层中剔除出去。

重用和发布原则是第一个标准，它强调了领域层的纯洁性，如何继续细分还要参照接下来的两条原则。

（2）共同重用原则

共同重用原则即一个包中的所有类应该是共同重用的。如果重用了包中的一个类，那么就要重用包中所有的类。这一条不难理解，如果把包理解为一个工具箱，当你给汽车换轮胎时，这个工具箱中有手套、千斤顶、扳手和充气筒，这一组工具都可以用到，这就是共同重用的含义。如果这个工具箱中多放了一把锯子，或者扳手被放到了其他工具箱中，你会觉得很困惑和不方便，违背了共同重用原则。

当然，有人会说重用的场合又不止一种，是的，但这里说的重用必须基于一定的用例，比如上面的换轮胎。如果换了不同的用例，那么需要的模型就会不一样。我们要依据自身的方便来做决策，当你只有一套工具，是更需要为换轮胎准备一个工具箱，还是为换灯泡准备一个工具箱？

因此，在领域模型中划分模块的一个依据是把参与同一个用例的模型打包在一起。当然，要以核心用例为优先。图 7-8 展示了另一个例子。

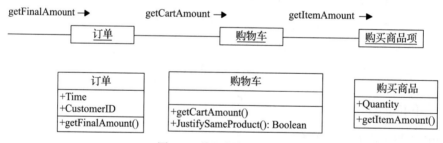

图 7-8　按用例打包模块

按照获得价格这个用例，我们将购物车、订单和购买商品项放入同一个模块中是合适的。

如果用例的粒度过大，不一定要把参与的所有模型都囊括进来，我们还要基于第三条原则来平衡模块的稳定性。显然，包含的东西越多，它越不容易稳定。

（3）共同封闭原则

共同封闭原则即包中的所有模型对于同一类性质的变化应该是共同封闭的。一个变化若对一个包产生影响，则将对该包中所有的类都产生影响，而对其他包不造成任何影响。

为什么我们要追求模块的稳定性呢？这是基于我们划分模块的初衷，把熵增局限在一个小范围内。如果任何小的变化都要波及很多包，那就失去了划分它的意义。

另外，前面说过，包会以共享库、DLL 和 JAR 等物理形式出现，如果一个需求变化只更新一个对应的包，那么就只需要测试和重新部署这一个包即可，与这个包没有依赖关系的其他组件和模块都无须重新测试和发布，这将极大提高系统可用性。把受制于同一变化因素的模型打包到一起，而不将其散布到别处，这一变化的破坏力就没有那么大了。

比如与顾客信息相关的类放入同一个包中，如地址、身份等值对象，因为导致它们变化原因都是一样的——用户模型发生了变化，而其他不相关模块可以无视这一变化因素。

在解决大部分问题时，能否在一个包内解决？一个需求的变化，能否只改动一个包？如果包是熵增的隔离器而不是放大器，那么显然包的划分是合理的。

除了第一个原则外，后两个原则的划分标准可能是统一的，也可能是冲突的，并没有一个标准答案，可能之前合适的打包方式慢慢就变得不再合适了。如前所述，判断标准除了模型用户使用的便捷性，还有包之间的耦合性。

7.2.2 包的耦合性原则

包的耦合性原则有以下 3 条。

（1）无环依赖原则

无环依赖原则即在包的依赖关系中不允许存在环。当一个包中的类使用了另一个包中的类，这就产生了两个包之间的依赖。包之间的依赖关系应该是有向无环图，而不允许出现循环依赖的情况。原因在于我们在发布包时，要考虑它对其他包的影响：一个是依赖它的包，比如图 7-9 所示，我们发布了包 C，那么受影响的是 A 和 B，A 和 B 要考虑重新与 C 集成；另一个是它依赖的包，比如 D。我们在测试 C 时，只需把 C 的版本和当前 D 的版本编译连接即可，不会涉及其他的包。这样，一个包的改动的影响范围总是最小且可控的。

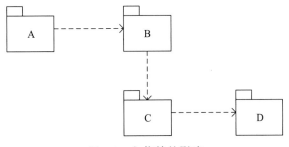

图 7-9 包依赖的影响

但是，如果出现了循环依赖，如图 7-10 所示，那么情况就变得异常复杂。

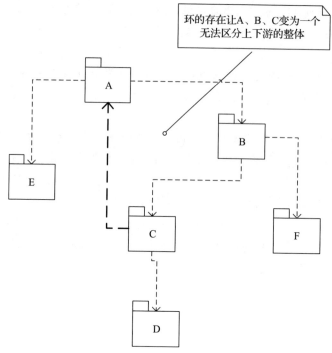

图 7-10　依赖中形成的环

在单向依赖中，如果包 C 中的类又引用了 A 中的对象，那么就会多出一条线而形成一个环。形成一个环的结果是，A、B、C 必须同时发布，它们之间也无法区分上下游关系。在 C 更新测试时，A 依赖的 E 和 B 依赖的 F 都需要一起编译和连接，因为此时 A、B、C 从依赖关系角度可看成一个整体。

只是一条闭环的线，就导致了复杂度的急剧增加，这不是我们想看到的。因此，在给领域模型划分包时，第一个要注意的就是避免依赖环的出现，找到产生闭环线的那个对象并重新安排它的位置。

（2）稳定依赖原则

稳定依赖原则即包之间的依赖关系必须朝着稳定的方向，被依赖者必须比被依赖者更稳定。稳定一方面是说业务规则和需求本身很稳定，另一方面是说我们有很好的设计机制，模型在发生变化时依然可以保持稳定，无须改动。相关的机制之前都有提及，比如事件和多态。多态机制是很强大的应对变化的武器，对应的实现方式是抽象类和接口，这就涉及下面要讲的第三个原则。

（3）稳定抽象原则

稳定抽象原则即类越稳定，包就越抽象。一个完全稳定的包应该只由抽象类组成。

抽象的东西是很稳定的。一方面，是因为它本身体现的领域逻辑比较高层，比如核心的商业模式，这些东西不太容易变化，抽象的东西往往体现本质，影响它的因素本来就少；

另一方面，抽象有合适的扩展机制，比如多态。子类可以有无数种实现方式，而基类无须改变什么。

基于原则 2 和原则 3，我们都应该依赖抽象而不是具体实现。这与针对接口编程的理念不谋而合。同时，这也意味着抽象类和接口及其实现类不应该在一个包中。比如，存储库的接口和实现就应该属于不同的包。

那么，纯粹抽象的包存在吗？在 DDD 中如何运用？又对应什么概念呢？它对应于 Evans 提出的抽象核心（Abstract Core）的概念，是可以用来承载顶层商业逻辑的核心域。在业务逻辑上，它是核心，应该被其他模块所依赖，而本身不依赖于任何其他模块。同样因为它的表现形式是抽象的，根据"被依赖者应该更稳定"和"越抽象越稳定"原则，它被其他模块依赖也是合理的。关于核心领域层的内容将在第 10 章中进一步阐述。

这里提到了"核心域"的概念，它是模块划分的另一种思路——子域，下一节将着重了解这个概念。

7.3　区别特殊性与一般性：子域

上下文是切割系统的牛刀，模块是分割系统的匕首，此外还有另外一把武器——子域。上下文帮助我们划分了用例、模型、代码和团队，模块给我们提供了兼具重用性和稳定性的构造块。子域提供的价值与它们不同，它是 DDD 中的专属概念，是按价值的特殊性与一般性进一步切分系统的方法。在实现层面，子域更多是以层或微服务的形式出现的。

按价值高低，子域可以分为核心域、支撑域和通用域。

1）核心域：最具价值、最专业的领域模型的集合，是系统区别于其他系统的独特价值点，体现的是组织的核心竞争力和独特的业务解决之道，如特有的商业模型或核心算法。

2）支撑域：支撑核心域周边业务的领域模型的集合，具有企业特性，但不具备通用性，如认证授权、查询浏览等。

3）通用域：通用功能的模型集合，通用的功能不具有企业特性，在不同的企业内部区别也不大，如邮件通知、日志记录等。

7.3.1　核心竞争力：核心域

（1）核心域的定义和目的

所谓的核心域，是最具价值、最专业的领域模型的集合，是系统区别于其他系统的独特价值点。它承载的可能是企业独特的商业逻辑、新兴的商业模式、效率提升的秘密武器或者独特的业务解决或效率提升之道。作为项目，它是你说服老板去构建它的原因，作为产品，它是你吸引客户购买它的理由。

对于企业内部来说，无法通过购买通用软件或开源解决方案来满足需求的部分往往就是核心域，当然还要辅以价值的维度，虽然特殊但是价值低的目标并不是核心域。

无论系统最后是否具备特殊性，即使你最终发现它只是一个通用系统，提炼核心域的工作都会使团队受益，提炼核心域也是 DDD 最具价值的工作。

这项工作的价值体现在：

1）聚焦难点：促进开发团队了解客户痛点和需求的特殊性，而不是过于自负，一味套用过去的经验和通用的解决办法。

2）合理分配资源：促使团队把好钢用在刀刃上——让最优秀的开发者去解决特殊性，让一般的开发者去解决通用性。事实上，大多数团队的做法是相反的，优秀的开发人员往往被安排去解决技术问题。

3）积累数字资产：对企业来说，核心域模型是其真正的数字资产。对于软件产品来说，核心域是其产品核心竞争力所在，甚至可以把核心域模型放在产品宣传材料中。

如图 7-11 所示，对于一个集装箱货运系统来说，"货运"才是其核心域，而订单、合同和仓储只是周围的支撑数据，所以它们属于支撑域部分。由此也可以看出，是否是核心域取决于系统解决的目标问题，一个系统的核心域可能是其他系统的支撑域，反之亦然。

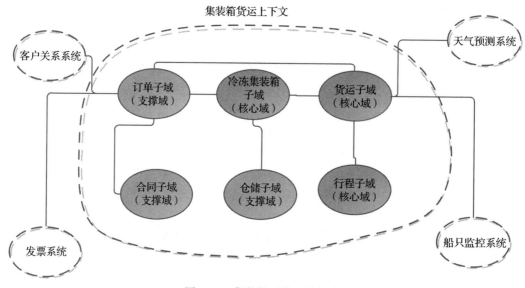

图 7-11　集装箱系统子域划分

图 7-11 中还描绘了上下文之间（不同系统），以及集装箱货运上下文及其所含子域的关系，稍后会详细讨论。

如果在确定核心域时还有把握不准的地方，不妨试着回答以下问题：

❑ 系统是否打造了独特的商业模式？

❑ 系统是否提供了超越其他商业对手的竞争力，它是怎么体现的？

❑ 系统是否以某种创新的方式提升了我的效益 / 效率等指标？

❑ 系统为何不能直接采购而必须定制开发？

❑ 如果这是一个内部系统，我凭什么说服我的老板构建这个系统？

❑ 如果这是一个软件产品，比如 SaaS，我怎么说服客户购买它？

（2）核心域的构建方法

实践一：向团队阐述核心域的价值。

写一份核心域的简短描述，阐述其价值主张，同时展示出领域模型的能力，说明如何实现这些主张。

这份愿景文档可以作为一个指南，帮助开发团队在精炼模型和代码的过程中保持统一的方向。与一般愿景说明不同的是，这份文档论述要更具体和细致，描述领域模型需具备的能力。

以下是一个敏捷项目管理软件核心价值阐述的例子：

❑ 计划模型可以按照优先级列出需要开发的用户故事和它们之间的依赖关系，实时计算在一个 Sprint 内的故事点数，并统计每个开发者、测试人员的点数分配，同时给出提醒。

❑ 计划模型可以给出团队生产效率的变化情况。

❑ 计划模型可以支持用户故事的分割，未完成的部分可以顺延到下一迭代。

……

图 7-12 所示是该系统对应的上下文和子域划分。

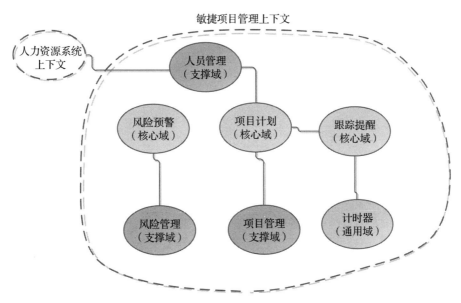

图 7-12　核心域、支撑域和通用域

实践二：通过核心用例识别核心域并重点标记。

怎么识别出核心域？核心域对应的是核心用例，通过核心用例的实现就能确定哪些是核心域的模型。

这项工作需要关键利益相关人的参与。提炼出的模型范围可能比较大，我们需要以这些模型为起点，进一步精炼，去除用例中那些不重要和不体现核心逻辑的部分。同时，在我们的模型静态视图中，把核心域的成员标记出来。必要时，编写一个用于描述核心域和其中元素的交互过程的文档，这个文档应能被开发团队之外的业务人员所理解。

实践三：单独打包。

对于识别出来的核心域模型，对应的代码也要运用模块打包技术，将其与其他非核心代码分离开来，以确保模型与代码的一致性，并方便维护和重用。同时，尽量减少核心域代码和其他模块的联系。在设计和实现时，应该确保除了领域逻辑自身的变化，系统中的任何变动因素都不会影响核心域。核心域是系统的核心，是最不需要关心其他组件的部分。相反，其他组件都应以领域层为依托。

当领域层的模型、代码或文档发生变化时，一定要与团队和领域专家协商，并通知上下文内的所有人员。在持续集成（CI）过程中，领域层的代码必须进行代码审查。而领域层之外的部分，则可以不那么严格。

（3）分离内聚的计算逻辑

在构建好核心域之后，我们还要继续观察，是否可以继续给核心域减负，把一些内聚的计算逻辑分离出去。

计算有时会非常复杂，导致设计变得膨胀，机械性的"如何做"部分大量增加，完全掩盖了概念性的"做什么"。为解决问题提供算法的大量方法，掩盖了用于表达问题的方法。

如图 7-13 所示，内容推送是一个 App 的产品特色，是其核心竞争力所在，也是其核心域。我们将推送算法从该核心域中分离出去，包括模型和代码的分离，可以保持核心域的简洁、清爽。之所以这么做，是因为推送算法本身具有内聚性的特点，与其他业务逻辑的关联性不强，且易于分离。

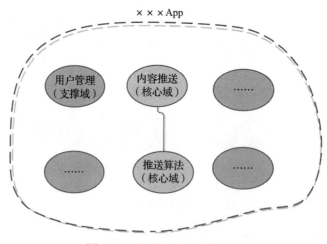

图 7-13　分离内聚的计算逻辑

分离出去的推送算法依然属于核心域，可以进行独立的分析和测试，甚至这种分离的效果可以使其被单独重用，增加了其作为数字资产的利用价值。

（4）升华到抽象

依据"越抽象、越稳定"的原则，核心域的模型最好都是抽象类和接口，因为它被其他所有模块所依赖，当然是越稳定越好。但复杂的领域逻辑可以只用抽象类和接口来表达吗？"只有当领域中的基本概念能够用多带接口来表达时，这才是一种有价值的技术"（Evans）。事实上，这是可以做到的，接口代表了一种契约，即模型所承诺的能力。使用抽象和接口类来描述领域逻辑，并不存在任何问题。

前面提到的存储库接口和实现类属于不同的模块就是一个很贴切的例子。存储库的接口体现的是领域逻辑，而存储库的实现则负责和持久化技术打交道。前者是领域层对象，而后者并不属于领域层。

同理，只包含领域逻辑的核心域，完全可以只由接口和抽象类组成，具体实现可以放入核心之外的其他子域的模块中。这样的核心域是简洁且稳定的，是一种非常值得推荐的实践。

7.3.2 周边业务：支撑域

支撑域是支撑核心域的周边业务，具有企业特性，但不具备通用性。比如，前面集装箱系统的合同管理域仓储管理子域；敏捷项目管理系统中的人员管理和项目管理；电商系统中的商品浏览等功能。

这类支撑域的特点是它们的功能具有行业普遍性而非特殊性。具体的特征包括：关注点一般是主数据的增删改查；不涉及业务和交易数据。

把支撑域单独作为一个微服务，是一种很好的低耦合架构方法。在将单体应用拆分为微服务架构时，通常会先拆分支撑域，因为核心域往往过于复杂，牵扯太多，直接拆难度太大。而且第 10 章还会强调，不能为了拆分而拆分。如果微服务的拆分破坏了领域层的内聚性，甚至打破了聚合，那么这种做法就得不偿失了。

当支撑域和通用域被拆分出来后，核心域的提炼难度和风险就大大降低了，这就是微服务拆分中的绞杀者模式。微服务形式的支撑域可以方便地服务于多个上下文，如商品子域可以为多个应用提供商品查询服务。

7.3.3 通用能力：通用域

通用域是指那些完全通用的功能，不能说它不是商业逻辑，但其逻辑没有企业特性，放在任何组织中可能都是一样的，如邮件发送、日志记录、工作流引擎、报表组件等。

对于通用域，我的建议是专业的人交给专业的厂商去做，可以购买现成的组件或 PaaS 云资源，而自己的团队则专注在核心域上。使用初级开发人员去应付通用域并非明智之举。

尽管通用域不是核心业务或支持业务，但没有它们业务也无法运转。通用域虽然不会为组织提供核心竞争力，但可以影响系统运转的效率。

举例来说，报表组件是否智能、消息系统能否应对大的并发、工作流引擎的可靠性如何，虽然这些问题与业务逻辑无关，但保持其高效的技术难度一点都不低。

这些不是我们的核心域，对于提供这些产品和服务的厂家来说，则是它们的核心域。将自己的通用域交给以此为核心域的专业团队来解决，可以事半功倍。

7.4 上下文、模块和子域之间的关系

现在刀架上有了上下文、模块和子域三把刀，它们的作用类似，难免会有些混淆。本节将介绍它们之间的区别和联系。

7.4.1 上下文和子域的关系

上下文和子域的关系可能是众多 DDD 实践者一直困惑的话题，因为它们都是 DDD 所引发出来的新概念。有些人认为它们就应该是 1：1 完全对应，但如果真是如此，何必发明两个概念呢？

上下文对应的是一个用户群体、一个独立的商业价值交付、一个独立的工作环节或流程，它将分割独立的系统或子系统以及团队。划分上下文某种程度上是从需求的角度出发，上下文内必须满足分配给其的用例，为对应的用户群体形成一个需求满足闭环。相比于上下文，子域只关心职责的内聚性，不关心用例的满足，单独的子域并不能构成系统的概念。

核心域只提炼核心业务逻辑，支撑域承接非核心业务，通用域负责通用功能。某种程度上，它只是一种层级的划分。

这么看来，上下文应该包含子域，是 1：N 的关系，在大多数情况下这种说法都是正确的。但是，还有一种例外的情况，即一个子域可以服务于多个上下文，或称一个组件服务于多个应用场景。比如，前面提到的通过共享库的共享内核模式，相当于一个核心域代码服务于两个上下文。

在当下流行的微服务架构中，将子域实现为微服务时，一个微服务服务于多个应用的情况非常常见，有点像"中台"的意味了。根据微服务的定义，它具有自治性，当它服务于多个系统时，我们很难界定微服务属于哪个上下文。比如，淘宝和天猫共享一个统一用户服务，显然这是两个上下文，但是统一用户的子域是共享的。在这种情况下，上下文与子域关系就是 N：N 的关系了。

7.4.2 上下文和模块的关系

上下文是一把牛刀，负责第一层庖丁解牛。模块是一把小刀，随后把系统分割为需要

的小块。

上下文分割了用例、模型、代码和团队，进一步的划分则需要使用模块了，可以体现在分层上——把业务逻辑和技术组件分开，也可以体现在模型的重用性和稳定性的划分上。当然，重用性也是从用例的角度出发，模块的划分可能落脚在不同的业务方向或不同的用户群体上。比如，一个业务种类一个模块，或者满足一个用户角色的所有用例涉及的模型一个模块。

模块可以实现为共享库或微服务，上下文则一般对应一个系统或子系统，包含多个模块和微服务。

7.4.3　子域和模块的关系

子域和模块是从不同的角度继续分割系统。模块考虑的是从重用性和稳定性方面进行分割，而子域则从功能的特殊性和一般性角度进行分割。

某些情况下，两者可能是殊途同归。比如，分割核心域、支撑域和通用域也体现了包的内聚三原则。核心域模型的重用性和支撑域模型的重用性显然是不一样的，所以它们也属于不同的包被发布出来。通用域的各个功能通常自成一个模块。此外，抽象核心域体现了越抽象越稳定的打包原则。

子域的划分也是以模块为载体的，可以是共享库、DLL、JAR 包或一个微服务。

在厘清了三者的关系后，我们要保持清醒的思路。上下文对应的是闭环系统，而子域对应的是层或组件，模块则从重用性、稳定性进一步细分了模型和代码，它们划分模块的出发点有所不同。因此，正确的顺序是：先决定上下文，再确定子域和模块。上下文将帮助我们划分好用例、模型、代码和团队，之后我们可以从业务价值角度出发，逐步地提炼核心域、支撑域和通用域，再从重用性、稳定性和低耦合角度出发，考查模块打包的合理性。

子域和模块划分不应在上下文之前，但它们可以服务于多个上下文，尤其是在微服务架构中，此时上下文与子域的关系就是 N∶N 的关系。

关键细节——从模型到代码

本章将涉及 DDD 落地的最后一步——编码，亦是关键的一步。如果我们在一些关键细节上不加注意，会在这一步让项目处于脱离 DDD 轨道的风险之中。实现环节的一些规范不事先规划好，待启动之后基本是不可弥补的。本章的重点在于明晰设计模型和实现模型诸多概念的对应关系、代码可读性的重要性、优雅代码的组织技巧、高效的注释方法，以及重中之重——单元测试对于 DDD 落地的重大意义。

8.1 DDD 中的代码要求

在大部分传统项目中，设计完成之后，领域专家、产品经理和架构师就可以暂时离场了。编码实现环节是留给开发人员展示其个性的地方，之前的设计不过是他们理解需求的工具而已。除了代码互查的开发伙伴，没人能对开发人员的代码进行指导或评价，更何况是产品经理或领域专家。无论是为了团队和谐还是技术上的可行性，他们都无法参与实现环节。

那么，他们何时回来验收领域逻辑呢？如果团队采用了 DevOps 反馈循环，则等到程序部署到测试环境后，验收和测试就可以开始执行了。如果发现领域逻辑没有被正确地理解和实现，则需要汇报缺陷并继续等待下一次发布和部署。当然，如果发布频率较高，则可以多次验证，因此发布频率也成为了 DevOps 方法的重要指标之一。

而在 DDD 项目中，编码、需求、设计三者紧密衔接且相互依存。开发人员不能脱离模型重新设计实现，代码必须是语言和模型的自然延伸。语言、模型、代码三合一是 DDD 的基本原则，这样可以有效避免前面提到的问题。同时，配合领域模型的独立性与内聚性，可以在模型设计之初就开发好相应的单元测试来验证领域逻辑，而不需要进行端到端的复杂部署。这些原则是 DDD 内在价值的保证，在实现阶段也必须始终如一地贯彻才能够体现其价值。

因此，我们对代码的要求如下：

❏ 忠实表达模型。

❏ 体现通用语言，特别是代码的可读性。

当然，模型不可能覆盖实现过程中的所有方面和细节。在编程和测试过程中，需要针对设计做出很多的调整以解决各种问题。

除了模型之外，开发人员依然对代码的健壮性和灵活性有极大的决定权，这些决策会来反过来影响通用语言和模型，代码质量也会影响领域模型的独立性与内聚性。所以，对于代码的第三个要求是必须保证健壮性与灵活性。用开闭原则来解释就是兼具需求扩展的灵活性和面对变化的稳定性。

最后，我们还要明确一个观念：代码并不只包含可执行代码，注释、单元测试都应被看作代码的一部分，尤其是单元测试，对 DDD 成功落地有着重要意义。所以，高效的注释和完整的单元测试也是我们对于 DDD 代码必不可少的要求。

综上，在 DDD 的实现环节，代码要做到：

❏ 忠于模型。

❏ 表达通用语言。

❏ 健壮性与灵活性。

❏ 良好的注释。

❏ 完备的单元测试。

下面我们将逐一展开讨论。

8.2 忠于模型：从模型到代码

本节将讨论领域模型相关概念对应的代码实现，以及只要忠于模型，实现可以有多种方式的说明。

8.2.1 领域相关概念及对应实现

前面提到了领域相关概念，如上下文、子域、模块、实体、值对象、领域服务、聚合、工厂、存储库、属性、操作、事件、异常等，它们如何在实现环节落地，在阐述时都做了相应的介绍，本节做一总结，如表 8-1 所示。

表 8-1 领域概念及对应模型

领域概念	对应模型	对应代码概念	参考章节
上下文	上下文映射图	工程项目、解决方案	第 7 章
子域	组件图	模块、组件、微服务、包	第 7 章
模块	包图	包	第 7 章

（续）

领域概念	对应模型	对应代码概念	参考章节
实体	类图	类	第 4 章
值对象	类图	类、结构	第 4 章
领域服务	类图、方法	类、过程、函数	第 4 章
聚合	类图	类和成员可见性约束	第 6 章
工厂	类图、接口	工厂模式	第 6 章
存储库	类图、接口	存储库模式	第 6 章
属性	类图	属性	第 5 章
操作	交互图	方法、函数	第 5 章
事件	类图、交互图	事件	第 5 章
异常	类图、交互图	异常	第 5 章

（1）上下文

如前所述，当我们确定了上下文，也就划定了需求、用例、模型、代码、数据和团队的边界。对应到代码模型，一个上下文很可能对应于一个独立的项目、工程、解决方案或多个项目的组合。

以 .net 工程为例，上下文一般对应一个解决方案或一个项目，如图 8-1 所示。

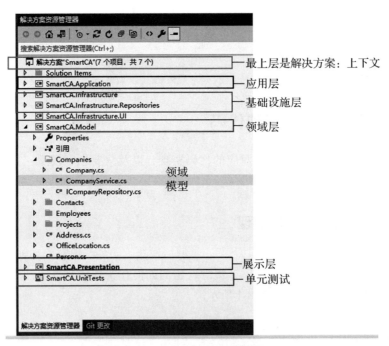

图 8-1　上下文和解决方案

一个微服务不太可能对应一个上下文，因为上下文是要满足分配给其的用例的，逻辑上需要构成一个闭环，而微服务一般强调功能的专一性，所以微服务通常对应于子域或模块。

命名空间的设计应该与上下文统一。一个上下文中不会有同名模型，同样一个命名空间内也不会有，我们应该利用这个特性，将命名空间的设计与上下文保持一致。当然，其下还可以划分子命名空间，以区分不同模块。

上下文是个逻辑概念，可对应于一个或多个工程项目。只要我们目标用户群体相同、满足的用例一致、模型表示唯一且开发团队相同，这些工程就可以在一个上下文边界内。

（2）子域、模块

同样以 .net 工程为例，如图 8-2 所示。

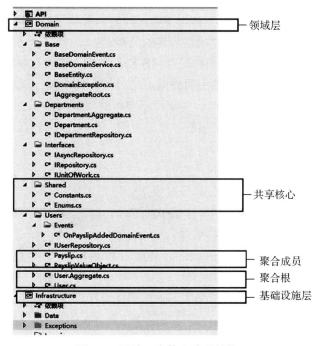

图 8-2 子域、实体和代码结构

第 7 章已讲过，子域和模块可以对应于一个共享库、DLL、JAR 包或微服务。代码的组织方式可以使用单独的文件夹或项目进行组织。如图 8-2 所示，核心域就被组织在一个名为 Shared 的单独文件夹内，将其发布为一个单独的 DLL 文件（或 JAR 包），以达到重用的目的。

支撑域可以放在基础设施层下面的包内，也可以使用项目的形式来组织，甚至是作为一个独立的微服务（比如工作流、认证、消息通知等）。与上下文不同，子域不会构成业务闭环，它只专注于功能的特殊性和通用性，对于不同的通用域来说，只关注任务的专一性。

（3）实体、值对象、领域服务

这 3 个领域概念的适用场景和代码实现在第 4 章有详细介绍，它们的代码一般都是通过类来组织的。

值对象还有一种理想的实现方案——结构体（Struct）。因为当我们将 Class 作为参数传给一个方法时，我们传递的是一个引用而非值，而结构体传递的是值而非引用，这完全符合值对值的特点。此外，结构体还具备以下优点：

❏ 类使用前必须 new 关键字实例化，结构体则不需要。

❏ 结构体可以和类一样创建字段、属性、方法甚至是事件。

❏ 结构体不支持继承，但可以和类一样实现接口。

Class 比较适合大型和复杂的数据，结构体适用于作为经常使用的一些数据组合成的新类型。如果一个类型的实例较小且生命周期较短时，或者经常被内嵌在其他对象（如"地址""通讯录"等）中，可以将其实现为结构体的值对象。

稍后我们还会讲到，值对象是一种没有副作用的类型，在设计时应该优先考虑将领域概念实现为值对象。我们也会给出将引用类型（类）转变为值对象（结构体）的例子。

领域服务方法需要使用类来包装，并建议不要将其实现为静态方法，这有助于后面性能的扩展，如果高并发，我们可以扩展服务类的实例，而静态类型成员是脱离于实例的。

（4）聚合、工厂、存储库

实现聚合的第一步是确定聚合根，它是一个实体类型。在代码组织方面，最好将所有聚合成员放在同一个文件夹中。聚合成员脱离聚合根是无法使用的，把它们放置到别处毫无意义。如图 8-2 所示的被标记为"聚合根"的 User（用户）类和"聚合成员"Payslip（工资条）类，如果脱离用户，工资条没有任何业务含义。

图 8-2 中的 User.cs 和 User.Aggregate.cs 类使用了 .net 的"部分类"（Partial Class）技术，即一个类的代码可以写在多个文件中。这是一项非常棒的技术，既不影响类的整体性，又可以分别组织其不同的专注点，带来很好的编码体验和可维护性。User.cs 主要包括用户本身的标识和信息，User.Aggregate.cs 则体现了作为聚合根的作用，封装了一些领域方法和聚合规则（比如一个月只能有一个工资单）。

User.cs 的代码如下：

```
public partial class User : BaseEntity<int>
{
    public User()
    {
        PaySlips = new HashSet<Payslip>();
    }
    public string UserName { get; private set; }
    public string FirstName { get; private set; }
    public string LastName { get; private set; }
    public string Address { get; private set; }
    public DateTime? BirthDate { get; private set; }
```

```
    public int DepartmentId { get; private set; }
    public float CoefficientsSalary { get; private set; }
    public virtual Department Department { get; private set; }
    public virtual ICollection<Payslip> PaySlips { get; private set; }
    // private set 保护聚合成员, 不能被外部赋值
}
```

User.Aggregate.cs 的代码如下:

```
public partial class User: IAggregateRoot
{
    public User(string userName, string firstName, string lastName, string address ,
        DateTime? birthDate, int departmentId)
    {
        UserName = userName;
        this.Update(firstName, lastName, address, birthDate, departmentId);
    }
    public void AddDepartment(int departmentId)
    {
        DepartmentId = departmentId;
    }
    public Payslip AddPayslip(DateTime date, float workingDays, decimal bonus, bool
        isPaid)
    {
        // 聚合逻辑: 保证一个月只有一个工资单
        var exist = PaySlips.Any(_ => _.Date.Month == date.Month && _.Date.Year ==
            date.Year);
        if (exist)
            throw new Exception("Payslip for this month already exist.");
        var payslip = new Payslip(this.Id, date, workingDays, bonus);
        if (isPaid)
        {
            payslip.Pay(this.CoefficientsSalary);
        }
        PaySlips.Add(payslip);

        var addEvent = new OnPayslipAddedDomainEvent()
        {
            Payslip = payslip
        };
        AddEvent(addEvent);
        return payslip;
    }
}
```

在创建聚合时，要用可见性修饰符限定聚合成员的赋值操作，比如，public virtual ICollection<Payslip> PaySlips { get; private set; }，将工资条的设置方法变为private。所有引用User对象的外部调用，都不可能修改聚合内的工资条成员，而只能调用User的AddPayslip()领域方法，这样保证了聚合逻辑肯定会被判断执行，而不被违反。

存储库的组织如图8-3所示。存储库的接口体现的是领域逻辑，应位于领域层，而存

储库的实现涉及了具体的持久化技术，属于基础设施层。

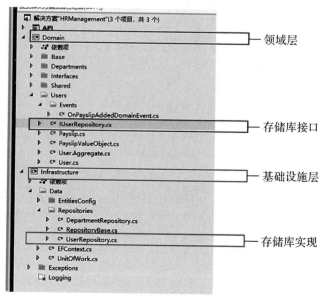

图 8-3　存储库的组织

至于工厂的组织方式，可以采用将工厂方法放在聚合根或合适的对象上，也可以实现为单独的领域服务（参见第 6 章）。

（5）属性、方法和关联

属性和方法创建的各类细节可以参考第 5 章。前者的输入是静态类图，后者主要依赖于协作图。下面看一个例子，如图 8-4 所示。

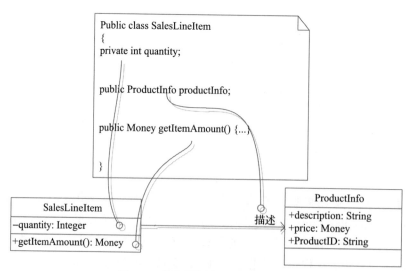

图 8-4　静态类图定义属性和方法

一个完善的静态类图可以作为在面向对象语言中创建属性的输入。此外，DDD 使用 UML 单一模型，借助工具可以直接生成代码。

方法的发掘则来自交互图中的消息，下面再看一个例子，如图 8-5 所示。

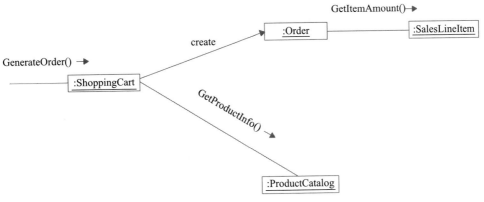

图 8-5　协作图与方法定义

GenerateOrder() 消息是发送给 ShoppingCart 实例的。这个操作可能来自用户"结算"的请求，系统将从购物车创建相应的订单。为什么购物车可以生成订单呢？这用到了前面提到的"信息专家"模式。因此，购物车模型就应该定义 GenerateOrder() 方法。

协作图中还有如下两条消息。

消息一：向 ProductCatalog 发送 GetProductInfo 消息，获取产品描述等信息。

```
ProductInfo productInfo=prodcuctCatalog. GetProductInfo(ItemID);
```

消息二：向 SalesLineItem 发送 GetItemAmount 消息，获取购买项的价格小计。

```
totalAmount += currentSalesLineItem.GetItenAmount()
```

总之，交互图中对象间的每一条消息都对应模型中定义的一个方法。静态类图是方法的最终载体，但定义哪些方法需要从协作图中获得。与图 8-5 对应的静态类图如图 8-6 所示。

介绍完属性和方法后，我们来谈谈关联。关联关系在代码中对应什么呢？这与关联的方式有关。在实现层面，两个类之间有关联，意味着产生了以下的关系：

❑ 一个类是另一个类的属性。
❑ 用到了该类的名称、属性、方法、静态方法等。
❑ 参数是该类的类型。
❑ 继承该类（接口则为实现）。

我们只需要根据关联的类型找到对应的实现方式即可。

这里提一下一对多的关联关系，例如，一个订单内有多个购买项目，如图 8-7 所示。在面向对象编程语言中，一对多的关系通常使用集合类（如 List 或 Map）或简单数组来实现。

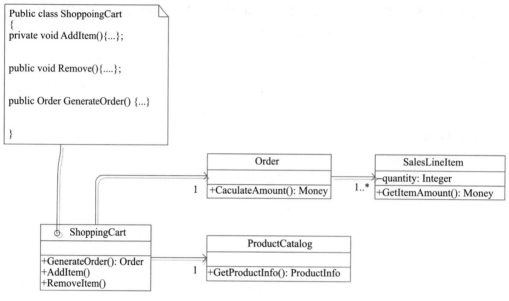

图 8-6　ShoppingCart 协作图对应类图

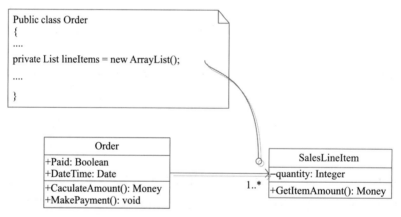

图 8-7　一对多关系与集合类

　　例如，在 Java 和 C# 语言中，有一些集合类如 ArrayList 和 HashMap，它们分别实现了 List 和 Map 接口。通过使用 ArrayList，订单可以定义一个存储所有购买项的有序列表的属性。

　　此外还要注意，LineItems 属性的声明类型是使用接口 List 来声明的，配合工厂模式的使用，可以实现多态的效果，即 Order 类不再与具体的集合类产生耦合，转而把选择权交给工厂，这样可以使 Order 模型更加稳定。

　　使用工厂模式：

```
private List lineItems=new ArrayList();
```

将变化为：

```
private List lineItmes= SalesItemsFactory.GenerateItemsList();
```

此时，Order 类不再依赖于 ArrayList 类型。

（6）异常和领域事件

异常和领域事件是领域概念，是模型设计中需要完成的部分，在模型设计之初就应与领域专家讨论并体现，具体可参考第 5 章。

体现领域逻辑的自定义异常应定义在领域层，而与领域逻辑无关的自定义异常需要放在相应的层中。自定义异常的代码组织方式如图 8-8 所示。

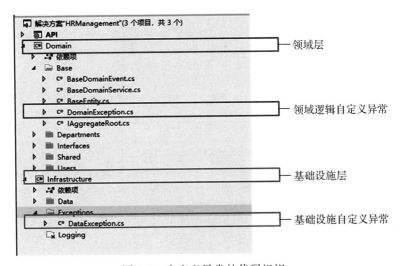

图 8-8　自定义异常的代码组织

领域事件属于完全的领域概念，触发事件的逻辑是由内在领域逻辑决定的，事件的实现必须放在领域层内。在代码组织上，可以与触发事件的聚合放在同一个文件夹中，以体现聚合的内聚性且易于维护，如图 8-9 所示。

事件的技术实现手段很多，可以采用委托代理的方式，也可以采用事件发布订阅总线（EventBus）。EventBus 是一个事件发布技术框架，可以方便领域模型灵活地发布和订阅事件。相关资料很多，这里不再赘述。

8.2.2　一个逻辑匹配多种实现

在实现上，同一个模型、同一个约束或业务逻辑，在不同的语言中可能有不同的表达机制，不必也不可能拘泥于一种形式。只要忠于模型，保持代码良好的可读性，就可以依据语言特性灵活地采用各种方式。

这里举一个前面反复用过的 Sprint 模型为例，如图 8-10 所示。

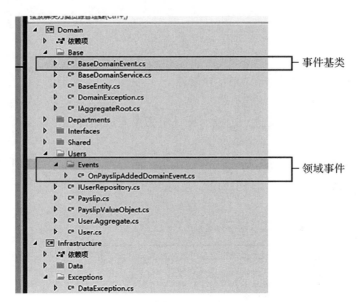

图 8-9 事件的代码组织

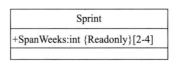

图 8-10 Sprint 模型

Sprint 跨越周数的领域逻辑是：只可以在创建的时候初始化，中间不能修改，且取值范围是 2～4 周。在代码阶段，我们有多种方式保证这个逻辑。

实现一：

```
public class Sprint
{
    private int _spanWeeks;
    public int SpanWeeks
    {
        get { return _spanWeeks; }
        private set                       // private 体现只读逻辑
        {
            _spanWeeks = value;
        }
    }
    public SprintNew(int spanWeeks)       // 只读属性只能通过构造函数初始化
    {
        this.SpanWeeks = spanWeeks>= 2 && spanWeeks =< 4 ? spanWeeks
            :throw new ArgumentOutOfRangeException("Sprint span weeks must between
            2 -4 weeks");         // 取值范围为 2～4 周，否则抛出异常
    }
}
```

如果不喜欢三目运算符"?:",还可以用下面的方法改造构造函数。

实现二：

```
……
public SprintNew(int spanWeeks)
{
    if (spanWeeks > 4 || spanWeeks < 2) throw new ArgumentOutOfRangeException
        ("Sprint span weeks must between 2 -4 weeks");
    else this.SpanWeeks = spanWeeks;
}
……
```

还可以采用语言框架中自带的诊断检查类来实现。

实现三：

```
using System.Diagnostics.Contracts;
……
public SprintNew(int spanWeeks)
{
    Contract.Requires(spanWeeks >= 2 && spanWeeks <= 2);
    this.SpanWeeks = spanWeeks;
}
……
```

可以看到，在同一个领域逻辑下，其实现方式可以有多种。由于拥有良好的命名和必要的注释，每段代码的阅读都很顺畅。

这个例子是为了说明在忠于模型的前提下，开发人员应尽力发掘语言特性和开发框架的能力，选择更具表现力、维护性更好、效率更高的实现方式，充分发挥实现语言的能力。

8.3 表达通用语言：命名的力量

代码表达通用语言最重要的是忠于模型，因为模型是通用语言的核心。另外，依然要想办法增加代码的可读性。这不单是对开发人员而言，对阅读代码的领域专家和业务人员而言也很重要。

之所以这么说，是因为在模型之外，我们还要创建很多对象和变量。在实际工作中，开发人员很可能是先写代码再去与领域专家沟通，代码也会反过来塑造语言。如果这个主动权在开发者手中，一定要充分考虑沟通的需要，从业务角度出发来命名各类对象，而不仅从技术角度出发，只考虑服务于程序员。

8.3.1 方法命名：揭示业务而非实现

（1）揭示目的（What）而不是实现方式（How）

❑ 揭示业务意图。

❑ 描述执行效果。

❑ 展示需求目的。

方法的命名应从上述 3 方面着手，即阐明目的而不是展示算法或实现方式，如果你觉得实现方式的记录是必要的，那么这些信息可以放在注释中。

"揭示业务目的"这一命名法对于连接语言、模型、代码十分重要。如果我们看到一个函数、变量或类，而很难将其与模型或领域概念相对应，我们就不得不花费很多的时间去研究代码，才能理解如何应用它们。最重要的是，了解的结果取决于研究者的判断，而不一定是设计的初衷，后来者如果无法了解其设计目的，那么就无法对其进行维护和更新。最终，我们将得到一堆舍弃不了又无法维护的代码段，这与 DDD 的做法背道而驰。

还有一种更好的办法来帮助命名——编写单元测试，它的作用在于：

❑ 让开发人员站在调用者的角度来思考自己的命名是否直观。

❑ 在与领域专家讨论测试时，也就是在展示你的设计和命名，如果不妥，他们肯定会提出建议。

本章最后一节将讲述单元测试这部分内容。

那么，什么样的名称才是好的呢？优秀的名称，侧重于 What，不大恰当的名称则关注于 How。下面是几个示例以及改进建议：

1）将一条业务记录命名为 InputRecord。显然这个名称不具备任何领域含义，不管它是一条 OrderRecord 还是一个 EmployeeData，都比这个命名要强。

2）将获取价格的方法命名为 CalculateAmount()。Calculate 和上面的 Input 一样都是一种技术术语，显然把它命名为 GetAmount 要好。

3）TraverseCollection() 方法中 Traverse 意为遍历，这个术语对于业务人员来讲太专业了，而且它也没有指出遍历集合的目的是什么，显然 GetUnpaidOrder()、GetProdcutsBy-Specification() 这些命名要更具领域含义，让读者一目了然。

（2）选择有意义的动词

揭示业务目的，应使用描述富含业务含义的动词或动词短语，而不是技术术语。比如，PayOrder、GetUnpaidOrder、RemoveItemFormCart 都是好的例子。

可以参考语言框架中对 String 类方法的命名设计，其中的动词都非常精确：

```
public class String {
    public int CompareTo(…);      // 比较
    public string[] Split(…);     // 划分
    public string Trim();         // 修剪
}
```

像上面例子中的"输入（Input）、计算（Calculate）、遍历（Traverse）"等技术术语最好不要出现在方法命名中。此外，还有一些中性的动词，如 Update、Delete 等，使用与否要视团队的接受程度而定。

此外，要避免一些模糊的无意义的动词，如 Handle、Process、Manage、DealWith、Serve

等方法名称前缀，它们根本不能解释方法的具体作用，最多只能告诉读者它们与处理、管理、服务等相关，但这类词的业务表达性太弱了，应选择更精确的动词。

8.3.2　属性和变量命名：可读性

（1）读出来

可读性的要求很简单但很重要：第一是能否读出来；第二是读起来是否顺畅。以通用语言为基础进行命名就不存在这个问题，因为这些词汇都与领域专家沟通和交流过。除语言和模型之外，我们就要多加注意了。

如果在描述一个变量名时用了不恰当的缩写，那么就可能影响可读性。比如下面的命名：genymdhms。它的含义是"生成日期，年、月、日、时、分、秒"，每一个字母是对应单词的首字母，这串字母甚至都没有一个元音可以拼读。这不是故意杜撰的例子，而是来源于真实的案例，下面是这个完整的类：

```
class Customer
{
    private DateTime genymdhms;
    private DateTime modymdhms;
}
```

上述代码中还有一个类似例子为 modymdhms，你应该能猜出它的含义，但是依然读不出来。这种情况下怎么交流？

修改命名后的代码如下：

```
class Customer
{
    private DateTime generationTimestamp;
    private DateTime modificationTimestamp;
}
```

显然，你不仅可以顺利地读出来，而且对于变量代表的含义也不需要作过多解释。

（2）单词的选择

读出来是第一步，第二步就要读得顺畅。例如一个命名为 AverageRevenue 的属性就比 RevenueAverage 读起来更顺畅，形容词在名词前面要更自然。

另外，相比于简短性，我们应更注重可读性。比如，CanScrollHorizontally 比 ScrollableX（X 代表坐标）更易读。

通常，对变量名的描述就是最佳的变量名，这种名字很容易阅读，因为其中不包括晦涩的缩写，同时也没有歧义，因为它是你在沟通场合使用的自然语言的描述。在这种情况下，有歧义或者混淆的称呼会被立刻发现与纠正，如 numberOfPeopleInProjectTeam、todayDate、linesPerPage。

从可读性出发，要避免使用下划线、连字符、特殊字符。

属性要用名词或形容词来命名，因为属性代表数据，它的命名要反映出这一点。不要让属性名看起来与方法的名称相似。一个消息实现为选择属性还是方法，第 5 章有详细说明，但实际只有一个是最佳选择，不需要同时提供两种方式。以免引起不必要的麻烦。

（3）布尔属性的命名

要用肯定型的短语（CanDo 而不是 CantDo）来命名布尔属性。根据通用语言的情况，可以有选择性地给布尔属性添加"Is""Can""Has"等前缀。例如，CanRead 要比 Readable 更容易理解，但 Created 要比 IsCreated 的可读性更好，前缀通常是多余的，也没有必要。

在为布尔属性和布尔函数选择名称时，可考虑使用一个 if 语句来对 API 做一个可读性测试。这样的测试能够凸显在 API 名称中所使用的单词和语法（比如是主动还是被动语态，是单数还是复数形式）是否能构成一个有意义的短语。例如下面两个 if 语句：

```
if (Collection.contains(item))
if (Specification.Matches(specification))
```

读起来要比后面这两个 if 语句更自然。

```
if (Collection.IsContained(item))
if (Specification.Match(specification))
```

可读性让语言与代码达成统一。

（4）使用拼音或汉字作为变量名

使用拼音或汉字命名变量，这是国内的开发团队可能会遇到的独特问题。先说汉字。技术上，大部分编程语言都支持使用汉字作为变量名，但目前并不推荐。在我们所能看到的代码类书籍和教材中，还没有发现使用汉字变量名作为例子的，大部分开发人员都是在英文环境中学习成长起来的，使用汉字并不是那么自然，甚至会影响阅读效率。当然，汉字引起的某些问题与拼音作为变量名产生的问题是一样的。我们来看一下使用拼音作为变量名的问题：

- 拼音的阅读性并不好，它不是汉字，你永远无法流畅地阅读程序，使用英文则有可能。
- 没有语境时，中文不容易区分动词和名词。如 submit 和 submission，拼音都是 tijiao，而我们一般用名词命名类、动词命名操作。
- 中文无法轻易地区分单数和复数。
- 集成的问题，除非你永不直接使用第三方类库，否则程序必然出现中英文混搭，这会导致只习惯中文和只习惯英文的人都无法流畅阅读。

当然，很大程度上这是历史和环境原因造成的，但实践会告诉你什么是合理的做法。在没有替代英文的方案之前，拼音的可读性并不好，这是一个客观现状。

8.3.3　其他类型的命名

除了方法和属性这两个最常用的命名场合，下面给出对其他领域对象命名的建议。

（1）为上下文和子域的命名

第 7 章已经讲过，为上下文命名即为系统或命名空间命名，可以参考以下方式：

`<Company>.<Product>.<Feature>.<Subnamespace>`

我们可以在合适的层级替换为上下文的名称，一般在 Product 或 Feature 部分。

为子域命名一般等同于为组件和模块命名，要选择提示性的名字，说明它的功能专注点，可以参考下面的形式：

`<Company>.<Product>.<Component>`

（2）为类命名

通常来说，类名应该是名词词组，反映相关的领域概念。如果无法为类找到一个对应的领域概念，那么应该重新考虑这个类是否必要、设计是否合理。另外，最易于识别的名字应该用于最常用的模型，即优先核心域的模型。

例如，在一个主场景中，把打印作业提交到打印队列的类型应该命名为 Printer，而不是 PrintQueue。虽然从技术上说，该类型的确代表一个队列而非真实的打印机，但是，从业务人员和通用语言的角度出发，Printer 是最理想的名字，因为他们只会说"提交到打印机"而非"提交到打印机队列"，他们的领域概念里没有"队列"的概念。此时，PrintQueue 可能是一个准确但不利沟通的选择。如果后续需要另一个类型来对应物理打印机，比如用在配置场景中，那么该类型可以命名为 PrinterConfiguration 或 PrintManager，这是符合通用语言的。

类名应该反映出通用语言，而不必考虑技术实现（比如 Queue），也无须考虑类的继承层次。因为大多数用户只使用最后的子类，高水平的用户会针对基类和接口编程，他们都不会关心类层次的结构。但是，让派生类以基类的名字作为结尾是一种值得推荐的做法，因为它们的可读性会非常好，而且清楚地解释了子类和父类之间的关系。比如，OutofBudgetException 表明它是一种自定义异常。

最后，不要采用匈牙利命名法，在类名前加前缀（如"C"）。

（3）为事件命名

事件通常由动作引起，因此，事件和方法一样，应用动词来命名。此外，还应用动词的时态表示事件发生的时间，如 Clicked、Submitted、Painting、Sent 等。

应使用现在时和过去时来赋予事件名之前和之后的概念，而不使用 Before 或 After 来区分。例如，消息发送之前的事件应该命名为 MessageSending，而发送之后的事件应该命名为 MessageSent。

通常采用名词 + 动词过去式或进行时的组合来暗示这是一个事件，并可在后面加上 Event 和 DomainEvent，如 PayslipAddedDomainEvent。

（4）为异常命名

自定义异常的命名要描述异常的情况，即程序不打算处理或不能处理的情况，而不是正常场景，且一定要以 Exception 结尾，如 OutOfBudgetException、ExceedQuota-Exceoption。

（5）为枚举类型命名

枚举类型本质上是一种用户定义类型，是一种值得探索并构建的领域模型。比如，实体的各种状态往往都可以用枚举类型表示，枚举类型的命名应该遵守以下规则：

1）要用单数名词来命名枚举类型。

```
public enum LightColor
{    Black,
     Blue,
     Cyan,
......
}
```

2）不要在枚举类型值的名字前添加前缀。下面是两个反面例子。

```
// 不好的命名，无需 Enum 后缀
public enum ColorEnum
{
......
}
// 不好的命名
public enum ImageType
{
     ImageTypeBitmap =0,    // 无需 ImageType 前缀
     ImageTypeGrayScale =1,
     ImageTypeRgb=2,
     ......
}
```

8.3.4 通用命名规则

下面将补充一些命名的规则，旨在增强名称的可读性，更好地衔接通用语言。

（1）名称的长度

变量和方法名称的长度最好在 8 到 20 个字符之间，这样可使调试程序的工作量最小化（《代码大全》）。这条规则虽然暗示着长度不宜过长，但更多的是提醒我们变量名不宜过短而影响它的含义，即可读性大于简洁性。表 8-2 列出了一些具体实例。

表 8-2 长短名称示例

特点	示例
太长	numerOfProductInTheShoppingCart
	finalPriceAfterTheDiscount
太短	n,np,npc
	p,pr,price
适中	numProductInCart
	priceFinal

（2）后缀而不是前缀

在使用一些计算限定词时，需要给名称添加后缀。比如，总额、平均值、最大值等应在变量名之后加上 Total、Sum、Amount、Average、Max 或 Min。这样做有如下优点：

- 变量名最重要的部分，即包含业务意义的那部分应当位于最前面。这一部分可以显得最为突出，并被首先阅读到。
- 避免同时在程序中使用 TotalRevenue 和 RevenueTotal 而产生歧义。遵循此后缀规则，可避免将同一事物使用不同的名称而带来的困扰。
- 先用业务名词后跟计算逻辑的做法，可能产生诸如 RevenueTotal、RevenueAverage、RevenueMax 等具有对称性的一组名字，方便查找和维护。
- 将业务含义放在前面对"输入联想"功能友好，查找者一般会输入 Revenue 来查找收入相关变量和方法，而不会输入 Total。好名称的一大特征就是容易联想和查找。

而添加前缀的做法一般是不推荐的，比如最早的匈牙利命名法，我们需要在变量前面加上它的类型标识，如 chCursorPosition（ch 代表字符类型）、wnMain（wn 代表窗体）。这是源自历史原因：因为当时编译器不做类型检查，开发人员需要匈牙利标记法来帮助自己记住类型。

现代编程语言具有更丰富的类型，编译器也记得并强制使用类型。因此，添加前缀的做法就显得多余，它增加了修改变量、函数或类的名称或类型的难度。上面提到的加后缀的各种优点，变为加前缀后，都将不复存在。

人们会很快学会无视前缀，而只看到名字中有意义的部分。代码读得越多，眼中就越没有前缀。最重要的是，前缀增加了阅读的难度，破坏了可读性，并影响通用语言的使用，成为毫无意义的负担。

（3）用好对仗词

现实中，如果是成对的领域概念，在命名时使用规范的对仗词能充分表达领域概念，规范通用语言。值得注意的是，务必保持使用的一致性。在第 6 章中提过，一致性是精心设计的领域层的关键特征，相同的概念要用统一的表达。一致性可以使模型设计更加规范，代码可读性更高，通用语言更加简洁。比如，所有事件开始 / 结束的场合都采用 begin/end 词缀，而不要使用 start/end、begin/over 等。

常用的行文规范的对仗词包括 begin/end、first/last、locked/unlocked、min/max、next/previous、old/new、opened/closed、visible/invisible、add/remove、increment/decrement、get/set、create/destroy、insert/delete、show/hide、up/down、source/target。

（4）避免常见命名错误

1）避免一词多义。什么是一词多义？比如前面的对仗词 add/remove 中的 add，是用在"加减"还是"加入"的场合呢？当然，从对仗词来看是后者，但是如果这两种场合都用了 add，就产生了双关的语义。建议换成"add/minus 和 insert/delete"或"plus/minus 和 add/remove"组合来区分，以避免一个词兼顾过多场景的情况。

2）避免使用不常见的缩写。用 DB 替代 datebase、UI 替代 user interface 都没有问题，但是你能很快说出 BGM、BL、LOL 等都是什么意思吗？缩写的存在可能就是在未来的沟通之路上埋雷，大多数缩写的可读性和表达性都很差。即便是你认为读者能理解你的缩写，也请在必须使用的时候才使用。

3）避免在命名中使用数字。如果使用数字作为编号，那么它无法表达任何领域含义，你能说 File1 是源文件，而 File2 是目标文件吗？ 这可能是在变量中使用数字的关键问题——它们基本不表达业务逻辑，而只是为了编写代码方便。如果在通用语言中加入这种含有数字的变量作为词汇，沟通的双方都会疲惫。

8.4 健壮性与灵活性：决定成败的细节

在忠实地表达通用语言和模型之外，代码自身的健壮性和灵活性也需要注意，本节将讲授数个保证这两个特性的最佳实践。

8.4.1 优先使用无状态和无副作用函数

（1）无状态函数

无状态函数和无副作用函数是一对既有联系又有区别的概念。我们先来看看什么是无状态函数，通用的定义为：如果一个函数在任意时刻，对于相同的输入参数，都返回相同的结果，那么它就是无状态函数。

下面是一个简单的例子：

```
function add(a,b) {
return a + b;
}
```

在上例中，因为计算结果的影响因子都在函数自身的控制范围之内，无论何时，返回值都只由传入参数 a 和 b 决定。

而下面这个例子：

```
var weight = 0.7;
function addByWeight(a, b) {
return a * weight + b*(1-weight);
}
```

在这个例子中，addByWeight 方法返回的结果并不总是唯一的，因为一旦修改变量 weight 的值，则 addByWeight 方法的返回结果就会变化，所以，这个方法不是无状态方法。

无状态函数有时也被称为是纯函数。我们推荐使用无状态函数，好处在于高内聚。对于一个高内聚的方法，最大的好处就是可以快速组件化。在分布式系统中，无状态通常意味着可以快速地进行水平扩容，只需要添加处理节点（容器或机器）即可。此外，无状态还带来一个好处，就是便于测试。因为对于无状态函数来说，测试只需要构造入参即可。相比之下，有状态的函数普遍更难构造上下文，也更难测试。

虽然如此，有状态的函数是必然存在的。在真实的业务场景中，我们写的代码几乎都是有状态的。原因很简单，数据是累积的，程序不仅仅是单纯的输入和计算。举个例子，我们现在提供一个用户查询订单的方法，这个方法的入参是用户的身份信息，但是这个方法不可能是无状态的，因为用户会购买商品并生成新的订单，所以方法返回的结果必然每次都不一样，随着用户数据的累积而改变。无法实现无状态的本质原因是对象的返回结果除了依赖输入外，还依赖于其他外部对象，如实体类型、实体对象都是有状态的。

（2）无副作用函数

虽然脱离不了状态，但函数可以是无副作用的，那什么是无副作用函数呢？如果一个函数在运行的过程中，除了返回变量外，还修改了其他函数体外的变量（或数据、资源），那么这个函数被称为有副作用的函数。

比如，上面的函数如果变成如下形式，就是一个有副作用函数：

```
var weight = 0.7;
function addByWeight(a, b) {
    weight = weight * 0.9;
return a * weight + b*(1-weight);
}
```

它在计算返回值之外，还会执行其他操作，此时就产生了副作用。比如后面讲到的将查询和修改功能分离就是为了不产生有副作用的函数。

为什么要采用无副作用函数呢？既然叫副作用，那么它们的影响就是隐蔽的，并没有显式地体现在函数名中。函数的使用者必须研究内部代码，才能明白它真正的效果，这样完全失去了封装的意义。话说回来，即便修改了名称，比如将 addByWeight 修改为 addByUpdatedWeight，这样的函数身兼多职，也非常不利于重用和测试，调用者很难评估使用它的后果。

更为严重的是，它可能隐藏了重要的领域逻辑和概念，更改的动作没有显式地体现在代码中，那么这些更改就肯定没有体现在模型中。在使用通用语言的交流中，也不会注意到某处还有个隐藏的逻辑。除了最初的开发者，没有人能意识到程序为什么工作，又为什么失败。

只构造无副作用函数，是增强代码健壮性的有效方式。

8.4.2　优先使用值对象

（1）不可变对象

说到无状态，第 4 章介绍的值对象就是无状态的。每次使用值对象时，都是使用它的副本，对值对象的操作不会影响原始对象，这种对象称为不可变对象。

不可变对象是指对象的属性不可被修改。如果需要修改属性，则创建一个新的对象，这个对象的相应属性值变为需要的新值。

在 Java 和 C# 语言中，所有基本数据类型（boolean、char、byte、short、int、long、float、double）及其封装类（Boolean、Char、Byte、Short、Integer、Long、Float、Double）以及 String 都是不可变类型。

这么做是有道理的，值对象和无状态函数一样，所见即所得，任何对它的调用和处理都不会产生副作用。

随着我们对领域理解的加深，哪些概念是实体，哪些是值对象，建模时会自然涌现。但值对象的定义、创建和维护要比实体简单得多，且值对象有不产生副作用的特性。通常情况下，值对象不需要单独的数据表来维护，而实体则不一样。因此，当我们发现一个非常适合承担复杂逻辑职责的概念时，优先考虑将其设计为值对象，将业务逻辑尽可能地放入值对象中。

为了说明无副作用的重要性，我们看下面一个例子：

一个新闻系统的热点的新闻被缓存在 localCache 中，现在我们的一个需求是开发一个展示热点新闻列表的数据接口。从 localCache 中获取到的新闻数据结构如下：

```
[
{
"title":" 北斗卫星发射 ",
"content":"2018 年某一天，北斗系统发送了第……"
},
{
"title": "xxx 公司股价大涨 5%",
"content":"2019-01-02 xxx 公司，因为 YYY……"
}
]
```

对于一个新闻列表的数据接口来说，只需要标题而不需要正文内容（content）。如果在列表接口中返回 content 字段的内容，那么将产生大量的流量浪费。这时可以将 content 字段置为 null，从而节约大量的流量。代码可以写成以下形式：

```
List<Long> hotNewsId = Arrays.asList(1L,2L,3L);
List<News> news = localCache.get(hotNewsId);
// 将 content 置为 null
new.foreach(vo -> vo.setContent(null));
return news;
```

这样写看起来没有问题，读列表接口性能也很好。但写完之后，打开文章详情页发现文章的正文居然为空了。因为 News 被缓存了，读取列表的时候，content 被置为空，所以当 localCache 中的缓存没有更新时，另一个打开文章详情的请求获取到这个 content 已经被置为空的对象，导致文章详情页为空。

　　根本原因在于我们使用的并非新闻对象的副本，而是直接更新了该对象。要知道，没有人能预测一个对象会被多少过程和操作所引用和修改。为了避免类似这样的问题发生，我们倾向于使用不可变的值对象。通常来说，除非需要维护对象的状态或者创建值对象副本的开销极大，才会考虑使用实体。

　　（2）将引用对象变为值对象

　　将引用对象改为值对象可以使用前面提到的结构体（Struct）替代类，结构体是天生的值对象，完美避开各种副作用，下面来看一个例子。

　　Employee 类有一个 Address 字段，从业务角度分析，Address 是天然的值对象，没有状态，只有值才有意义。之前的 Address 是用类来实现的，我们把它用结构体（Struct）实现，并给出测试对比：

```
// 类实现的地址
public class AddressClass
{
    private int _mailCode;
    private string _city;
    public int MailCode
    {
        get {
            return this._mailCode; ·
        }
        set
        {
            this._mailCode = value;
        }
    }
    public string City
    {
        get {
            return this._city;
        }
        set
        {
            this._city = value;
        }
    }
}
// 结构实现的地址
public struct AddressStruct
{
    private int _mailCode;
    private string _city;
    public int MailCode
    {
        get
        {
```

```
                return this._mailCode;
            }
            set
            {
                this._mailCode = value;
            }
        }
        public string City
        {
            get
            {
                return this._city;
            }
            set
            {
                this._city = value;
            }
        }
    }
    public class Employee
    {
        public AddressClass addressClass=new AddressClass();
        public AddressStruct addressStruct;
    }
```

AddressClass 和 AddressStruct 只有一处不同（Class 变成了 Struct），但就是这样一个小小的改动，它们体现出来的行为完全不一样。

测试代码如下：

```
static void Main(string[] args)
{
    Employee e = new Employee();
    e.addressClass.City = "Beijing";
    e.addressClass.MailCode = 111111;
    e.addressStruct.City = "Shanghai";
    e.addressStruct.MailCode = 222222;
    AddressClass a1 = new AddressClass();       // 类需要 new 操作符
    a1=e.addressClass;                          // 传引用
    a1.City = "Tianjing";                       // 会影响到原对象
    AddressStruct a2;                           // 结构不需要 new 操作符
    a2 = e.addressStruct;                       // 传值
    a2.City = "Nanchang";                       // 不会影响到原对象，无副作用
    Console.WriteLine("addressClass City is " + e.addressClass.City);
    Console.WriteLine("addressSruct City is " + e.addressStruct.City);
    Console.ReadLine();
}
```

运行结果如图 8-11 所示。

至此，我们可以得出结论，当任何调用者使用结构体时，它都是传递的副本而非原对象的引用，所以它没有任

图 8-11 结构体和类测试结果

何副作用。而 Class 传递的是引用，调用修改的是原对象而非副本。当然，针对 Class 也有无副作用的方案，比如，在 6.1 节曾经提到过将其可见性变为私有的方法，稍后还会继续讨论。

8.4.3　查询函数和修改函数分离

本节讨论一条非常有用的去副作用的规则：任何有返回值的函数，都不应该同时执行改变其他对象状态的操作——命令与查询操作应该分离。

如果一个函数提供一个返回值，那么这个返回值应该是其全部执行效果的体现，内部不应有除了返回值之外的外部影响。一个有返回查询结果的函数，不应该同时再更改数据状态，包括插入和删除。

除了无副作用的因素外，不应该将查询与修改功能放在一起，因为这样会导致如下问题：

❑ 破坏封装的意义。如果查询与修改放在一起，那么这个函数的命名会非常别扭。调用者必须去研究程序内部发生了什么，这完全破坏了封装的意义。即使研究代码，将这两者混合的做法也会使代码的可读性变得很差，后面有例子说明。
❑ 影响重用。查询和修改函数的分离可以更方便地重用这两个操作。如果这两项操作分成不同的模型，还会带来一种更灵活的架构 CQRS（Command-Query Responsibility Segregation），使得这两个操作能够单独被优化且更好地重用，服务于不同的上下文。

那么，怎样分离一个已经融合了众多操作和查询的函数呢？重构的一般方法如下：

1）根据通用语言新建一个函数，将其作为一个查询来命名，然后赋值旧函数代码到其中。
2）从新建的查询函数中去掉所有造成副作用的语句，即与查询结果无关而执行的其他操作。
3）将摘出的语句按照通用语言的命名封装为另一个函数。
4）重构所有调用代码。

下面举一个例子，比如下面的代码，有些开发人员喜欢将插入或删除数据的方法返回布尔变量：

```
public boolean insertEmployee(Employee em) {……}
```

如果插入成功则返回 True，失败则返回 False，这样就导致了以下语句：

```
If (insertEmployee(employee)) {
……  // 执行一些查询操作
}
```

以上代码混合了查询与插入两种操作，可以看到，这类语句的可读性并不好。新读者如果不去研究 insertEmployee()，他们又怎么知道它是完成什么操作呢？有的读者会理解成

"如果之前插入了 employee" 而不是 "此时插入 employee，根据插入结果，我们做……"

另外，我们不推荐使用返回布尔值的修改操作方法。因为如果操作失败，最好的方式是抛出异常，而不是返回 False。甚至有些设计会返回新插入记录 ID，这会给某些编码带来方便，但综合来看，它会影响可读性和错误处理机制，容易造成读者的困扰。因此，这类指令函数最好定义为无返回值（void）。

将查询与插入操作分开（甚至是把它们放到不同的模型中），上面的查询代码相应修改为如下形式，读起来就自然多了。

```
if (RecordExits(employee)) {
......
}
```

8.4.4 增加参数和减少依赖

有一个技巧可以提高领域模型的独立性和内聚性，同时将有状态函数变为无状态函数，这个技巧就是增加必要的参数以减少对象之间的相互依赖。

下面来看前面的一个例子：

```
var weight = 0.7;
function addByWeight(a, b) {
return a * weight + b*(1-weight);
}
```

如果把权重 weight 作为参数传入，那么函数就可以变为无状态的：

```
function addByWeight(a ,b, weight) {
return a * weight + b*(1-weight);
}
```

在观察函数实现时，有时会发现一些不良的依赖关系。比如，引用全局变量或从领域层的逻辑访问数据库。领域层的独立性与内聚性是 DDD 的基本原则，但某些需要通过数据来判断的逻辑该如何处理呢？比如，根据顾客的订单总额来确定优惠力度，这是典型的领域逻辑，但顾客对象是否需要去访问数据库以获得顾客所有的订单额度呢？显然，这样会破坏领域模型的独立性。正确的做法是把订单总额作为参数，或者为顾客增加一个新的属性，才能真正解决问题。

我们要先提炼领域逻辑，并将数据来源固定为参数形式，之后由工厂或存储库获取，而非失去领域层的独立性。

当然，如果把所有的依赖关系都变成参数，则会导致参数列表冗长重复，如何把握合适的度呢？这里可以利用"迪米特法则"，即除了参数以外，一个函数访问其所在类的属性不会引起依赖增加。所以，参数也可以换作类的属性固定下来。

总之，在构建领域模型的过程中，不应该依赖除领域层外的任何对象（比如基础设施层甚至是 UI 层）。如果在领域模型内部，只有无状态函数（纯函数），而不与基础设施层或其他层产生依赖关系，我们就保护了领域逻辑的独立性和内聚性。这使得领域模型可以单独被开发、测试和验收，是 DDD 的价值体现之一。

　　以下是一个增加参数以减少依赖的例子：假设有一个温度控制系统，用户可以从一个温控终端（ThermoSetter）指定温度，但该目标温度必须在温度控制计划（ThermoPlan）允许的范围内。这是典型的领域逻辑，ThermoPlan 将其实现如下：

```
public class ThermoPlan
{
......
    public int getTargetTemperature()
    {
        if (thoermoSetter.selectedTemperature > this.MAX) return this.MAX;
        if (thoermoSetter.selectedTemperature < this.MIN) return this.MIN;
        return thoermoSetter.selectedTemperature;
    }  // 领域逻辑，将温度控制在允许范围内
    ......
}
```

调用端代码如下：

```
public void setDevice()
{
    if (thermoPlan.getTargetTemperature()> thermoSetter.currentTemperature) setToHeat();
    if (thermoPlan.getTargetTemperature()< thermoSetter.currentTemperature) setToCool();
    serOff();
}
```

　　其中有一个看起来不太优雅的依赖关系，即 ThermoPlan 对 ThermoSetter 的依赖关系，按理说，ThermoPlan 所体现的领域逻辑不应该依赖于项目中具体而又特别的对象，这样会导致领域逻辑完全没有独立性，既无法重用又很难测试。解决的办法是添加一个参数，以解除 ThermoPlan 对 ThermoSetter 的依赖。

```
public class ThermoPlan
{
......
    public int getTargetTemperature(int selectedTemperature)
    {
        if (selectedTemperature > this.MAX) return this.MAX;
        if (selectedTemperature < this.MIN) return this.MIN;
        return thoermoSetter.selectedTemperature;
    } // 领域逻辑，将温度控制在允许范围内
    ......
}
```

调用端的代码变为：

```
public void setDevice()
```

```
{
    if (thermoPlan.getTargetTemperature(thermoSetter. selectedTemperature) > thermo
        Setter.currentTemperature) setToHeat();
    if (thermoPlan.getTargetTemperature(thermoSetter. selectedTemperature) < thermo
        Setter.currentTemperature) setToCool();
    serOff();
}
```

可以看到，调用端的代码确实变复杂了。将一个依赖关系从一个模型内移除意味着将处理这个依赖关系的责任推给调用者，但这是值得的。ThermoPlan 对 ThermoSetter 的依赖消失了，领域逻辑更加直观、清晰，可以方便地测试和重用，模型也变得更加稳定，不会受到 ThermoSetter 变化的影响。

8.4.5　移除标记参数

上一节介绍了增加参数以解除耦合的方法，下面介绍一个反面例子，即移除一种参数以获得更好的领域表达，这种参数就是标记参数。

标记参数是这样一种参数，调用者用它来指示被调函数该执行哪一部分。比如，下面这段代码中，isVIP 就是标记参数，通过它取不同的值（True 或 False）来执行不同的代码段。

```
function bookTicket(aCustomer,isVIP)
{
    if(isVIP) // 如果是 VIP，这个布尔值作为参数传递进来
    {……}
    else
    {……}
}
```

我们不喜欢使用标记参数的原因如下：

❏ 这样做把看起来是领域模型应该做的决策交给了调用者，这类函数在某种程度上是半成品。

❏ 标记参数缺乏领域逻辑，它只是服务于代码实现。正确的做法是把判断的领域逻辑放在函数内部，传入数据而不是判断结果。

❏ 灵活性很差，像硬编码，未来不易维护。

最主要的原因是第二点，逻辑是判断以后传入的，只服务于代码，本应该由领域模型完成的逻辑被抽离了。正确的做法是调用者输入前置条件，判断逻辑应该由领域模型来完成，否则标记参数承载了什么领域逻辑呢？

退一步说，即便是一个被调用的底层函数，也看不出来使用标记参数的好处在哪里，它隐藏了函数调用中存在的差异性，使用这样的函数，调用者还得弄清多出来的参数的含义。像上面这种布尔类型的参数尤其糟糕，因为它无法清晰地传达领域含义——在调用一个函数时，很难分辨 true 和 false 究竟代表什么含义。

解决方案之一是明确用一个函数来完成一项单独的任务，移除标记参数不仅使代码更

整洁，并且能更好地提供包含领域逻辑的方法。比如，上面的方法就可以拆分为：

```
bookTIcketForVIP(aCustomer) {……}
bookTicketForCustomer(aCustomer){……}
```

一方面，通过增加参数可以增强领域模型的独立性，另一方面，我们要移除标记参数，把判断逻辑放到更合适的模型中去，而不是用标记参数将其隐藏起来，增强领域逻辑在模型内的内聚性。

由此可以看出，底层的代码组织会极大地影响 DDD 的落地效果，做技术决策时，我们一定要抓住 DDD 的两个基本原则来考虑。同时一定不要认为编码细节不是 DDD 的管理环节。

8.4.6　聚合根私有化属性设置函数

以下是前面的一个 Person 类的例子：

```
public virtual ICollection<Payslip> PaySlips { get; private set; // 可见性为 Private }
```

其中，Payslip 属性的设值方法被设置为私有（private），这是因为 Payslip（工资条）的信息不应该被调用方修改，它们只有读取权限。

不希望开放设值函数的场合非常常见，有以下两点原因：

1）属性值在构造之后就不应该被修改的业务场景。比如前面提到的在敏捷项目中的 Sprint 周期，在一个 Release 内，它的周期都不应被修改，还有一般实体的 ID 也是不允许调用者更改的。

2）聚合根内的聚合成员不适合越过聚合根被直接访问，这样会跳过聚合根中的领域规则，导致模型状态的异常。

仍以前面工资条为例，它其实有一个对应的设值方法 AddPayslip()，方法体内有一个领域规则必须被执行，即一个月只能有一个工资条：

```
var exist = PaySlips.Any(_ => _.Date.Month == date.Month && _.Date.Year == date.Year);
    if (exist)
        throw new Exception("Payslip for this month already exist.");
```

与在第 6 章中介绍的方法一致，聚合根的领域规则通过业务含义明确的方法来实现，直接调用聚合成员的方式会破坏固定规则。因此，在构建聚合时，应将聚合根内的成员可见性设置为私有，它们的设置和更改应通过更有业务含义的方法来完成，这样才能保证聚合的内在逻辑和状态都符合业务规则。

8.4.7　以多态取代条件表达式

在 6.4 节中讲述了如何利用多态机制更好地表达领域概念，并让领域模型具备更好的扩展性和稳定性。如果发现构造函数中存在许多逻辑分支，那么有可能是利用多态简化代码的好机会。

比如，音像店的收费算法如下：

```
public class Movie
{
    private MovieTypes movieType;
    public double getCharge(int rentedDays)        // 收费方法
    {
        double result = 0;
        switch (this.movieType)
        {
            case MovieTypes.REGULAR:                // 普通电影计费
                result += 2;
                if (rentedDays > 2)
                    result += (rentedDays - 2) * 1.5;
                break;
            case MovieTypes.NEW_RELEASE:            // 新发布电影计费
                result += rentedDays * 3;
                break;
            case MovieTypes.CHIDREN:                // 儿童电影计费
                result += rentedDays * 1;
                break;
        }
        return result;
    }
}
```

不同的影片类型有不同的收费策略，swith 语句的使用问题在于程序的可读性差，过多的分支对视力和脑力都是一种挑战。此外，还需要维护一个 MovieTypes 的枚举类型。最重要的是，Movie 模型因此变得不再稳定。任何计费算法的改变都要更新 Movie 类，这违反了 OCP。

利用多态实现的方式如图 8-12 所示。

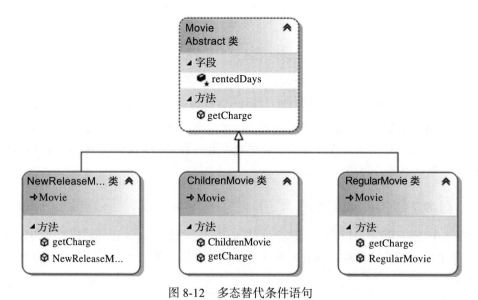

图 8-12　多态替代条件语句

将 getCharge() 变为抽象方法，相应的 Movie 类也变成抽象类，然后再创建 3 个子类均复写（override）该抽象方法即可，实现代码如下：

```
public abstract class Movie
{
    protected int rentedDays;
    public abstract double getCharge();
}
public class RegularMovie : Movie
{
    public override double getCharge()
    {
        double result = 0;
        result += 2;
        if (rentedDays > 2)
            result += (rentedDays - 2) * 1.5;
        return result;
    }
    public RegularMovie(int rentedDays)
    {
        this.rentedDays = rentedDays;
    }
}
public class NewReleaseMovie : Movie
{
    public override double getCharge()
    {
        double result = 0;
        result += rentedDays * 3;
        return result;
    }
    public NewReleaseMovie(int rentedDays)
    {
        this.rentedDays = rentedDays;
    }
}
public class ChildrenMovie : Movie
{
    public override double getCharge()
    {
        double result = 0;
        result += rentedDays * 1;
        return result;
    }
    public ChildrenMovie(int rentedDays)
    {
        this.rentedDays = rentedDays;
    }
}
```

测试代码如下：

```
static void Main(string[] args)
{
    Movie[] movies={
        new RegularMovie(2),
        new NewReleaseMovie(3),
        new ChildrenMovie(4)
    };
    double sum = 0;
    foreach (Movie m in movies)
    {
        sum += m.getCharge();
    }
    Console.WriteLine(sum);
    Console.ReadLine();
}
```

经过改动后，Movie 模型变得更加清晰、简洁，最重要的是，今后不管如何扩展计费逻辑，都无须更改 Movie 类。这使得该模型变得非常稳定。领域模型的稳定会带来依赖于该模型的其他模型的稳定，从而提升代码的整体质量。

多态是改善复杂条件逻辑的有力工具，但也不能滥用。基类的设计要符合领域概念，更多注意事项和实现方法参见第 6 章。

8.4.8 以工厂取代构造函数

工厂在 DDD 中工厂扮演着重要的角色，原则上任何聚合和模型的诞生都应该经过工厂，这也是提升代码健壮性的关键步骤。

工厂的作用如下：

❏ 解耦聚合和模型的领域职责和创建职责。

❏ 让创建过程体现通用语言。

❏ 保证创建的聚合符合内在规则。

❏ 多态的需要，根据需要返回不同的子类。

❏ 重建已储存的对象。

当然，直接使用构造函数也有其方便之处，在以下场合可以直接使用构造函数：

❏ 对象是值对象，且不是任何相关层次结构的一部分，而且没有对创建对象多态性的要求。

❏ 客户关心的是具体类，而不是只关心接口。

❏ 客户可以访问对象的所有属性，且模型没有嵌套对象的创建。

❏ 构造环节并不复杂，客户端创建代价不高。

简单工厂只需将使用构造函数的场合替换为工厂方法即可，多态工厂则可以配合 "多态替代条件表达式" 来使用，增加领域模型的稳定性，使其符合 OCP。下面是一个前面提到过的多态工厂的例子，如图 8-13 所示。

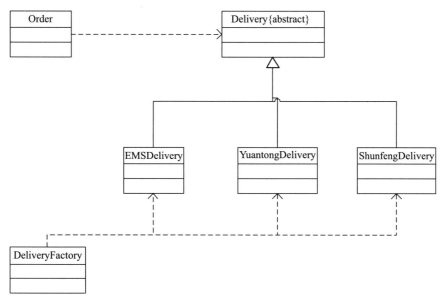

图 8-13　多态工厂

快递工厂代码如下：

```csharp
public class DeliveryFactory
{
    public static Delivery GetDeliveryFor(IEnumerable<Item> items, Address
        destination)
    {
        // 根据物品列表和目的地判断采用哪种快递
        if (destination.IsRemote)
            return new EMSDelivery;                    // 偏远地区，返回 EMS 快递对象
        if ( isRegisted(items))
        {
            return new ShunfengDelivery;       // 挂号邮件，返回顺丰快递
        }
        else
        {
            return new YuanTongDelivery();       // 其他普通邮件，返回圆通快递
        }
    }
}
```

创建快递对象的判断逻辑都被移到了工厂之内，使得订单领域对象免疫于此类逻辑的变化及快递方式的增加或减少。

订单代码如下：

```csharp
public class Order
{
    public Delivery ArrangeDelivery
    {
```

```
    var delivery = DeliveryFactory.GetDeliveryFor(this.items, this.destination);
    SetAsDispatched(items, delivery);
    return delivery;
    }
}
```

工厂给我们带来的巨大收益是更加稳定和符合 OCP 的领域模型。

8.4.9 保持对象完整性与通过标识引用对象

（1）保持对象完整性

保持对象完整性是指当从一个对象中导出几个值作为参数传递给一个函数时，可以考虑把整个对象传给这个函数，在函数体内部再利用对象获得所需信息。这么做的好处是提高了函数的灵活性，将来若需求发生变化，需要从对象中读取不同数据时，就不用为此修改参数。此外，传递整个对象的方式也能缩短了参数列表，增加函数的可读性。

当然，这样操作付出的代价也是显而易见的：一方面增加了对象的耦合，如果这两个对象处于不同的包中，就不建议这么做了；另一方面，如果传入的对象过大，那么将会影响应用的性能，此时，可以使用通过标识引用对象的方法来解决。

但是，当面对冗长的参数列表时，我们总有提炼一个独立对象的冲动。这既保持了对象的完整性，也发掘了深层的领域概念。如果有很多场合都在使用对象中的同一组数据，且处理这部分数据的逻辑经常重复，那么就是存在独立对象的信号。将这些新概念建模为值对象，将内聚的操作和领域逻辑内置其中。比如，下面的电话号码类：

```
public class TelephoneNumber
{
    private int _areaCode;
    private int _phoneNumber;
    public int AreaCode
    {
        get
        {
            return this._areaCode;
        }
        set
        {
            this._areaCode = value;
        }
    }
    public int PhoneNumber
    {
        get
        {
            return this._phoneNumber;
        }
        set
```

```
            {
                this._phoneNumber = value;
            }
        }
    public string ToLocalString()
    {
                return this.PhoneNumber.ToString();  // 不加区号
    }
    public string ToDomesticString()
    {
        return "0"+this.AreaCode.ToString() + "-" + this.PhoneNumber.ToString();
                                                // 加区号
    }
    public string ToInternationlString()
    {
        return "86-" + this.AreaCode.ToString() + "-" + this.PhoneNumber.ToString();
                                                // 加国际区号
    }
}
```

实现的重点在于，针对不同场景，电话类提供了 toString() 方法的各种变体。

提炼类不仅极大地减轻了宿主类的负担，而且让我们得到了内聚性和复用性更好的新模型，且承载了更多复杂逻辑，完善了通用语言的词汇，也能在更多的场合将其重用。

（2）通过标识引用对象

与上面的例子相对应，我们有时并不希望传递完整对象，而是通过标识引用对象即可。比如：

```
public class BacklogItem : Entity
{
    private Product product;
}
```

在一个聚合根 BacklogItem 内应用另一个聚合根 Product 时，我们会优先考虑通过唯一标识来引用外部聚合，而不是直接的对象引用。

```
public class BaklogItem : Entity
{
    private Guid productId;
}
```

这么做有以下几点原因：

❑ 在不持有其他对象引用的情况下，我们是不能修改其他聚合的，避免在一个事务内修改多个聚合。

❑ 减少与其他模型的耦合。

❑ 出于性能方面的考虑，因为所关联的对象是不会即时加载的，所以不会占用资源。

通过标识而不是整体引用对象，将影响代码的导航性。当我们需要导航到引用的对象时，可以使用资源库通过 ID 检索的方法来获取所需要的对象。

8.4.10 引入断言

断言是一个条件表达式，总是为真，如果断言失败，则意味着程序出了错误。

需要说明的是，断言并不是异常，它的失败不会影响系统的任何行为，也不会被捕捉处理，整个程序的行为在有没有断言时都应该完全一样。事实上，在编程语言中，断言可以在编译期用一个开关完全禁用。

那么，为什么要引入断言呢？因为它是一种对假设条件和期望结果的表达，含有领域逻辑。它可以帮助程序员理解业务，同时协助他们编写代码和调试。断言在某种程度上是一种沟通手段。对于 DDD 项目来说，断言可以很好地表达领域逻辑的内在要求，提升代码的表现力。

断言有以下两种作用：

❏ 检查后置条件（执行结果）是否满足。

❏ 确定前置条件（输入）是否满足。

选择哪种作用取决于断言放置的位置，或者说程序员希望用断言来记录什么，在什么地方来帮助自己和读者。

第一种情况下，断言一般用在测试代码中，比如前面音像店的测试代码，把它放入单元测试套件中是这样的：

```
[Test]
    public void MovieChargeTest()
    {
        Movie[] movies ={
            new RegularMovie(2),
            new NewReleaseMovie(3),
            new ChidrenMovie(5)
        };
        double sum = 0;
        foreach (Movie m in movies)
        {
            sum += m.getCharge();
        }
        Assert.AreEqual(sum,16);    // 断言的结果标记了测试的执行结果
    }
```

上述代码最后一句断言 Assert.AreEqual(sum,16) 的检查结果将直接关联测试用例的执行结果。此时，断言表达了开发人员对执行结果的预期，被调用函数必须要满足业务规则。

后置条件的断言也可以写在实现代码中，但单元测试中的断言比实现代码中的断言威力更大，配合用例和操作契约可以构建更加丰富的测试用例。

从某种程度来说，我们要深刻理解"单元测试是代码的一部分"这一思想，因此，断言写在实现代码或测试代码中，效果都是一样的。

第二种情况下，断言用在判断前置条件是否满足，可能的使用场景是这样的：

```
public class Customer
{
    public double discountRate;
        public double applyDiscount(double aPrice)
        {
            Debug.Assert(this.discountRate >= 0);    // 折扣率计算之前必须确保大于等于 0
            return aPrice - (this.discountRate * aPrice);
        }
}
```

折扣率 discountRate 在参与计算之前必须确保大于等于零，此处断言表达了对当前状态所做的假设。它告诉了读者，程序在执行到对应的领域逻辑前要满足的条件，同时也表明了业务规则——折扣率不能小于零。

因为断言在交流上很有价值，所以即使解决了当下正在追踪的问题，且单元测试能更好地排查问题，我们依然倾向于在实现代码中保留断言。这和单元测试并不冲突，且它们真正丰富了代码的承载内容，是一种增强代码表现力的有用工具。

8.4.11　闭环操作函数

闭环操作函数（Closure Of Operation）是指函数实现者与返回值类型相同的函数。比如：

```
PersonName.ToString().Trim().ToLower().Split('.');
DataTable.Select("City Like 'B%'").Select("name='" + a + "'");
```

以上操作就是闭合操作。String 类中实现的 Trim()、ToLower()、Split() 方法返回的都是 String 对象，所以这些操作可以彼此串联在一起。DataTable.Select() 方法也一样，因为它还会返回一个 DataTable，所以嵌套多少层查询条件都可以。

闭合操作函数的设计优点如下：

❑ 可读性好。

❑ 没有引入其他的概念，没有多余的依赖关系，但能实现复杂的功能。

❑ 可以像积木块一样灵活组装。

在恰当的需求场景下，将函数设计成闭合操作类型能提高代码的可读性和灵活性。其实，领域对象也是可以互相嵌套的，比如后面我们要介绍的装饰者和组合模式，借助于实现同一个接口，同质的对象可以串联在一起以实现复杂的功能。比如：

```
Beverage beverage = new HouseBlend();
beverage = new Soy(new Mocha(new Whip(beverage)));
```

通过灵活的嵌套组合，我们只用一行代码就可以生成一个复杂的对象。这是因为它们的构造函数接受一个自己实现的接口作为参数，也就是将自己作为构造函数的参数。如果你无法理解这些论述，不必着急，第 9 章有大量设计模式的例子都体现了这一思想，到时可以慢慢学习。

8.5　良好的注释：完善代码表达

在 DDD 项目中，代码的表现力离不开良好的注释，至少要避免让注释产生副作用或成为负担。本节将讨论在 DDD 项目中如何有效地注释。

8.5.1　注释的原则

我们讨论的是对领域模型的注释。

（1）遵循通用语言，弥合代码和模型之间的缝隙

总体来说，在 DDD 中，领域层代码的注释要比在其他项目中更简单轻松一些。由于 DDD 中代码是语言和模型的自然延伸，语言、模型、代码时刻保持一致，不允许模型到代码之间的二次设计，因此模型和代码的对应就非常直观。

注释作为代码的一部分，其目的就是让这种一致性更加自然。如果命名不够说明模型与类、操作与方法、数据与属性之间的对应关系，可以在注释中来明确，清晰地表明代码所对应的模型成员。注释的语言同样来源于通用语言的词汇。因为 DDD 鼓励领域专家和业务人员直接阅读领域层的代码，所以测试代码是他们必须要读懂的。

（2）增强代码的可读性

注释是用于增强代码的可读性，而不是替代代码的可读性，让读者不读代码而去读注释。

命名良好且可读性强的代码加少量注释或没有注释，要远远强于晦涩的代码加大量注释。事实上，当我们发现要撰写大量注释才能让读者看懂时，这就是一个需要改善代码设计的信号。优雅的代码并不需要多余的注释。在《重构》一书中，注释甚至被描述为是代码的一种坏味道。我们应该利用注释来表达执行代码无法表达的消息，并且承载代码和测试无法安放的内容，或者对冗长的代码做一些总结，提升阅读速度。此类有用的注释类型稍后会介绍。

（3）注释与单元测试一样是代码的一部分，必须时刻保持同步

争论是否需要注释的原因之一就是注释往往会过时。如果我们使用了注释，则必须树立这样的观念：与测试代码一样，注释也是代码的一部分且必须实时更新。

此外，去掉多余的注释与正确地注释同样重要。不要用注释的方式保留已删除的旧代码。现在代码配置管理工具已经如此普及，可以为我们记住任何曾经存在的东西。所以，请直接删除旧代码，不要犹豫。我可以保证，在你需要找回每一行旧代码时都能找得回来。

8.5.2　注释的目的

（1）不需要的 3 种注释

1）重复代码。重复代码的意思是用文字把代码所做的事情简单地描述一遍，它可能是某个"补充注释"的行政命令的后果。这种注释通常简单重复，没有提炼和总结的意图，除了增加读者的阅读量外，没有提供任何更多信息。

```
// 生成新的工资条
var payslip = new Payslip(this.Id, date, workingDays, bonus);
// 如果工资条已支付
if (isPaid)
{
    payslip.Pay(this.CoefficientsSalary);
}
// 添加工资条到工资条集合
PaySlips.Add(payslip);
```

这 3 条注释提供了什么信息？虽然与代码完全吻合，但所表达的意思通过阅读代码就可以理解。

2）解释代码。解释性注释常用于解释复杂、可读性差、脆弱的代码块。在这些场合，的确需要注释才能让读者理清楚头绪，但通常正是因为代码命名不准确、组织混乱、实现笨拙，才体现出这类注释的价值。

如果代码有这些问题而需要解释，最好还是先改进代码而不是添加注释。等到代码的优化空间被完全挖掘之后，再使用下面即将提到的 3 种有意义的注释来补充说明。

3）记事本。记事本型注释有以下几种情况，

❑ 未完成工作。

❑ 修改缺陷标记。

❑ 旨在提示后续开发者而非读者的标记。

比如，return 0; // Not done，Fix before release

XXXX // fix bugId 9527

这些注释只是服务了个别开发人员，但带来了冗余的信息与熵增，违背了注释的目的。

（2）有意义的 3 种注释

相对于不需要的 3 种注释，下面的注释是有意义的。

1）代码的概括总结。将多行代码块所表达的意思以一两句话总结出来，并放在代码块前面，将能提高阅读效率。这种总结性注释对于修改代码的人来说，也非常有帮助。

当然，如果可能，将其封装在名称有意义的函数或过程内是一种更好的处理方式。

```
// 以下代码按照积分对候选人进行排序，分数相同的将按照姓名首字母排列
```

2）代码意图说明。代码意图说明即说明代码要解决什么问题。这种描述应从业务角度而非技术的角度来叙述。在 DDD 中，只要阐明某块代码与模型的对应关系，就能很好地实现这个意图。

```
// 业务逻辑，每个员工一个月只能有一份工资单
```

3）传达代码无法表达的信息。某些信息本不属于代码，但描述了代码的某些特性，类似于代码的元数据，如版权信息、保密要求、版本号、注意事项、相关文档、联机参考链接、优化标记等，甚至可以尝试放置一些关于模型使用的样例代码。当然，这些信息要规

范整齐地统一放置，而不是散布在代码各处影响可读性。

```
// 适用于×××系统版本 1.1
// 此类型对于多线程读取操作是安全的，必须同步任何写入操作
// 帮助信息请参见网址××××
```

8.5.3　注释的技巧

（1）只使用单行注释符

避免使用注释语法（/* …… */），即使需注释多行，也尽量使用单行注释方法（// ……）。更不要使用难以编辑的格式，以免增加任何不必要工作量，对维护注释大为不利。

```
/*********************************
***      类：-----×××------      ***
***    作者：-----×××-----      ***
***    日期：-----×××------      ***
*********************************/
```

不必要的格式虽然看上去美观，但调整难度极大，一项工作做的频率与其难易程度成反比。为了注释能被实时维护而不过期，可使用以下格式。

```
// 类：×××
// 作者：×××
// 日期：×××
```

（2）不要在结尾注释，除非注释信息很短

注释要放在相关的代码前，除非注释的信息很短。

```
// 注释放在前面
public class Customer
{
    private int Point;   // 用户积分
}
```

8.5.4　领域模型注释法

在 DDD 项目中，团队可酌情为领域模型添加如下注释。

（1）上下文说明（所属子系统）

模型所在的上下文即所属子系统或微服务的信息，可用于标识命名空间或包名。如：

```
// 命名空间：Microsoft.Office.Word
```

在一个上下文内，模型是唯一的。当模型被多个上下文所共享时，这个标记就很重要。它标明了哪个上下文团队是模型的创建者，他们往往位于集成关系的上游，同时让读者知道模型的原始上下文和适用场景。

（2）继承关系

注释用于描述领域模型的继承关系，虽然我们可以直接阅读代码得到这个信息，但显然

这个注释符合"代码的概括总结"这一条，写在模型代码的前面，读者将快速获得这一信息。

值得注意的是，我们应该只记录模型的父类和更高层父类的信息。因为多态的好处就是不必关心哪个子类来完成对应的任务，所以原则上我们是不需要知道子类信息的。子类信息也极难维护，当我们派生一个新的子类时，很难想到再回来更新基类的注释。注释无意中破坏了基类的 OCP，实在没有必要。

```
// 继承关系 EntityBase—Order—SpecialOrder
```

（3）实现接口列表

与继承关系一样，实现了哪些接口意味着模型能扮演哪类角色。将这个信息提炼在前面的注释中，可提高读者判断该模型适用角色的速度。

```
// 实现接口 IListSource ISupportInitialize ISupportInitializeNotification ISerializable
   IXmlSerializable
```

（4）相关类和用例

该注释要酌情选用，因为可能内容会很长。如果你的阅读器支持折叠功能，则可以考虑添加。

```
// 相关类 ShopptingCart, ProductItem
Class Order{ ……}
```

（5）触发事件

因为事件的发布散布在模型代码的各处，所以将触发的事件信息提炼出来作为注释是值得的，将帮助读者更好地理解事件逻辑。

```
// 事件 OrderCreated，订单创建后触发
// 事件 OrderPaid，订单支付后触发
```

（6）异常

说明模型的自定义异常和触发条件是有益的，因为异常用于表明模型不会处理的意外情况，将其提前写在注释中，对使用模型的用户有很大帮助。需注意的是，记录的异常应当是领域逻辑内的异常，而不是实现语言中的技术异常。

```
// 异常：余额不足异常。当账户余额不足时触发，模型不处理该逻辑
Class Order
{……}
```

（7）版本说明

版本信息记录模型当前的版本，属于代码的元数据。

```
//版本：2.0.1
```

（8）安全性

在某些情况下，需要说明模型的安全性。一般考虑以下因素：

❑ 线程安全性（数据一致性）。

❑ 公网传输安全性（加密策略）。

```
// 此类型对多线程读取操作是安全的，必须同步任何写入操作
// 密码字段用不可逆加密存储
```

8.6 完备的单元测试：即时验收领域逻辑

不同于其他类型的项目，单元测试对于 DDD 落地起到重要的支撑作用。本节将讨论其价值、设计方法和原则。

8.6.1 价值

单元测试、测试驱动设计是 DDD 的天然搭档，三者相得益彰、相互成就。测试驱动设计前面介绍过，本节重点介绍单元测试与 DDD，两者的关系如图 8-14 所示。领域模型的单元测试属于领域层，是模型代码的必要组成部分。

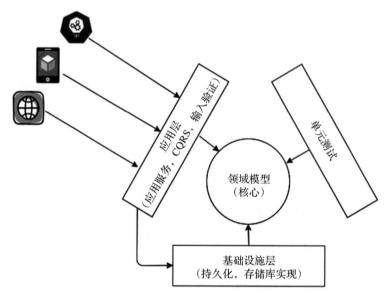

图 8-14　单元测试与 DDD 架构

在传统项目中，为什么单元测试难以开展呢？主要问题在于测试的标的物（即"单元"）的边界非常模糊。领域逻辑散布在多个技术组件，甚至界面和数据库中，既不独立又不内聚。此外，因为没有通用语言，API 的命名没有任何业务含义，用其拼凑的测试用例难以阅读。这些因素导致单元测试可能出现如下情况：

❑ 很难完整地覆盖业务逻辑，测试后依然遗留缺陷。

□ 很难运行，因为测试依赖于过多的技术组件导致很难随时随地开展，效率大大降低。

□ 测试代码未体现通用语言，领域专家和业务人员无法贡献测试用例，也无法检查和验收。

落实 DDD 的基本原则将使这些问题迎刃而解，让单元测试有了更好的发挥舞台。与此同时，单元测试也给 DDD 的落地提供了重要抓手。一方面，单元测试是一个沟通设计平台，通过测试用例塑造和完善了通用语言，以及精炼了模型。另一方面，单元测试能让领域专家直接参与进来，准确地补充测试用例、快速地测试和验收领域逻辑。下面展开说明。

（1）沟通设计平台

测试代码是开发团队和领域专家最好的沟通媒介，既可以讨论业务逻辑，又可以验证模型设计的合理性和各类命名的准确性。测试代码将模型与语言融为一体。就像物理定律可以用数学公式描述一样，任何领域逻辑完全可以用一个或多个测试来表述。

举个例子，我们看下面的对话和测试代码：

> **领域专家：** 只有会员才可以购买专属商品。
>
> **开发人员：** 你看，是不是这个意思呢？（展示测试代码）

```
[Test]
    public void MemebersOnlyProductTest()
    {
        // 创建一个会员顾客和一个非会员顾客，及其订单
        Customer memberCus = new Customer();
        Customer notMemberCus = new Customer();
        memberCus.IsMember = true;                          // 会员
        notMemberCus.IsMember = false;                      // 非会员
        Order memberOrder = new Order(memberCus);
        Order notMemberOrder = new Order(notMemberCus);

        // 创建一个专属商品
        ProductDescription desc = new ProductDescription(1.2, "members only product");
        desc.IsMembersOnly = true;

        // 分别购买
        memberOrder.addProductItem(desc);
        notMemberOrder.addProductItem(desc);
        // 确认逻辑
        Assert.AreEqual(1, memberOrder.itemsCount);         // 会员有
        Assert.AreEqual(0, notMemberOrder.itemsCount);      // 非会员无
    }
```

以上测试代码完全覆盖了领域专家提出的业务逻辑。开发人员向领域专家解释测试逻辑的过程，同时也是和领域专家沟通模型设计（各类领域概念的命名）及自己对领域逻辑理解的过程。

领域专家会试着通过模型重塑对领域逻辑的理解（之前是理解的，但没有模型），这是形成通用语言的重要一步。当这一步完成后，他们会立刻提出需要改进的地方，模型和语言也逐步走向成熟。在此基础上，他们将能胜任自己添加测试用例的工作。尝试将领域专家讲述的领域知识翻译成测试，然后与其一起讨论，这样就启动了 DDD。

所以，可读性对于测试代码更为重要，比实现代码的要求更高（当然，两者其实是一致的）。如果领域专家和业务人员反映测试代码的可读性很差，或者觉得测试用例的表现很别扭、不直观，这绝对是一个重要的我们要改善模型设计的信号。另外，如上例所示，对于测试代码，不要吝啬你的注释。组织良好、书写工整的测试代码是新加入者了解需求的一个高效办法，这在某种程度上可以替代需求文档。

（2）即时验收领域逻辑

单元测试是所有测试类型中效率最高的一个，没有之一，主要基于以下两个原因：

❑ 运行测试的代价最小。

❑ 发现缺陷时，修复的代价最小（定位容易）。

关于第一个原因，单元测试作为代码的一部分，许多语言都有成熟的支撑框架，从代码的开发、运行和结果的呈现都非常方便。

关于第二个原因，由于领域逻辑的内聚性，即领域模型是业务逻辑的唯一存身之地，因此在修复缺陷时，只需要修改领域模型即可。架构的其他部分都会依赖于领域模型而不会产生业务逻辑的缺陷。

如果领域逻辑在单元测试阶段就被完整验收了，这意味着超高的工作效率，极大地降低了项目失败的风险。想象一下以前验收领域逻辑时需要封版、申请环境、部署、调试 UI、初始化数据库，运行脚本或人工判断是缺陷还是脚本问题等步骤，每一步都会耗费团队很多精力。不断地加速这个反馈循环促进了诸如敏捷和 DevOps 方法论的发展，但它们每一种付出的代价都比 DDD 要高。

随时运行、快速定位缺陷、即时验收领域逻辑及领域专家充分参与都是单元测试的重要价值。

（3）变更安全网

自动化测试是敏捷项目的安全网，为其频繁迭代和发布保驾护航。然而，基于接口和 UI 的自动化测试在执行效率上不如单元测试。虽然它们也有其不可替代之处，比如用户交互的逻辑、接口的兼容性等都无法被单元测试覆盖，但对于领域逻辑的变更和进化，单元测试则完全可以胜任——确保任何领域规则的添加和缺陷的修复都不会引入新的缺陷。

拥有内聚性的领域模型是最理想的情况，即便代码架构并不优秀、设计晦涩，有了单元测试，你也能做到放心地修改。

随着通用语言的变化和模型的进化，相应的测试代码也需要重新维护。就像任何施工现场不会缺少安全措施一样，单元测试也是代码开发过程中重要的一部分。开发人员不应将其视为额外的负担，因为我们都会有重构一段糟糕代码的冲动，但发现能让你真的付诸行动而不是无力埋怨和指责的背后，正是单元测试这张安全网给你的信心。

8.6.2　测试用例设计

我们已经理解了单元测试作为代码一部分的重要意义，那么接下来的问题是：怎么才算一个"完整"的单元测试？何时可以说编写测试用例的工作完成了？测试并非越多越好。作为沟通的平台，领域专家、业务人员和用户都会提供大量的测试用例。如果把它们都翻译成测试代码，则会产生很多重复工作，那么该如何取舍呢？

以如下专属商品的例子来说，对应的业务流程图如图 8-15 所示。

之前编写的测试代码只覆盖了实线路径，即商品是专属商品的情况，而虚线路径并没有覆盖。直觉告诉我们应该补充一个测试用例来测试普通商品：

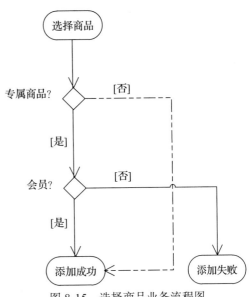

图 8-15　选择商品业务流程图

```
[Test]
    public void CommonProductTest()
    {
        // 创建一个会员顾客和一个非会员顾客及其订单
        Customer memberCus = new Customer();
        Customer notMemberCus = new Customer();
        memberCus.IsMember = true;
        notMemberCus.IsMember = false;
        Order memberOrder = new Order(memberCus);
        Order notMemberOrder = new Order(notMemberCus);
        // 创建一个普通商品
        ProductDescription desc = new ProductDescription(1.2, "members only product");
        desc.IsMembersOnly = false;
        // 分别购买
        memberOrder.addProductItem(desc);
        notMemberOrder.addProductItem(desc);
        // 确认逻辑
        Assert.AreEqual(1, memberOrder.itemsCount);
        Assert.AreEqual(1, notMemberOrder.itemsCount);
    }
```

事实上，这个测试的补充是必要的，它捕捉的缺陷是上一个用例无法覆盖的。这里使用了用例设计中的路径覆盖法。

接下来，我们详细介绍一些测试用例设计方法。其中，等价类将帮助我们回答"测试是否完整"的问题，还有一些在实际项目中总结出来的捕捉缺陷非常灵敏的方法。

（1）等价类

等价类测试方法可以应用在任意级别的测试中，但在单元测试中应用最为广泛。该方法的思路很简单，就是将输入（或输出）条件分为若干组，每组选一个代表来测试，该个体的测试结果就代表整组的测试结果，这样，原本无法穷举的条件在分成若干等价类后，只需选取和等价类数量一致的测试数据就可以认为完全覆盖了的所有条件。其原理如图 8-16 所示。

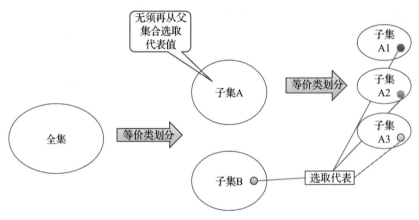

图 8-16　等价类测试方法

比如下面一个领域逻辑：

> **领域专家**：税率按收入可以分为 3000、5000、8000 三档。小于 3000 的税率是 5%，3000 到 5000 部分是 8%，5000 到 8000 部分为 12%，8000 以上为 20%。

显然这是领域核心逻辑，必须测试完整。但测试不可能覆盖所有取值，使用等价类方法划分如表 8-3 所示。

表 8-3　等价类划分

等价类	代表值	期望结果
< 3000	1500	$1500 \times 5\%$
3000～5000	3600	$3000 \times 5\% + 600 \times 8\%$
5000～8000	7800	$3000 \times 5\% + 2000 \times 8\% + 2800 \times 12\%$
> 8000	12000	$3000 \times 5\% + 2000 \times 8\% + 3000 \times 12\% + 4000 \times 20\%$

按照表 8-3，我们只需要 4 个测试用例即可。我们可以把它们组织到一个测试方法中，

并传递 4 次参数。

```
[Test]
    public void IncomeTaxTest()
    {
        Assert.AreEqual(75, TaxService.caculateTaxByIncome(1500));
        Assert.AreEqual(198, TaxService.caculateTaxByIncome(3600));
        Assert.AreEqual(646, TaxService.caculateTaxByIncome(7800));
        Assert.AreEqual(1470, TaxService.caculateTaxByIncome(12000));
    }
```

关于等价类方法，我们要搞清楚以下几个问题：

1）为什么选取的个体能代表所在等价类的所有成员？一个个体之所以能代表一个集合，是因为计算机背后对它们的处理方式相同。这也意味着，不同等价类应有不同的程序处理方式。

程序员代码是被条件语句所分割的，我们要想测试完整，就必须覆盖这些条件。一对if…else 就意味着两个等价类，每多一个 else 就意味一个新的等价类，因为这样才能把所有代码测试完整。在某种程度上，这正好符合稍后要讲的路径覆盖方法。

此外还有一个细节，等价类要从业务流程图生成（和领域专家确认），而不是根据开发人员的代码来确定。代码是测试的目标物而不是标准，不然我们找的是谁的缺陷呢？

2）"等价"体现在什么地方？等价是说对于发现缺陷是等价的，即如果选定值存在缺陷，那么意味着该等价类的所有成员都会复现该缺陷。反之亦然，如果代表值没有问题，那么所有成员都不会有问题。这也是我们应用等价类的理论基础。

如果达不到上面的效果，说明我们等价类的划分不够完整，要继续细分等价类。当然，如果两个等价类在揭示缺陷方面效果完全一样，也应当及时合并它们。

3）划分等价类要注意什么？所有等价类加起来的合集应该为全集，不能多也不能少。各个等价类之间为互斥关系，一个成员只能属于一个等价类。如果一个等价类的值对于一个缺陷的重复效果不一样（即要通过都通过，要失败都失败），则意味着要重新划分等价类了。等价类分为有效等价类和无效等价类，有效是指测试正常取值范围，无效是指测试异常情况。

（2）路径覆盖

路径覆盖法很简单，在如图 8-15 所示的例子中，设计的用例应当覆盖所有的业务路径。那么，一个流程图中总共有多少条独立路径呢？这是我们关心的问题。图 8-17 所示是一个测算方法。

独立路径数量 = 所有线段分割出的区域的数量

把业务流程图简化为拓扑结构，然后计算所围成的区域，图 8-17 中有 4 个区域（最外面也算一个），所以独立路径有 4 条，即我们需要至少 4 个测试用例。每个测试用例要覆盖的路径如图 8-18 所示。

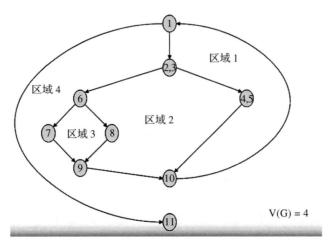

图 8-17　独立路径计算方法

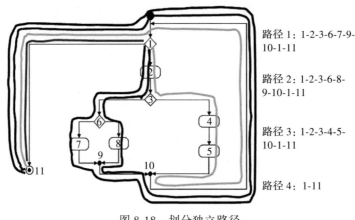

路径 1：1-2-3-6-7-9-10-1-11

路径 2：1-2-3-6-8-9-10-1-11

路径 3：1-2-3-4-5-10-1-11

路径 4：1-11

图 8-18　划分独立路径

（3）边界值

边界值的方法虽然简单，但却是捕捉缺陷最有效的方法之一。简单来说，就是我们要为位于边界上的值构建单独的测试用例，甚至包括边界两边的值。比如，上面税收的例子中 3000、5000、8000 是都应对其单独测试。

边界值是等价类的必要补充，因为我们试图发现的缺陷都来源于团队开发人员的代码（我们不会去测试操作系统或中间件的缺陷），他们写的代码表达的业务逻辑从代码角度看分为两类——逻辑开关和由此分割的执行步骤。等价类测试可以覆盖部分逻辑开关和执行步骤是否正确，但逻辑开关中的临界值也是最容易出现错误的，比如 num 与 num+1/num−1、">"和">="，这些需要用边界值来捕捉。

在 DDD 中还有重要的一点，就是在探索边界值时将迫使我们更深入地去了解领域。比如上面的需求中，领域专家并没有说明 3000 元应该属于哪一档，在测试时就需要去追问这个问题。另外，最小值是 0 吗？还是有别的限制，比如最低工资？最大值又是多少呢？这些问题的答案将加深我们对于领域的认识，甚至激发领域专家去思考各种可能性，从而使系统的功能更加完善。

（4）私人定制

私人定制的意思是可以灵活地补充测试用例。比如当发现一个漏网的缺陷时（意味着现有的测试都没有捕捉到它），不如就设计一个测试来清楚地复现该缺陷。该测试通过时意味着缺陷得到修复。只要测试用例存在，这个缺陷就不会再复现。

这类测试常常涉及一些特殊的操作步骤或数据，及时捕捉到它们并借此记录在测试文档中，对提高软件质量很有帮助。

8.6.3　FIRST 原则

高效的测试代码应符合 FIRST 原则：

（1）Fast（快速）

测试应该能够快速运行。运行得越慢，开发团队可能越倾向于推迟运行测试，因为还有很多开发任务要做。而不频繁地运行测试会导致更新测试代码的热情降低。如果测试与模型和语言脱节，那是我们最不想看到的。

（2）Independent（独立）

与领域模型的独立性一样，领域层的测试代码也不应依赖于其他任何技术组件。记住，我们的任务是测试领域逻辑，不是技术组件能否工作。我们可以使用模拟（Mock）和桩（Stub）等技术让测试在完全独立的条件下能够运行并检验领域逻辑。如果架构还不能脱离技术架构分离出领域逻辑，则需要改进设计。

独立性还指测试之间的独立性，一个测试不应依赖于其他测试的执行结果。如果某些测试确实依赖于一些初始数据，我们的建议是在整个测试套件初始化环节中解决，或者就在自己的代码中执行一遍。原因在于我们每次测试不一定是全部回归测试（执行所有测试用例），可能根据测试需要（比如验证一个小缺陷的修复）只执行部分测试用例的回归测试。如果测试用例之间有依赖关系，让人很纠结，这将降低我们的效率。

（3）Repeatable（可重复）

测试应当在任何环境中重复验证。你应该能在生产环境、测试环境运行测试，也可以在无网络的列车上用笔记本运行测试。如果测试不能在任意环境重复，则总会找到测试失败的借口，这不仅仅是遗漏缺陷这么简单，可能意味着测试与实际情况的脱节。

尽可能频繁地运行测试，可以在每次修改代码之后，也可以在迁入代码之前或迁出代码之后，每天至少要运行一次。

（4）Self-Validating（自我验证）

不论是成功还是失败，测试应当自己给出结果，而不应该再让运行者通过别的途径去验证，比如查看日志或数据库。如果测试不能自我验证，那么自动测试就变成了"自动＋人工"的组合，这将增加出错的可能性。由于需要人力的干预，因此需要更多的时间和操作，将使我们不太愿意频繁地运行测试，那么第一条列举的问题就又回来了。

（5）Timely（及时）

测试应当及时编写。根据 TDD 理论，单元测试应该在实现代码之前编写，这样才能保证实现代码的可测试性。

在 DDD 中，代码是模型的体现，因为模型所有的属性和操作都富有业务含义，所以看似不存在可测试性的问题。但我们也建议单元测试要早于实现，在领域模型的设计阶段就开始。前面讲过，测试代码是开发团队与领域专家的沟通平台，尽早开始测试设计将推动通用语言和模型的发展与成熟，为 DDD 的启动提供一个强有力的推动。

第 9 章 | *Chapter 9*

智慧模型——将设计模式应用于模型设计

本章将学习如何将设计模式运用到领域模型设计中。设计模式对模型设计的重要性在于：

1）一些共性的领域问题经过设计师的提炼可以由对应的设计模式来解决。共性的痛点有共性的药方，是我们快速达成完美设计的捷径。面对共性问题，设计模式并非像队列或哈希表那样，可以封装在类中直接供用户使用，也并非应用在系统层面，通过架构来解决问题。我们必须针对特定的需求场景设计一组精巧的模型，并说明它们的协作方式，以及封装它们的组装过程（工厂）来供用户使用。这些模型通常对应一些不易察觉的领域概念（如策略、状态），设计模式的合理运用会加深我们对领域的认识，丰富我们的通用语言和模型的表现力。

2）对于典型的需求场景，只有应用设计模式提供的解决方案，才能使我们的设计最好地符合 OCP，让领域模型兼具稳定性与灵活性。而作为系统核心的领域层，其灵活性将使我们在不修改代码的前提下也能满足新的需求，由此提升的稳定性将给我们带来健壮的系统。

3）设计模式会带来更简洁的代码、更好的代码可读性，尤其是对用户端的调用代码而言，这将极大地提升模型用户的使用体验。

对设计模式最大的误解是，它们只是纯技术的概念，是开发人员用来组织代码的技术。这种想法如同盲人摸象只摸到了尾巴，只关注了类图和代码，殊不知设计模式要解决的领域共性问题才是它们的灵魂。每个设计模式都是为了一个共性的领域问题而存在的。它不应该只停留在开发人员层面，而应该融合在领域专家的通用语言中。如果领域专家说

"我们应该增加一个策略""在代理者中增加一个逻辑"或"我们要建模一个状态"，那么显然说明设计模式的解决方案匹配了领域的深层逻辑。我们的设计是优雅且成功的。

打个比喻，如果前面我们学的是基本的木匠活，利用刨、钻、锯、削来制造一些简单的模型，那么本章学习的就是精巧的榫卯结构，能帮助我们生产更复杂的器械和构建更大型的建筑。

为了从场景到实现将每个侧面都介绍透彻，每个设计模式的介绍包括以下几部分内容。

❑ 应用场景：通过对话的形式揭示模式的应用场景。

❑ 共性特征：抽象出场景的共性需求。

❑ 领域模型：对应模式的 UML 设计图。

❑ 实现代码：具体的实现代码（C#）。

❑ 收益分析：模式提供的价值，即我们获得的收益。

❑ 建模步骤：推荐的设计步骤。

最后还会给出所有模式的场景对照表，使读者对它们有一个全面、系统的认识。

9.1 算法装配器：策略模式

策略（Strategy）模式是应用场景最广泛的模式。

9.1.1 应用场景

（1）丰富的优惠策略

下面看一组架构师与电商专家的对话：

电商专家：每一个订单可能会有各种各样的优惠策略，有的可能与时间有关，比如促销季；也有的可能与购买的总额有关，比如超过 200、500、1000 元会有相应的减免；还有的可能与顾客本身的属性相关，比如对于老年顾客，我们会有相应的优惠。

架构师：如果同时符合两个优惠条件该怎么选择呢？

电商专家：这个很难说，上面只是一般情况，如果符合多个条件，运营要根据市场情况来判断采用什么优惠条件，有时取决于我们的竞争对手。

架构师：这些优惠策略会不会增加呢？

电商专家：完全有可能，事实上它的变动频率相当高。

架构师：优惠策略会影响交易流程吗？

电商专家：那不可能，它只会影响客户的钱包。

……

（2）多样加密

在另一个系统中，架构师与需求分析师的对话如下：

> **需求分析师**：基本的流程是采集、加密和传输。
>
> **架构师**：这是固定流程吗？
>
> **需求分析师**：嗯，这个底层逻辑不会发生变化。不过，为了安全考虑，加密算法要定期变化。
>
> **架构师**：算法和变化的条件确定了吗？
>
> **需求分析师**：无法确定，客户希望上线后能灵活配置，且加密算法的种类也很多。后续还可能替换为总部下发的加密算法包，包中的加密算法本身是看不到代码的。
>
> ……

（3）库存计算

第三个系统是一个库存管理软件，以下摘录一段软件说明书中的内容：

> **《库存管理软件说明书》**
>
> ……
>
> 最小库存估算方法：
>
> 我们的目的是通过统计库存变化得出最小的保险库存，以在满足生产的前提下尽可能地降低库存，达到降低成本的目的。根据库存变化的统计值计算保险库存是库存管理软件的一项重要功能。
>
> 由于采用统计方法，因此其中的算法属于经验方法。最简单的方法是按照日出库的平均值乘以需要确保的天数获得库存下限。但是，显然这种方法的应变能力不强，针对不同的企业、不同的产品，影响计算的因素很多，如季节因素，当平均温度高于35℃时，消夏产品需求旺盛，库存下限需要相应提高，而到了冬季，库存可能要相应降低。算法确定还与决策者的经验和倾向有关，有的管理人员倾向于悲观估计，有的管理人员则倾向于乐观估计。
>
> ……

9.1.2　共性特征

我们分别摘取了电商、加密系统中架构师与业务人员的对话，以及库存系统中一段软件说明书中的描述，旨在列举需求场景。它们的共性特征在于：

- ❏ 某一处理过程有多个算法或处理方式可供选择，但业务处理上不会只固定一种，而是在不同的条件下选择不同的处理方式。
- ❏ 未来还有可能有新的算法或处理方式加入。

比如在第一个场景中，优惠的算法有很多种：打折、减免、老人优惠。订单会根据预设条件选取某一种策略来计算，这种预设条件取决于运营的临时决策。在第二个场景中，选项变成了不同的加密算法，且未来会有新的加密算法加入。在第三个场景中，变化点在于最小库存的计算方法。针对不同的企业、不同的产品、不同的季节、不同的管理者，算法都有可能调整。

此类需求的特征明显且很常见，我们要善于捕捉。语言上包括"策略""切换""依照……我们会选择……""兼容"等关键词，代码上的特征是有众多条件分支语句，且变动频繁难以维护。

此类需求的痛点是如果用简单的条件语句实现，那么领域模型的稳定性将无法保证。我们会疲于应对算法的不断变更，更换或新增一个策略都需要更改模型，使得整个系统不再稳定。我们必须寻找一种能够替换算法，但不会影响算法的领域模型的稳定性的解决方案。

9.1.3　领域模型

策略模式可以用来解决上述共性的问题，该模式着重解决以下类型的需求：

- ❏　算法与多种变体需要不时替换。
- ❏　未来有新增的算法。
- ❏　一个类中某个行为有较多的分支，且需要时常维护。
- ❏　希望隐藏算法的逻辑或数据。

其中，第 4 条说的就是第二个场景的需求，我们不希望加密的算法被用户看到，这也是策略模式可以解决的问题。在同时满足替换和增加算法时，无须修改领域模型，这与我们提出的共性需求是匹配的。

策略模式的基本思想是把算法的选择从主流程中分离出来，这样做不仅让主体模型符合 OCP，而且使主体概念和算法的概念更加清晰。在讨论需求时，我们可以使用"此时，需要替换为 ××× 策略""我们需要增加一个策略"这样的表达。

图 9-1 是策略模式对应的模型图。

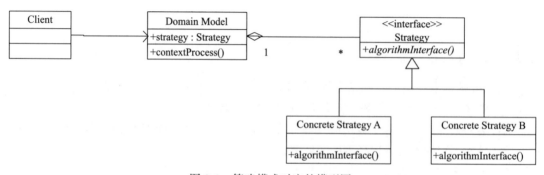

图 9-1　策略模式对应的模型图

这组模型分为以下 3 个部分。

❑ Strategy Interface：策略接口。可以被灵活地替换为具体的策略类。

❑ Concrete Strategy：具体的策略类。通过晚绑定机制，注入策略接口中。

❑ Domain Model：需要替换策略的主处理流程所在的领域模型。不管是更换算法还是新增算法，该领域模型和其他策略类都无须改动。

Client 指模型的用户，用户可以自己装配算法，也可以委托给工厂，将算法与模型组装好后供用户使用。

9.1.4　实现代码

（1）使用接口实现丰富的折扣

下面用接口的方式实现第一个应用场景。总体领域模型设计如图 9-2 所示。

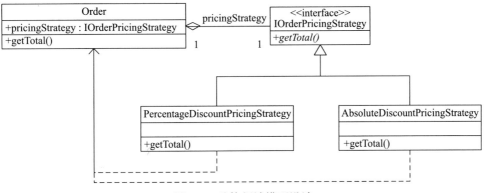

图 9-2　总体领域模型设计

订单类代码如下：

```
public class Order
{
    public int Id { get; set; }
    public IOrderPricingStrategy? pricingStrategy;      // 优惠策略接口
    public double CurrentPricingTotal                   // 指代优惠之前价格
        { get; set; }
    public double GetCurrentPricingTotal()              // 获得优惠之前价格
    {
        return CurrentPricingTotal;
    }
    public double getTotal()
    {
        // 如果优惠策略不为空，返回优惠后的价格，否则返回原价格。使用 this 将自身传递给策略类
        return pricingStrategy != null ? pricingStrategy.getTotal(this) : this.
            GetCurrentPricingTotal();
    }
}
```

策略接口代码如下：

```
public interface IOrderPricingStrategy
{
    double getTotal(Order order);    // 传递一个订单对象
}
```

打折优惠策略代码如下：

```
public class PercentageDiscountPricingStrategy : IOrderPricingStrategy
{
    public float percentage { private get; set; }        // 打折百分比
    public double getTotal(Order order)
    {
        double currentPricingTotal = order.GetCurrentPricingTotal();
        return currentPricingTotal * percentage;
    }
}
```

总价减免策略代码如下：

```
public class AbsoluteDiscountPricingStrategy : IOrderPricingStrategy
{
    public double threshold { set; private get; }        // 减免阈值
    public double remit { set; private get; }            // 减免额度
    double IOrderPricingStrategy.getTotal(Order order)
    {
        double currentPricingTotal = order.GetCurrentPricingTotal();
        if (currentPricingTotal > threshold)
            return currentPricingTotal - remit;
        else
            return currentPricingTotal;
    }
}
```

上一章重点讲过，测试代码是模型实现代码的一部分，这两个优惠策略对应的测试如下。在测试代码中可以看到优惠策略是如何装配到订单上的。

折扣测试代码如下：

```
[TestMethod]
    public void percentageStrategyTest()
    {
        Order order = new Order();
        order.CurrentPricingTotal = 100.0;
        PercentageDiscountPricingStrategy perStrategy = new PercentageDiscountPric-
            ingStrategy();
        perStrategy.percentage = 0.88f;
        order.pricingStrategy = perStrategy;          // 装配具体策略类
        Assert.AreEqual(88.0f, ((float)order.getTotal()));
    }
```

总价减免测试代码如下：

```
[TestMethod]
    public void absDiscountStrategyTest()
    {
        Order order = new Order();
        order.CurrentPricingTotal = 130.0;
        AbsoluteDiscountPricingStrategy absDiscountStrategy = new AbsoluteDiscount-
            PricingStrategy();
        absDiscountStrategy.threshold = 100.0;
        absDiscountStrategy.remit = 10.0;
        order.pricingStrategy = absDiscountStrategy;          // 装配具体策略类
        Assert.AreEqual(120.0, order.getTotal());
    }
```

可以使用工厂将具体的策略类与订单类组装，装配的条件和规则可以按照运营的要求设定在配置文件中。另外，我们注意到百分比优惠策略类有"打折百分比"，总价减免策略类有"减免阈值"和"减免额度"等数据，因为有很多策略的数据需要在创建时指定，所以使用工厂来生成具体的策略类是一种好的方式。这样既减轻了用户使用模型的负担，又避免了不必要的耦合，还使得客户端的代码更加简洁。

（2）使用工厂和存储库来创建更复杂的策略

下面演示使用工厂创建策略类的实现方式，且实现第一个场景中的一个复杂需求——对于老年顾客，我们会有相应的优惠。

这个需求之所以复杂，是因为它所需的数据并不来源于订单，不能由传递的订单对象获得，我们还需要通过存储库获得顾客对象，进而读取其年龄。

年龄优惠策略代码如下：

```
public class OldManPricingStrategy : IOrderPricingStrategy
{
    public double getTotal(Order order)
    {
        // 使用存储库找到订单用户
        Customer customer = CustomerRepository.FindCustomerByOrderId(order.Id);
        // 60 岁以上顾客给予 9 折优惠
        if (customer.Age > 60)
            return order.GetCurrentPricingTotal() * 0.9;
        else
            return order.GetCurrentPricingTotal();
    }
}
```

测试中使用工厂创建和装配策略代码如下：

```
[TestMethod]
    public void oldManDiscountTest()
    {
        Order order = new Order();
```

```
Customer oldCustomer = new Customer();
oldCustomer.Age = 61;
oldCustomer.appendOrder(order);
order.CurrentPricingTotal = 100.0;
// 工厂从配置文件读取并创建具体优惠策略类
PercentageDiscountPricingStrategy oldManStrategy = PricingStrategyFacory.get-
    PricingStrategy();
// 装配具体策略类
order.pricingStrategy = oldManStrategy;
Assert.AreEqual(90.0f, ((float)order.getTotal()));
    }
```

（3）委托实现加密策略

对于策略模式的实现方式，很多语言（如 Java、C#）有一种更加匹配的技术，就是委托（Delegate）。委托与接口一样，本质上都是逻辑占位符，但两者的区别也很明显——接口是类（Class）或结构（Struct）的占位符，而委托是方法（Method）的占位符。

在某种程度上，委托更为方便。实现策略的具体类不必实现相同的接口，只要求方法的签名与定义的委托一致。就像任何实现接口的类都可以替换接口的位置一样，任何与委托签名一致的方法都可以替代委托的位置。

首先，我们针对要替换的算法定义一个委托：

```
// 委托定义了一个返回值和参数都为字符串的方法类型
public delegate string EncryptData(string data);
```

委托定义了一个方法模板，这个方法的签名是：传参和返回值都为字符串。委托和类是同一层面的对象，不需要被类包装。

下面是数据处理类，它有一个委托成员 encrypt，负责第二步的加密数据。

```
public class DataProcessor
{
    // 委托类型声明一个委托方法实例
    public EncryptData encrypt;
    public void startProcessing()
    {
        // 第一步：收集数据（示例）
        string originalData = "Original Data";
        // 第二步：委托方法加密数据
        string encryptData= encrypt(originalData);
        // 第三步：传送数据（示例）
        Console.WriteLine(encryptData);

    }
}
```

工厂方法如下，返回符合委托签名的方法。

```
public class EncryptionAlgorithmFactory
{
```

```
    public static EncryptData getEncryptionAlgotithm()
    {
        return ThirdPartEncryptionClass.encryptProcess;
    }
}
```

第三方的加密算法（示例）如下：

```
public class ThirdPartEncryptionClass
{
    // 加密方法，参数和返回值都是字符串，符合委托的签名
    public static string encryptProcess(string data)
    {
        string s="";
        for(int i=0;i<data.Length; i++)
        {
            s += "#" + data[i];
        }
        return s;
    }
}
```

客户端代码如下，绑定委托到 ThirdPartEncryptionClass 的具体方法。

```
DataProcessor processor = new DataProcessor();
// 代理方法通过工厂获得加密算法
processor.encrypt= EncryptionAlgorithmFactory.getEncryptionAlgotithm();
processor.startProcessing();
```

可以看到，采用委托方式实现的策略模式更加灵活，减少了接口、策略类等对象的数量，且可以更有效地复用现有的类。比如上例中的第三方加密类 ThirdPartEncryptionClass，它不支持接口，如果不采用委托技术，还需要引入适配器模式实现现有算法到策略类的连接，而使用委托技术，极大地简化了设计。

9.1.5　收益分析

在了解了策略模式及其实现机制后，此时可以回顾一下它所带给我们的益处——领域模型获得了独立于算法变化的稳定性，同时并不会妨碍算法的变化和增加。它使领域模型符合 OCP。如果没有应用策略模式，无法想象很多条件语句的 Order 与 DataProcessor 类会变成什么样子。

同时，策略模式的确更好地表达了领域概念。我们可以看一下上面例子的客户端或测试代码，策略的概念非常清晰，且装配策略的操作也非常直观，对于后续需求的扩展和测试都有很大帮助。

类比的话，策略模式可以看作一把螺丝刀对应多个螺丝刀头的设计，刀把是固定的，刀头是灵活的。这样使用者的操作就可以很简单，工具不需要换来换去，也无须担心有什么未知的螺丝型号，只需更换刀头即可。

9.1.6　建模步骤

策略模式的建模步骤如下：

1）找到使用多种算法处理任务的领域模型，就是那种有很多逻辑分支，且不断变化，让人头疼的地方。比如示例中的订单模型 Order 和数据处理模型 DataProcessor。

2）运用"面对接口编程思想"，在领域模型内声明接口成员，用接口的处理替代所有的处理分支，接口方法的命名要符合通用语言。

3）将条件分支的处理逻辑或对象封装成不同的策略类，实现上面抽象出的接口。

4）绑定具体策略类到接口的逻辑，组合规则可以写在配置文件中由工厂完成，也可以由用户自行决定。

在以上步骤中，关键是第 2 步，我们应用策略模式的主要收益就在于让领域模型符合 OCP，保持领域模型的优雅、稳定、灵活。当然，封装起来的算法和策略表达了隐藏的领域概念，也是收获之一。

9.2　只见树木，不见森林：组合模式

9.2.1　应用场景

（1）复杂的优惠策略

继续看架构师与电商专家的对话：

电商专家：上次的优惠模型非常成功，变更优惠策略非常简单，只要修改配置文件就可以，运营团队对此非常满意。

架构师：增加新的优惠算法也很方便，不需要重新测试和部署，一个初级程序员只需要几分钟就可以搞定上线。

电商专家：太棒了。他们提了一个新的需求，非常紧急，我们的竞争对手已经提前行动了。

架构师：那是什么？

电商专家：我们的模型一个订单只支持一个优惠策略，这次他们希望多个优惠策略能同时起作用，比如，满减之后依然可以打折，反过来也一样。

架构师：优惠策略的叠加有没有什么规则？数量方面呢？

电商专家：优惠策略肯定有一定的执行顺序。数量未知，希望能不做限制。另外，要能不影响上一次的订单模型，尽快上线。

......

（2）多级仓库

第二个系统是仓储管理，下面是仓储专家和架构师的对话：

> **仓储专家**：在不同的语境中，仓库系统中"仓库"的含义也不尽相同。统计部门只关心仓库的总储量，所以一个地区可能就是一个仓库的概念，但其实它的下面由好多小仓库组成。
>
> **架构师**：这么说，小仓库是具体的仓库，而地区一级仓库只是一个虚拟的概念？
>
> **仓储专家**：可以这么理解，但其实在系统上看不出它们的区别，而且操作员和审查员不关心它们是具体的仓库还是汇总的仓库概念。市一级的仓库是所有区一级的仓库集合，不论它们是仓库概念还是具体的仓库。同理，省一级的仓库是省内所有的地区仓库的汇总。而且，即便是一个具体的仓库，它也可能由多个不同地点的仓库组成，但我们在统计储量时并不关心这一点。
>
> **架构师**：我的理解是这是一种树状结构体系，但在某一个根节点上，它似乎又只是"一个"仓库的存在，比如区和市一级的仓库。
>
> **仓储专家**：是的，这正是我们希望的效果。
>
> ……

（3）智能制造

最后，看一个智能制造专家对智能制造系统需求的描述：

> **智能制造专家**：一个工件可能由简单零件组成，也可能由其他工件组成，还可能是工件和简单零件的组合。一个生产线只会生产一种工件，它需要的子工件和简单零件由别的生产线提供。我们无须关心工件的组成多么复杂，系统只需要快速统计出每个工件的成本即可。
>
> ……

9.2.2　共性特征

阅读上面的几段对话，可以发现这些需求的共性特征在于：

- ❑ 许多类似的对象通过灵活的组合，可以产生比单个对象更为丰富的行为和逻辑。
- ❑ 在处理这些对象组合时，我们不关心它是复杂组合还是单一对象（有时也无法知道），只把它作为单一对象处理。或者说以前的处理方式只支持单一对象，现在需要在这个单一对象上扩展更为复杂的、组合叠加的领域逻辑。

复杂的优惠策略中的需求就符合这个特征，以前订单只有单一的优惠策略，而现在优惠策略需要相互组合，但对于订单模型来说，我们依然希望把这些优惠组合当作"一个"优惠策略来看待。

在多级仓库中，对于某一地域层级，我们只希望看到"一个"大仓库，而并不关心它是一个真实仓库还是许多仓库的组合。

在智能制造中，即使是再复杂的工件，在它作为零件组装新工件时，我们也希望只把它作为"一个"整体来看待。

这种设计使我们能获得更丰富的软件行为，同时使用者可以忽略对象组合的复杂性。对于上层领域模型来说，虽然依然是那一棵树，但它背后或许是一片森林。

9.2.3 领域模型

实现上述共性需求的模型如图 9-3 所示，它们组合起来就是组合模式。

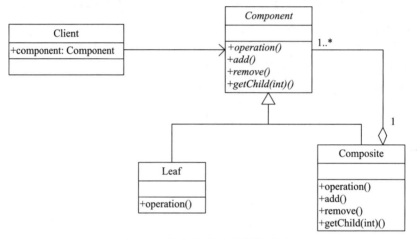

图 9-3　组合模式对应的模型图

组合模式的这组模型分为以下 3 个部分。

❑ Component：组件接口或抽象类。定义所有组件的默认行为（operation()），提供统一的"拼插"接口。

❑ Leaf：叶子节点。叶子节点没有子节点，定义对象的基本行为。

❑ Composite：组合部件。定义有子部件的组合部件的行为，将子部件存储在 Component 接口集合中，实现与子部件一致的操作（operation()）。

Client 是模型的用户，与策略模式类似，此处可以是一个工厂，用户可以通过工厂提取成品也可自行组装。

注意，叶子节点 Leaf 和组合部件 Composite 都实现了组件 Component 接口，所以在接口的使用者看来，两者是一致的，并无差别，这就是"树即森林"的原理。

另外，图 9-3 中右边由组合部件 Composite 连接组件 Component 的聚合箭头，提供给我们在一个组合部件上不断拼接新的组件的能力。

9.2.4 实现代码

下面我们来实现复杂的优惠策略这个需求。值得注意的是，我们只需要在 9.1 节例子的基础上添加策略组合部件类即可，其余 3 个对象都无须改变任何代码，可见我们的设计是完全符合 OCP 的。组合模式的领域模型图如图 9-4 所示。

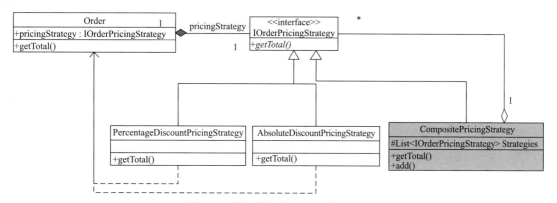

图 9-4 复杂的优惠策略组合模型图

策略组合部件类代码如下：

```
public  class CompositePricingStrategy : IOrderPricingStrategy
{
    // 接口对象集合
    protected List<IOrderPricingStrategy> Strategies = new List<IOrderPricingStr
        ategy>();
    // 添加一个策略到集合
    public void add(IOrderPricingStrategy s)
    {
        Strategies.Add(s);
    }
    // 获得总价的接口共同行为
    public double getTotal(Order order)
    {
        double total = 0;
        // 遍历集合中的每一个策略，得出结果
        foreach (IOrderPricingStrategy s in Strategies)
        {
            order.CurrentPricintTotal=s.getTotal(order);
        }
        return order.CurrentPricintTotal;
    }
}
```

其余的 3 个部分，即订单类、组件接口（IOrderPricingStrategy）和叶子节点策略类，如百分比折扣和绝对值减免策略类，没有任何变化。

测试代码如下，先测试一下两个单一优惠策略的组合：

```
[TestMethod]
    public void CompositeStrategyTest1()
    {
```

```
    // 两个单一策略组合测试
    Order order = new Order();
    order.CurrentPricingTotal = 200.0;
    PercentageDiscountPricingStrategy perStrategy = new PercentageDiscount
        PricingStrategy();
    perStrategy.percentage = 0.80f;
    AbsoluteDiscountPricingStrategy absStrategy=new AbsoluteDiscountPricing
        Strategy();
    absStrategy.threshold = 100.0;
    absStrategy.remit = 10.0;
    // 策略组合类
    CompositePricingStrategy compositePricingStrategy= new CompositePricing
        Strategy();
    compositePricingStrategy.add(perStrategy);
    compositePricingStrategy.add(absStrategy);
    order.pricingStrategy = compositePricingStrategy;      // 装配具体策略类
    Assert.AreEqual(150.0f, ((float)order.getTotal()));
}
```

再测试一下单一策略加组合策略的组合：

```
[TestMethod]
    public void CompositeStrategyTest3()
    {
        // 单一策略加组合策略测试
        Order order = new Order();
        order.CurrentPricingTotal = 210.0;
        PercentageDiscountPricingStrategy perStrategy = new PercentageDiscountPricing
            Strategy();
        perStrategy.percentage = 0.80f;
        AbsoluteDiscountPricingStrategy absStrategy = new AbsoluteDiscountPricing
            Strategy();
        absStrategy.threshold = 100.0;
        absStrategy.remit = 10.0;
        // 组合策略
        CompositePricingStrategy compositePricingStrategy1 = new CompositePricing
            Strategy();
        compositePricingStrategy1.add(absStrategy);
        compositePricingStrategy1.add(perStrategy);
        // 组合策略加单一策略
        CompositePricingStrategy compositePricingStrategy2 = new CompositePricing
            Strategy();
        compositePricingStrategy2.add(compositePricingStrategy1);
        compositePricingStrategy2.add(absStrategy);
        order.pricingStrategy = compositePricingStrategy2;      // 装配具体策略类
        Assert.AreEqual(150.0f, ((float)order.getTotal()));
    }
```

这里写了两个测试用例，它们可以与 9.1 节的测试一起运行。如果旧的测试在重构了代码之后依然完全通过，就可以确保没有引入新的问题，旧模型的用户也不会受到任何影响。

9.2.5　收益分析

组合模式带来的收益如下：

1）用户可以最大限度地通过组合扩充模型的功能，而使用它的方式不变。组合对象和单一对象有相同的接口，操作方式完全相同，客户端代码被极大简化。它并不需要知道树后面是什么，树扩展为森林，用户也可以保持稳定不变（Order 类）。

2）通过有限的基本对象就可以生成数量众多的组合对象，满足更复杂的领域逻辑，比如由简单的优惠策略组合成复杂的优惠策略。

3）随时增加新的策略类型，也不会对其他模型产生任何影响。

这里对比一下与组合模式类似的模式：首先，策略模式与组合模式两者可以搭配使用，组合模式可以为需要叠加和组合策略的场合提供支持；其次，与组合模式关系最近的是装饰者模式，组合模式可以看作装饰者的升级版，一个是扩展为一棵树，一个是扩展为一辆列车。两者解决的问题和使用方式几乎是一样的，装饰者模式的用法要比组合模式更简单，这里就不多叙述了。

9.2.6　建模步骤

组合模式的建模步骤如下：

1）找到组合策略的应用场合：由于需要功能排列组合而产生类爆炸的地方；在用户看来是一个简单个体，但其实背后是多个个体组合的情况。

2）根据需求提炼出这些组件的共同接口。如复杂的优惠策略中的结算费用、多级仓库中的统计库存和智能制造中的计算成本。

3）设计组合部件，它本身要实现共同接口，另外还要声明接口的集合用来扩展。

4）设计叶子节点，它要实现共同接口，但无须再声明接口集合成员变量。

5）按需组合部件与叶子节点（可由工厂执行）。

6）用户通过接口使用组合好的模型。

9.3　用户的操作面板：门面模式

门面（Facade）模式（也叫外观模式）是一个非常有用的模式，它通常作为"用例"和"模型"之间的桥梁出现在应用层中。当然，在领域层中封装符合通用语言的业务操作也是很有用的。

9.3.1　应用场景

（1）上课

针对上课系统，看下面一组产品经理和客户的对话：

> **产品经理**：操作界面上，教师可以打开台式机，操控投影仪和幕布，调整教室灯光，调节麦克风音量。
>
> **教导主任**：事实上，只有上课时他们才会这么做，而且他们一般不会单独操控某个设备。操作太多，他们很可能会有遗漏，能设计一个"上课"按钮，按顺序完成上面这些功能吗？
> ……

（2）退货

下面是电商专家对电商系统的要求：

> **电商专家**：用户需要一个退货操作，它要完成取消订单、退款、更新库存等操作，当然在进行这些操作之前，还要判断一下用户是否有退货资格。
> ……

（3）政务一条龙

下面是政务专家对系统的描述：

> **政务专家**：只要单击"办理"按钮，系统应该：
> 1）从档案系统调取所有申请人的档案。
> 2）数据传递给评分系统自动评分。
> 3）在符合条件的候选人中选取 10000 人。
> 4）将消息发送给选中的用户。
> ……

9.3.2　共性特征

上述对话乍一听是不同的需求，但细心的读者可以发现它们的共性在于：

❑ 有一组固定的业务操作，每个操作后有多个步骤，涉及众多模型的协作。用户希望只在操作接口层面使用系统，无须关心后面复杂的模型交互。

❑ 更像是用例而不是领域逻辑。

9.3.3　领域模型

此类需求对应的解决方案是门面模式。它将一组相互协作的类或一个子系统包装成一个简化规范的接口。

门面模式通常应用在子系统的隔离上，是一种架构模式，一般出现在应用服务层；应用在模型的包装上是一种独特的"业务用例"领域模型，是领域专家和用户最能看得懂的、符合通用语言的模型。门面模式对应的模型图如图 9-5 所示。

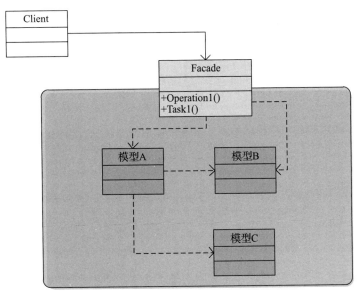

图 9-5　门面模式对应的模型图

门面模式由一组彼此协作的领域模型和封装它们的 Facade 类组成。

9.3.4　实现代码

以退货操作为例，代码如下：

```
public class TransactionFacade
{
    // 业务操作：取消订单
    public void cancelOrders(Order order)
    {
        // 如果允许取消订单
        if (currentUser.isAllowedCancelOrder)
        {
            // 取消订单
            order.setStateCanceld();
            // 退款
            Payment payment = RaymentRepository.getPayment(order);
            payment.refund();
            // 更新库存
            foreach (var item in order.getItems())
            {
                // 更新库存
                ......
            }
        }
    }
}
```

9.3.5 收益分析

门面模式带来的收益如下：

❑ 对于模型的用户来说，能够直接使用具有业务含义的具体操作，体现了某些用户对系统的期望和意图，而不是每次都要思考如何与复杂的模型交互。

❑ 封装的业务方法可以为该类业务提供唯一的入口，而不用开发人员都去重复实现，保证"一处代码一个事实"原则。

❑ 对于模型用户来说，屏蔽了以后实现的变化带来的影响。

❑ 直接关联了用例和模型，显式化了模型是如何完成用例实现的。

与门面模式相似的还有适配器模式和代理者模式，它们都涉及对模型和系统的包装，它们之间的区别和联系会在介绍完这两个模式后加以总结。

9.3.6 建模步骤

门面模式通常出现在领域层之外的应用服务层，它的建模步骤如下：

1）从通用语言中找到值得封装的具有业务含义的操作，其特征为：

❑ 业务虽然简单，但涉及多个模型的复杂交互。

❑ 后面隐藏着其他子系统，需要数据转换等复杂操作。

2）用单独的类和富含业务含义的接口封装这些模型和子系统。

3）门面可能位于领域层外的应用层中，让用户使用门面模式包装的业务接口，而不是直接使用领域模型。

9.4 为工作流建模：模板模式

模板模式是一个可以为工作流建模的模式，可以在不知不觉中施加隐形的策略。

9.4.1 应用场景

（1）审批工作流

工作流是非常常见的业务需求，让我们看下面一组对话：

> **行政人员**：审批的流程必须符合总部下发的制度规范，每一步都不能少。
>
> **架构师**：这个流程会发生变化吗？
>
> **行政人员**：为保证合规，整体流程不可能有变化。但子公司会结合当地的情况采用不同的处理方式。
>
> **架构师**：怎样不同的处理方式？
>
> **行政人员**：可能每个节点的审批人角色和提供的资料会有不同。
>
> ……

（2）生产流程

在生产流程控制系统中，架构师和车间主任的对话如下：

> **车间主任**：不同质量标准的零件加工流程都是一样的。
>
> **架构师**：那怎么产出的质量不同呢？
>
> **车间主任**：区别在于，高质量的生产线会在每一个环节增加一些工序，它们的时限也有区别。比如，在原料准备环节，高质量的生产线要做提纯，所以时限也长于普通生产线，在质检环节，高质量的生产线要多加一道检验操作……
>
> ……

（3）专业服务

在银行理财服务系统中，理财顾问和架构师的对话如下：

> **理财顾问**：我们为给客户服务的流程都是一样的，包括开户、咨询、注资、分析、投资、售后、赎回等。区别在于，资金量不同，享受到的专业服务的内容和形式也不同。
>
> **架构师**：流程都一样，但具体每一步服务不同是吗？
>
> **理财顾问**：是的。比如，在咨询阶段，资金量小的客户享受的是一般理财产品的服务，而资金量大的客户会给他们提供风险和收益都很高的特殊理财产品服务。售后服务也不一样，大客户会接到更频繁和更贴心的人工服务，而普通客户可能只有电子邮件通知。几乎每一步服务提供的方式都不尽相同。
>
> ……

9.4.2　共性特征

上述需求的共性特征很明显，它们都与工作流相关：

❑ 需要遵循一个固定的工作流程或一系列步骤。

❑ 单个步骤的具体执行方式因客观条件的不同会有不同的变化。

比如在第一个场景中，不变的是审批流程，这是必须被贯彻的，变化的是在每个流程节点处理的方式不同。在第二个场景中，高质量的生产线在普通生产线上要增加一些处理工序，但加工流程并无不同。在第三个场景中，影响流程处理的客观条件是资金，但整个流程依然没有变化。

此类需求的陷阱在于，如何让我们建模好的工作流被遵守，同时又能提供处理方式的灵活性。

9.4.3　领域模型

模板模式可以约束子类模型的扩展性，让它们按照固定的流程来执行。模板模式对应的模型图如图 9-6 所示。

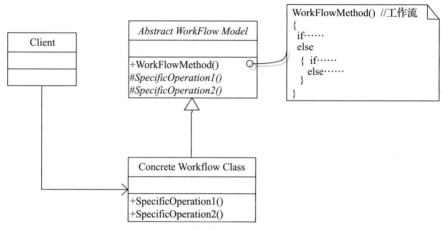

图 9-6 模板模式对应的模型图

该模型主要有两个组成部分：

❑ Abstract WorkFlow Model：定义工作流的抽象模型，需要具体执行的步骤应是受保护的（Protected）的虚方法（Abstract 或 Virtual）。

❑ Concrete Workflow Class：具体工作流对象。不含工作流逻辑，但实现了工作流节点的具体操作。

Client 是工作流用户，用户可以自己组装或通过工厂直接使用具体工作流的子类。这种用法不会增加耦合，用户无须知道抽象的工作流对象，而是让它在底层默默发挥作用。

9.4.4 实现代码

以生产线为例，自行车生产线和汽车生产线的每一步生产逻辑都是不一样的，但工作流基类依然在底层发挥着它的作用。

生产线工作流类代码如下：

```
public abstract class VehicleProductLine
{
    // 轮子数量
    public int WheelNumber;
    // 产出的车数量
    public int VehicleNumber;
    // 生产工作流逻辑：材料准备—组装，未准备好—报错
    public void StartWork()
    {
        // 如果材料准备好
        if (MaterialsPrepared())
        {
            // 组装
            Assemble();
        }
```

```
        else
        {
            // 否则报错
            ShowWrongMessage();
        }
    }
    protected abstract bool MaterialsPrepared();
    protected abstract void Assemble();
    protected abstract void ShowWrongMessage();
}
```

自行车生产线代码如下：

```
public class BicycleProductLine : VehicleProductLine
{
    protected override void Assemble()
    {
        while (WheelNumber >= 2)
        {
            WheelNumber-=2;
            VehicleNumber++;
        }
    }
    protected override bool MaterialsPrepared()
    {
        return WheelNumber >= 2;
    }
    protected override void ShowWrongMessage()
    {
        throw new Exception("Wheel number is less than 2");
    }
}
```

汽车生产线代码如下：

```
public class CarProdcutLine : VehicleProductLine
{
    protected override void Assemble()
    {
        while (WheelNumber >= 4)
        {
            WheelNumber -= 4;
            VehicleNumber++;
        }
    }
    protected override bool MaterialsPrepared()
    {
        return WheelNumber >= 4;
    }
    protected override void ShowWrongMessage()
    {
        throw new Exception("Wheel number is less than 4");
    }
}
```

可以看到，有 3 个需要复写的方法：组装、判断材料是否准备好和报错。两条生产线的实现逻辑不同。最后还是重要的测试代码，我们可以看到模板类的用法，并体会工作流基类发挥的作用。

```
[TestMethod]
    public void TemplateWorkFlowTest()
    {
        BicycleProductLine bicycleProductLine = new BicycleProductLine();
        bicycleProductLine.WheelNumber = 3;
        CarProdcutLine carProdcutLine = new CarProdcutLine();
        carProdcutLine.WheelNumber = 3;
        bicycleProductLine.StartWork();
        // 轮子数量为 3，自行车生产线剩 1 个轮子，产出 1 台车
        Assert.AreEqual(1, bicycleProductLine.WheelNumber);
        Assert.AreEqual(1, bicycleProductLine.VehicleNumber);
        // 轮子数量为 3，汽车生产线报错
        Assert.ThrowsException<Exception>(() => carProdcutLine.StartWork());
        // 第二轮测试
        bicycleProductLine = new BicycleProductLine();
        bicycleProductLine.WheelNumber = 3;
        carProdcutLine = new CarProdcutLine();
        // 轮子数量为 9
        bicycleProductLine.WheelNumber = 9;
        carProdcutLine.WheelNumber = 9;
        bicycleProductLine.StartWork();
        carProdcutLine.StartWork();
        Assert.AreEqual(1, bicycleProductLine.WheelNumber);
        Assert.AreEqual(4, bicycleProductLine.VehicleNumber);
        Assert.AreEqual(1, carProdcutLine.WheelNumber);
        Assert.AreEqual(2, carProdcutLine.VehicleNumber);
    }
```

9.4.5 收益分析

模板模式带来的收益如下：

❑ 为工作流做了单独的建模，可以做到既不耦合执行逻辑，也不耦合判断逻辑。

❑ 不管使用哪种具体的工作流，模板都在底层发挥着作用，可以对子模型的扩展性加以控制。

❑ 新增的具体执行方式，都不会改变工作流模型，它始终是稳定的。

模板模式会让我们想到策略模式，相比策略模式而言，虽然两者都是将具体实现放在子类中，但在使用上存在以下两点明显区别：

❑ 模板模式的具体算法实现类与父类是继承关系；策略模式使用接口，具体类实现接口。

❑ 客户端调用时，模板模式是新建子类；策略模式是新建父类，然后子类替换接口。

除上述区别外，在领域逻辑上，策略模式强调的是基类模型的稳定性与具体算法的可替换性，模板模式强调的是基类中模板方法的顺序性在隐性地发挥作用，也就是基类中工作流逻辑的体现。

9.4.6　建模步骤

既然模板模式的本质上是给工作流建模，那么发现工作流就非常重要，建模步骤如下：

1）在领域中发掘隐含的工作流逻辑，即略有不同但是概念上相似的步骤。当然，如果工作流是显式的，那么可以直接拿来使用。

2）创建流程抽象基类。将工作流的流转逻辑体现在基类的对应方法中（如 VehicleProduct-Line 中的 StartWork() 方法）。

3）将后续会发生变化的处理逻辑声明为抽象方法。

4）创建继承自基类的具体工作流对象，并实现自己具体的处理逻辑。

5）配合工厂返回具体的工作流对象供用户使用。

9.5　全局协调人：单例模式

单例模式是开发人员面试考试中经常出现的，下面一起来了解它真正要解决的问题。

9.5.1　应用场景

（1）打印机

运维主管与架构师的对话如下：

> **运维主管**：系统有很多需要打印功能的模块，但公司的打印机数量有限。用户提出，希望在提交打印请求时，能告知用户当前打印机的占用情况，是空闲还是排队，如果排队，队列有多长，以及可能等待的时长。
>
> **架构师**：排队有一定的规则吗？是先到先打吗？
>
> **运维主管**：应该是优先级高的文档先打印，优先级一样的文档才按先后顺序。优先级的算法是……
>
> ……

（2）计数器

运营和架构师的对话如下：

> **运营**：能不能给页面添加一个计数器，我想统计一段时间内它被点击的次数，从而判断用户对这个功能是否感兴趣。
>
> **架构师**：是统计所有用户的点击数吗？
>
> **运营**：是的，不论用户的角色，只要是网站的访问者都纳入统计。
>
> ……

（3）通信连接

测试组长的困扰描述如下：

> **测试组长**：系统的性能测试发现这样一个问题，每次通信时都会创建一个 TCPConnection 类。设计通信的模块很多，并发量大时创建了大量的连接对象，导致内存泄漏。在连接出现错误时，出错的实例无法快速释放，导致下一次连接也会失败，这是并发测试时事务完成率低的主要原因。
>
> ……

9.5.2　共性特征

上述需求都涉及对全局变量或有限资源的控制，它们的共性在于：

- ❑ 我们需要一个全局的访问入口来协调可能来自不同用户、模块或线程的冲突。最典型的是内外部资源的管理，外部资源如硬件设备等，内部资源如队列、IO 操作等，这些资源都需要统一协调和分配。
- ❑ 一些全局性的变量需要记录、计算和统计。
- ❑ 创建了大量可复用的模型实例，造成了资源的浪费，且影响了系统性能。技术上只创建一个实例即可满足需求，且没有副作用。

这 3 个需求要求我们的模型实例必须是唯一的。GoF 对单例模式的描述是"保证一个类仅有一个实例，并提供一个访问它的全局入口"，但并未揭示其应用场景。我们总结出来，共性需求才是单例模式真正的应用场景，简单来说，它扮演的是一个全局的控制者和协调人的角色。

9.5.3　领域模型

单例模式对应的模型图如图 9-7 所示。

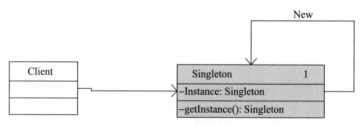

图 9-7　单例模式对应的模型图

如图 9-7 所示，Singleton 类旁边的数字 1 代表这是一个单实例类，它只包含一个类，该类有几个必须要定义的成员：

- ❑ 保存唯一实例的静态的私有变量 Instance。

❑ 初始化并获得唯一实例的静态方法 getInstance()。

除此之外，还要将该类的构造函数私有化，避免外部调用，生成一个以上的实例。

9.5.4　实现代码

以打印机单例模式为例，代码如下：

```
// 打印机单实例类
public class Printer
{
    // 静态实例私有变量
    private static Printer printInstance;
    // 将构造函数可见性改为 private
    private Printer()
    {}
    // 获取实例的静态方法
    public static Printer getInstance()
    {
        if (printInstance == null)
        {
            printInstance = new Printer();
        }
        return printInstance;
    }
    // 以下为打印机业务方法
    private ArrayList queue = new ArrayList();
    public void addJobToPrinter(object job)
    {
        this.queue.Add(job);
        // 按排队规则给队列排序
        sortPrinterQueue();
    }
    private void sortPrinterQueue()
    {
        // 排队算法示意，默认排序时按字母排序
        queue.Sort();
    }
    public object getJobFromQueue(int i)
    {
        return this.queue[i];
    }
}
```

测试代码如下，我们可以看到对单例模式的使用方法。

```
[TestMethod]
    public void PrinterSigletonTest()
    {
        // 第一个打印机实例，插入两个打印任务
        Printer printer1 = Printer.getInstance();
```

```
        printer1.addJobToPrinter("Baskket");
        printer1.addJobToPrinter("Cup");
        // 第二个打印机实例，与第一个为同一个实例，插入一个打印任务，应该排在最前面
        Printer printer2 = Printer.getInstance();
        printer2.addJobToPrinter("Apple");
        printer2.addJobToPrinter("Dog");
        // 验证两者为同一实例，且排序正确
        Assert.AreEqual("Apple",printer1.getJobFromQueue(0).ToString());
        Assert.AreEqual("Dog", printer1.getJobFromQueue(3).ToString());
    }
```

9.5.5 收益分析

将模型做了单例化改造后，我们无须担心它在系统中出现多个实例。并发时资源的协调控制、冲突解决、全局变量的计算统计都可以用单例模式来解决，且不会导致性能问题。

值得注意的是，有一种提供系统公用方法的工具类也会私有化构造函数，并且所有方法都为静态方法。它与单例模式的区别如下：

❑ 工具类不保存状态，仅提供无状态函数，而单例模式可以有状态，比如存一些统计数据等全局变量。

❑ 工具类不具有多态性，而单例模式可以被继承。

❑ 单例模式是一个模型，而工具类只是方法的集合。

9.5.6 建模步骤

单例模式的建模步骤如下：

1）找到领域中具备以下共性的需求：

❑ 有限资源的统一协调。

❑ 计算存储全局性变量。

❑ 解决相同对象过多的性能问题。

2）将处理上述任务的模型单例化，需要完成以下几步：

❑ 私有构造函数防止在外部实例化。

❑ 保存唯一实例的静态的私有变量。

❑ 初始化并获得唯一实例的静态方法。

3）单例化改造后，添加解决冲突的算法、资源分配方法，以及全局变量等业务方法和数据。

4）在之前实例化模型的代码中，如果使用了构造函数或工厂，都替换为单例模式的静态方法来获得实例。

9.6　消息传播者：观察者模式

9.6.1　应用场景

（1）同步显示

UI 设计师和架构师的对话如下：

> **UI 设计师**：数据采样后，要自动刷新显示窗口、显示大屏和移动终端。
>
> **架构师**：这是三类界面吧？
>
> **UI 设计师**：对，这只是三大类别，其实具体的显示设备有很多，如移动终端包括手机和手持设备，未来还有可能增加。
>
> ……

（2）订单通知

电商专家和架构师的对话如下：

> **电商专家**：订单的状态变为"已支付"后，我们要同时做以下几个动作：
>
> 1）通知商家发货。
>
> 2）通知物流联系商家。
>
> 3）发送邮件给客户。
>
> 4）发送给后台运营做统计。
>
> ……
>
> **架构师**：就这些任务吗？
>
> **电商专家**：目前就是这些，但有可能未来有新的任务，我们希望设计能灵活一些。
>
> ……

（3）财务报销

财务科长与架构师的对话如下：

> **财务科长**：根据报销单的金额不同，走的流程也不同，1000 元以下是一般审批，1000 元以上要走特殊审批。一般审批的环节最少，而特殊审批需要部门经理签字。
>
> **架构师**：就这两档和两个流程吗？
>
> **财务科长**：现在划分的粒度有些粗，未来我们计划增加几个金额档位和对应的处理流程……
>
> ……

9.6.2　共性特征

上述需求都涉及多个模型的联动，其共性在于：

❑ 领域内，当一个领域对象的状态改变时，有一系列对象需要通知并同步变化，以继续下一步处理过程，或者避免数据不一致的情况。尤其是底层模块的变动需要通知上层模块时，必须采用某种不直接耦合的方式，比如通知 UI 更新。

❑ 影响到的对象数量未知，未来可能增加和减少。

❑ 在一个领域概念中有两个相互影响的方面，一个方面的变化会影响另一个方面，且这种变化逻辑并不稳定。

第一、二个对话对应的是前两点，第三个对话对应的是第三点。看似前两点和第三点的场景不同，但它们所需的解决方案是一致的。前者希望领域事件的响应者不会影响模型本身的稳定性，它完全无须关心事件被谁响应及如何被响应。后者是一个模型内的两个方面，互相影响的背后逻辑也完全不需要放在模型内部，我们希望将两者封装在不同的独立对象中。将稳定的部分和变化的部分分开，这符合架构的原则，两者也可以独立地改变和复用。比如报销档位的设定及其处理方法，这是完全两个独立的逻辑，应当分开为不同的模型。

9.6.3 领域模型

解决上述需求的就是观察者模式对应的模型，如图 9-8 所示。

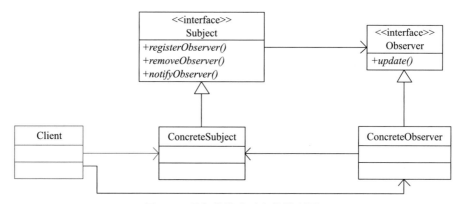

图 9-8　观察者模式对应的模型图

这组模型分为以下 4 个部分。

❑ Subject：观察目标接口。定义了所有观测目标必须实现的 3 个操作：添加观察者、删除观察者和通知观察者。

❑ ConcreteSubject：实现接口的具体被观察对象。

❑ Observer：观察者接口。只有一个操作更新，为被观察对象所调用。

❑ ConcreteObserver：具体观察者。实现接口，并完成自身的事件响应逻辑。

9.6.4 实现代码

以订单通知的需求为例，当订单的状态变为"已支付"后，通知商家和运营完成后续的任务。

观察目标和观察者接口代码如下：

```
public interface Subject
{
    void registerObserver(Observer observer);
    void unregisterObserver(Observer observer);
    void notifyObservers();
}
public interface Observer
{
    void update();
}
```

订单类代码如下：

```
public class Order : Subject
{
    public ArrayList purchasedItems = new ArrayList();
    public string CustomerID;
    public string State= "Initialized"; // 订单状态
    private ArrayList observers = new ArrayList();
    public void notifyObservers()
    {
        foreach (Observer ob in observers)
        {
            ob.update();
        }
    }
    public void registerObserver(Observer observer)
    {
        observers.Add(observer);
    }
    public void unregisterObserver(Observer observer)
    {
        observers.Remove(observer);
    }
    // 支付订单
    public void pay()
    {
        this.State = "Paid";
        notifyObservers();
    }
    // 用于对象复制
    public object CloneObject(object o)
    {
        Type t = o.GetType();
        PropertyInfo[] properties = t.GetProperties();
        Object p = t.InvokeMember("", System.Reflection.BindingFlags.CreateInstance,
            null, o, null);
        foreach (PropertyInfo pi in properties)
```

```
        {
            if (pi.CanWrite)
            {
                object value = pi.GetValue(o, null);
                pi.SetValue(p, value, null);
            }
        }
        return p;
    }
}
```

商家类代码如下：

```
public class Vendor : Observer
{
    public Order paidOrder;
    public Vendor(Order order)
    {
        // 复制订单，不影响原始订单状态
        this.paidOrder =(Order)order.CloneObject(order);
        // 向观察目标注册自己
        order.registerObserver(this);
    }
    public void update()
    {
        prepareItems();
    }
    // 准备发货
    private void prepareItems()
    {
        if (CustomerRepository.findCustomerById(paidOrder.CustomerID).Address !=
            null)
        {
            // 将订单副本的状态设为 Prepared
            paidOrder.State = "Prepared";
            // 准备发货逻辑略
        }
    }
}
```

运营人员类代码如下：

```
public class Operator : Observer
{
    public Order paidOrder;
    public void update()
    {
        paidOrder.State = "Recorded";
    }
    public Operator(Order order)
    {
```

```
        this.paidOrder = (Order)order.CloneObject(order);
        // 向观察目标注册自己
        order.registerObserver(this);
    }
}
```

最后是不可缺少的单元测试，代码如下：

```
[TestMethod]
    public void OrderRegisterObserverTest()
    {
        Order order = new Order();
        Vendor vendor= new Vendor(order);
        Operator operator = new Operator(order);
        // 验证初始状态
        Assert.AreEqual("Initialized", vendor.paidOrder.State.ToString());
        Assert.AreEqual("Initialized", oprator.paidOrder.State.ToString());
        Assert.AreEqual("Initialized", order.State.ToString());
        order.pay();
        // 验证支付后状态
        Assert.AreEqual("Paid", order.State.ToString());
        Assert.AreEqual("Prepared", vendor.paidOrder.State.ToString());
        Assert.AreEqual("Recorded", oprator.paidOrder.State.ToString());
    }
[TestMethod]
    public void OrderUnRegisterObserverTest()
    {
        Order order = new Order();
        Vendor vendor = new Vendor(order);
        Operator operator = new Operator(order);
        // 取消观察者
        order.unregisterObserver(oprator);
        order.pay();
        // 验证支付后状态
        Assert.AreEqual("Paid", order.State.ToString());
        Assert.AreEqual("Prepared", vendor.paidOrder.State.ToString());
        Assert.AreEqual("Initialized", oprator.paidOrder.State.ToString());
    }
```

9.6.5　收益分析

观察者模式带来的收益如下：

❑ 添加和删除观察者都不会影响到观察目标与下游观察者，两者的联系完全靠用户端代码灵活撮合，增加和减少观察者都不会影响两边的模型。

❑ 当底层模块的变化通知到上层模块时，不会产生耦合。

❑ 观察者的事件响应逻辑完全独立，不会影响到其他模型。

❑ 观察者的数量没有任何限制。

❑ 模型的稳定性和灵活性同时都得到了保证。

观察者模式与前面提到的事件机制的目标和定位一致，可以作为事件的一个轻量级解决方案。如果事件的响应只在一个上下文范围内且模型都可访问编辑，那么用观察者模式是非常合适的，所添加的代码不会对模型产生副作用，且比事件与委托的机制更加直观。如果是跨上下文的事件通知，就要用到消息队列适配器了（详见第 10 章）。

9.6.6　建模步骤

应用观察者模式的关键并不在于找到观察目标和观察者，而是找到领域事件。建模步骤如下：

1）找到关心的领域事件。

2）通过事件找到对应的触发操作，进而定位所在模型。

3）所在模型即为观察目标，观察目标实现 Object 接口的 3 个操作（通知观察者、添加和删除观察者），同时定义一个 Observer 接口的集合成员。

4）找到事件的消费者，它可能是为了解耦从观察目标拆解出来的新对象，也可能是领域中的其他模型，即观察者。

5）观察者实现 Observer 接口，实现具体的事件响应逻辑。

注意，模型的定义要符合通用语言，确保领域专家理解你的模型设计。

9.7　陌生人的翻译：适配器模式

9.7.1　应用场景

（1）上下文集成，挽救通用语言

我们通过以下对话来看开发人员和项目经理的困惑：

> **开发人员**：系统的有些功能需要人工智能分析算法，第三方提供的算法包是可以复用的，但是他们设计的接口过于复杂，有些参数我们根本就用不到，每次调用都特别浪费时间，需要填写很多无关的参数，很容易出错。
>
> **项目经理**：另外，客户这边的领域专家很难理解第三方的方法和业务的匹配关系，我们在沟通时需要解释半天。他们不愿意也几乎看不懂我们的代码，更别提帮助我们验收和补充测试用例了。
>
> **架构师**：嗯，是时候包装一下了。
>
> ……

（2）版本兼容

产品经理遇到的版本兼容问题如下：

> **产品经理：** 切换到新的平台后，旧的检测设备和系统就淘汰了。但是最近用户又提出一个需求，看能不能在业务高峰期依然启用旧的设备来分担工作负载。
>
> **架构师：** 与新的工作平台是统一分配任务、统一管理的吗？
>
> **产品经理：** 是的，用户希望是统一的界面和分配机制。
>
> **架构师：** 那我们需要适配一下。
>
> ……

（3）能力开放 API

如何开放自己的能力？架构师和 CTO 的对话如下：

> **CTO：** 集团希望把公司的电商能力开放给子公司使用，主要是复杂计费的功能。
>
> **架构师：** 只有计费功能吗？像商品库、订单、账单这些功能呢？
>
> **CTO：** 目前需要的是复杂计费功能，商品库肯定不用我们的，其他子公司有自己的商品库、下单和记账模块。
>
> **架构师：** 这是可以做到的，但与我们使用的模型接口就有很大差别了。
>
> **CTO：** 所以我们得把计费和这些模块的耦合剥离出来，只提供清晰的接口。
>
> ……

9.7.2　共性特征

上述需求的共性特征简单来说就是接口不匹配，以下为典型的不匹配场景：

- ❑ 与不同上下文团队或第三方系统集成时，接口不匹配，此时如果直接使用其他团队的模型和接口，会给开发人员及通用语言带来影响和损害。
- ❑ 版本更迭时，如果要在新的系统兼容旧的模型，将面临接口不匹配的情况。
- ❑ 我们自己使用的内部接口和开放出去的外部接口之间存在不匹配的情况。

此时我们需要一个翻译，能够在内外之间、新旧之间起到桥梁作用。在 DDD 中，尤其是让领域模型的用户（包括领域专家和业务人员）不必面对不必要的技术复杂度。

9.7.3　领域模型

这个翻译就是适配器模式对应的模型，如图 9-9 所示。

这组模型有以下 3 个组成部分。

- ❑ Target Interface：业务接口。模型期望完成的任务。
- ❑ Adaptee：来自外部的或旧版本的模型。与客户端（Client）期望的接口不一致，但我们要用它来完成任务。
- ❑ Adapter：适配器。包装 Adaptee，对客户端提供一致的接口。

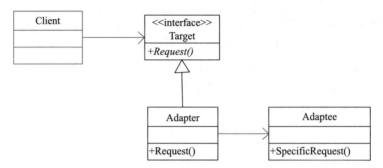

图 9-9　适配器模式对应的模型图

9.7.4　实现代码

以第二个场景"版本兼容"的需求为例。假设新的平台要求完成两数相乘的计算，但旧的设备只能做加法计算。

任务接口的代码如下：

```
// 任务接口，乘法计算
public interface IDevice
{
    int Times(int multiplier1, int multiplier2);
}
```

使用设备的客户端代码如下，假设它是一个计算器，利用设备来完成计算。

```
public class Caculator
{
    public IDevice Device { private get; set; }
    public int Times(int firstNum,int secondNum)
    {
        return Device.Times(firstNum, secondNum);
    }
}
```

新设备的代码如下，它的接口与使用者的期望是一致的。

```
public class NewDevice : IDevice
{
    // 乘法
    public int Times(int multiplier1, int multiplier2)
    {
        return multiplier1 * multiplier2;
    }
}
```

旧设备的代码如下，它只能运算加法，无法适配客户端的任务。

```
internal class OldDevice
{
    // 加法
```

```
    public int Add(int firstNum, int secondNum)
    {
        return firstNum + secondNum;
    }
}
```

　　显然，我们无法直接使用旧设备来完成任务，那么当新设备出现故障或在高峰期启用旧设备时，我们该如何做呢？这就需要用到适配器模式，将旧设备与新设备相适配。下面的算法利用加法函数实现了乘法的功能，并提供了用户需要的乘法接口，这就是适配：

```
public class OldDeviceAdapter : IDevice
{
    // 利用旧的加法接口，完成新的乘法任务
    public int Times(int multiplier1, int multiplier2)
    {
        int result = 0;
        for (int i = 0; i < multiplier2; i++)
        {
            result = oleDevice.Add(result, multiplier1);
        }
        return result;
    }
    private OldDevice oleDevice = new OldDevice();
}
```

　　测试代码如下，对适配器的使用就完全清楚了。

```
[TestMethod]
    public void OldDeviceAdapterTest()
    {
        Caculator caculator = new Caculator();
        caculator.Device = new NewDevice();             // 新设备
        Assert.AreEqual(6, caculator.Times(2, 3));
        caculator.Device = new OldDeviceAdapter();      // 旧设备适配器
        Assert.AreEqual(6, caculator.Times(2, 3));
    }
```

　　可以看到，虽然旧设备的接口不一致，但通过适配器的改造，它依然能胜任新的任务。在使用者看来，除了速度相对较慢，与新设备并没有什么区别。

9.7.5　收益分析

　　适配器模式带来的收益如下：
- ❑ 让接口和能力不匹配的模型能充分融入当前模型生态，我们既不需要重新发明轮子，也无须更改设计。
- ❑ 使用适配器隔离了客户端使用"不知名"模型的复杂度，对后续的切换和变更也可以做到无感。
- ❑ 从某种程度上保护了通用语言不被外部接口的命名所干扰。

与适配器模式类似的有门面模式和代理者模式，适配器模式和门面模式都涉及对模型的包装，但两者的区别是明显的，具体见表 9-1。

表 9-1   适配器模式和门面模式的区别

	门面模式	适配器模式
是否有现存类	有	有
是否指定接口设计包装	否	是
是否需要多态行为	否	可能
是否提供更简化的接口	是	否

门面模式和适配器模式都是针对已有模型进行包装，但门面模式的目的在于简化，而适配器模式的目的在于翻译。代理者模式与这两个模式也很相似，但代理者模式的使用场景是完全不同的。

9.7.6   建模步骤

应用适配器模式不能忽视的一点是，要验证被封装的对象适合完成既定的任务。建模步骤如下：

1）评估已有对象的能力能否胜任，包括评估已有对象的可见性和访问权限等因素。比如，加法运算的对象适配后可以做乘法，但其他运算可能根本就无法适配。

2）确定任务接口。

3）确定转换的算法，包括参数的处理等。

4）实现适配器类。

5）利用客户端或者通过工厂方法输出适配器类，将耦合了被包装对象的地方都替换为适配器类。

9.8   完美的替身：代理者模式

9.8.1   应用场景

（1）不会中断的访问

下面是有关系统可用性的需求：

> **运维组长**：程序需要每隔一秒钟从远端服务器调取实时报价，可现在受限于网络，有时访问是失败的，这样程序会报错。
>
> **架构师**：那报价就无法显示了。
>
> **产品经理**：是的，用户体验确实不好。能否在访问失败时，依然显示上一次询价的信息，这是可以接受的。网络连接恢复时，再立刻更新报价信息即可。

> **架构师**：中断时长有要求吗？
>
> **运维组长**：嗯，如果 5 分钟内网络没有恢复，后台发送信息给运维团队，我们就可以开始排查。
>
> **架构师**：此时价格如何显示呢？
>
> **产品经理**：为了不误导用户，这个时候价格可以显示为 N/A。
>
> **运维组长**：但持续断网 5 分钟的情况几乎不可能发生，这涉及我们系统的 SLA 是否达标。
>
> **架构师**：明白了。
>
> ……

（2）虚拟对象

测试经理需要架构师帮忙解决如下问题：

> **测试经理**：集成测试不会真正发送调用请求给银行，因为这会影响他们系统的性能，我们只能自己来模拟银行的环境。
>
> **架构师**：嗯，模拟程序和银行接口必须是一样的。
>
> **测试经理**：是的，系统测试时，我们只要修改开关即可切换到真实环境。平时的测试使用模拟程序，系统测试使用真实地址。除了实际数据不一样，两者的接口都是相同的，这样可以兼顾平时的测试和系统测试，而不会对客户系统有过多的干扰。
>
> **架构师**：也就是说我们需要一个类似代理的模拟程序，还有什么要求吗？
>
> **测试经理**：有，测试人员和测试用例不会受到切换环境的影响我们不希望每次切换环境都要修改测试脚本。
>
> ……

（3）权限控制

下面是 CIO 提出的关于权限的需求：

> **CIO**：所有资源都是通过云商提供的企业管理员账号创建的，但现阶段集团并不希望大家无限制地创建资源，花销很大。
>
> **架构师**：云商那边的确是没有限制的，集团希望的处理机制是什么呢？
>
> **CIO**：在用户创建资源时，检查一下该用户的配额，不够则发消息提醒，当然这都是在后台做的。另外……
>
> **架构师**：还有什么？
>
> **CIO**：不排除未来去掉配额限制又恢复现状的情况，我希望到时候我们的系统不要受什么影响。
>
> ……

9.8.2　共性特征

上面对话的需求似乎都与网络相关，它们真正的共性在于：

❏ 要访问的是不易获取、不稳定或访问代价比较大的对象。比如远程对象，但不希望用户体验因此受到影响。

❏ 可能有本地的模拟对象，但条件适宜时要切换到对真实对象的访问，希望切换对使用者是无感的。

❏ 控制对原始对象的访问，对于对象有不同的访问权限的限制，或者在访问对象时，会增加一些附加操作。

此时，我们需要的是一个代理人的角色，它的访问方式与真实对象必须是一样的。换言之，用户的访问方式不能因为使用了或者没使用代理而有差别，但却可以得到比原对象更丰富的行为和处理逻辑。

另外要注意的是，被代理的真实对象应该是不透明的。换言之，用户不应该越过代理去访问真实对象，否则谈不上控制，也破坏了领域逻辑内聚的要求（即领域逻辑要内聚在代理中，而不能分散）。

9.8.3　领域模型

代理者模式对应的模型图如图 9-10 所示。

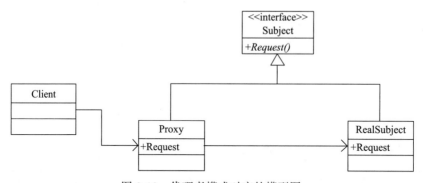

图 9-10　代理者模式对应的模型图

这组模型包括 3 个部分。

❏ Subject Interface：真实对象和代理的共同接口。代表用户使用模型的方式。

❏ RealSubject：真实对象。对用户不可见，一般在条件满足时，由真实对象在后台来处理请求。

❏ Proxy：代理。引用或封装真实对象，与真实对象有相同的接口，对用户可见。

9.8.4　实现代码

以第一个应用场景获取价格的需求为例，假设有一个远程的对象 Pricer 提供实时的价格，我们给它加一个"可用"的属性 IsAvailable，为真时返回价格，为假时抛出异常。

```
public class Pricer : IGetPrice
{
    public bool IsAvailable { private get; set; }
    public double getPrice()
    {
        if (IsAvailable)
        {
            // 为真时返回价格
            return new Random().Next();
        }
        else
        {
            // 不可用时抛出异常
            throw new MethodAccessException();
        }
    }
}
```

为了在 Pricer 不可用时依然正常显示价格，我们需要创建一个代理类 PricerProxy。

```
public class PricerProxy : IGetPrice
{
    public Pricer _pricer;    // 真实对象
    private double priceKeeped = 0;
    public double getPrice()
    {
        try
        {
            // 真实对象可用时，将价格请求传递给真实对象
            priceKeeped = _pricer.getPrice();
            return priceKeeped;
        }
        catch
        {
            // 真实对象抛出异常时，返回保存的价格而不报错
            return priceKeeped;
        }
    }
}
```

两者的访问接口是一样的：

```
public interface IGetPrice
{
    double getPrice();
}
```

测试代码如下：

```
[TestMethod]
```

```
public void PricerProxyTest()
{
    Pricer pricer = new Pricer();
    PricerProxy proxy = new PricerProxy();
    proxy._pricer = pricer;
    pricer.IsAvailable = true;
    double showedPriced = proxy.getPrice();
    Assert.AreNotEqual(0, showedPriced);                    // 对象可用时，正常返回价格
    pricer.IsAvailable = false;
    Assert.ThrowsException<MethodAccessException>(() => pricer.getPrice());
    // 不可用时，被代理对象抛出异常
    Assert.AreEqual(showedPriced, proxy.getPrice()); // 代理对象依然可以得到保存的上
                                                     一个价格
}
```

9.8.5 收益分析

代理者模式带来的收益如下：

❑ 更好的用户体验。代理者屏蔽了获取真实对象的难度和可能碰到的意外情况。

❑ 虚拟代理可以节省创建和访问真实对象的开销，以及所需的复杂工作步骤等。

❑ 保护代理可以附加业务需要的额外操作和不同的访问级别。

最关键的是，代理的访问方式与真实对象是一样的，这样就没有引入额外的复杂度。

前面讲过，与代理者模式相似的模式有适配器模式和门面模式。但是，它们之间的区别还是很明显的：代理者模式不改变访问对象的接口，而适配器模式和门面模式会改变；代理者模式只代理一个对象，而门面模式会封装多个对象，适配器模式在某些情况下也会涉及多个对象的封装。简而言之，代理者模式不简化接口，简化的是获取或使用对象的途径，而其他两个模型都涉及接口的改变。

9.8.6 建模步骤

代理者模式的建模步骤如下：

1）找到符合以下需求特征的对象，为其创建代理：

❑ 所有远程对象。为远程对象都创建本地代理是一个屡试不爽的优秀实践。

❑ 访问需要控制的对象。不论是权限还是前面提到的配额等领域逻辑的控制。

❑ 访问比较复杂的对象。如需要通过复杂计算生成的对象。

2）创建代理类，并按照代理对象的类别将以下内容封装到代理对象内：

❑ 为远程对象提供本地替身对象，在远程对象无法及时给予反馈时，使用本地对象。要综合平衡用户体验和实时性的要求。

❑ 访问需要控制的对象，将控制逻辑封装在代理类中。

❑ 访问比较复杂的对象，将复杂访问逻辑封装在代理类中。

3）要保证代理类的接口与原始对象一致，调用者感觉不到两者的差别。

4）将代码中所有对真实对象的访问都替换为对代理的访问。

9.9　互补的伙伴：访问者模式

9.9.1　应用场景

（1）不能修改的模型

我们来看下面一组需求及其约束条件：

> **人事经理**：我们每年都有薪资和年假的调整，根据员工的级别和在公司工作的时长，调整的幅度也有区别。另外，每年年底还会有绩效考核，职位不同，绩效考核要提交的材料不同。比如，普通员工只提交自己的工作材料，而部门经理要提交整个部门的目标完成情况，分公司总经理要提交整个分公司的报告。
>
> **开发组长**：这个需求我看了，整套人事模型是集团开发的，并不是专门给人事部门用的，所以并不包含上述需求，也不能对模型做大的修改，因为很多系统都在复用这个模型。我的想法是应用适配器模式包装集团的模型，能胜任的操作转发给模型完成，没有的功能附加自己的领域逻辑。
>
> **架构师**：也许有更轻、更清晰的解决方案，我们只需要给模型添加一个伙伴开展它的功能即可。
>
> ……

（2）大数据分析

以下是公司复杂大数据团队和架构师的对话：

> **大数据团队**：我们需要针对你们的系统添加数据分析功能，就是从你们的系统中获取所需的数据。
>
> **架构师**：建议你们从我们的模型中获取数据而不是数据库，这样数据的业务含义会非常清晰。比如，使用我们的存储库或工厂模型。
>
> **大数据团队**：那太好了，但这样会不会对你们的模型设计有很大影响？完全没有必要为我们开发新的接口。
>
> **架构师**：放心吧，你们的逻辑不会对我们的模型产生影响。你们需要开发一些访问者类，我们的工程师会协助你们的。
>
> ……

（3）安全检查

以下是安全团队和架构师的对话：

> **安全团队**：我们需要对软件的运行状态进行监控，需要在代码中埋设一些采样点。
> **开发组长**：这样做会影响模型的重用性，维护起来也很麻烦。
> **架构师**：有办法解决，且基本不会影响现有模型。我们会开发一些访问者类，让安全团队自己维护就可以了。
> ……

9.9.2　共性特征

上述需求都涉及对现有模型功能的拓展，它们的共性在于：

❏ 需要为模型增加功能和操作，或者为模型增加多态行为，但模型无法承载这些修改，不能添加相应虚方法。

❏ 不同的业务对模型都有不同的诉求，比如安全或者数据分析。这些诉求与模型的主要职责无关，不适合放入模型中，且种类可能还会增加。

此时，我们需要为模型增加一个亲密的伙伴，或者说访问者，它可以扩展模型的功能，也不会影响到模型的稳定性。还有重要的一点，我们能方便地接受或拒绝某种类型的访问者，而不会产生硬编码和新的耦合。

9.9.3　领域模型

我们需要的就是访问者模式，其对应的模型图如图 9-11 所示。

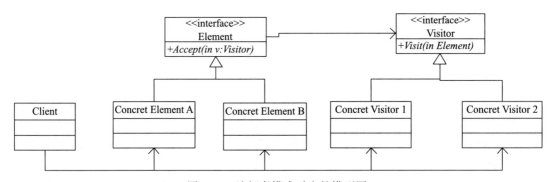

图 9-11　访问者模式对应的模型图

这组模型包括以下 4 个部分。

❏ Element Interface：被访问对象接口。这个接口只有一个方法——接收访问者，这个方法就一个参数，就是访问者接口。

❏ Visitor Interface：访问者接口。只有一个方法——访问 Element 对象。

❏ Concret Element：具体的领域模型。实现被访问接口即可获得扩展能力，不需要添加其他代码，保护了自己的稳定性。

❑ Concret Visitor：具体的访问者。一个访问者代表一个业务面，比如是数据分析访问者还是安全访问者，还可以随需求增加。因为访问者接口的存在，所以增加访问者也不会影响领域模型。

用户会直接使用具体的领域模型和具体的访问者并加以组合，当然也可以随时解除关联。具体的访问者也会依赖领域模型，比如针对不同的领域模型实现多种逻辑。

9.9.4　实现代码

以第一个应用场景的需求为例，假设有一组员工模型 Employee 和它的子类，我们通过访问者模式给它增加新的操作和新的多态方法。这一切不需要修改既有模型的任何代码，只要实现 Element 接口即可。

被访问者 Element 和访问者 Visitor 接口：

```
public interface IElement
{
    void Accept(IVisitor visitor);
}
public interface IVisitor
{
    void Visit(IElement element);
}
```

改造 Employee 类，使其实现 Element 接口。

```
public class Employee : IElement
{
    public Employee(string name, double income,int vacationDays)
    {
        Name = name;
        Income = income;
        VacationDays = vacationDays;
        PerformanceEvaluationDone = false;
    }
    public string Name  { get; set; }
    public double Income{ get; set; }
    public int VacationDays{ get; set; }
    // 属性：绩效考核材料是否提交 (此处为示意，为了测试服务)
    public bool PerformanceEvaluationDone{ get; set; }
    // 唯一需要改造的地方，实现 Accept 方法
    public void Accept(IVisitor visitor)
    {
        visitor.Visit(this);
    }
}
```

下面是具体的员工类，包括普通员工 Clerk、部门经理 Director、公司总经理 President。这一系列类都无须做任何改动，后续的功能扩展都涉及它们的任何一行代码。

Clerk 代码如下；

```
public class Clerk : Employee
{
    public Clerk(string name, double income, int vacationDays) : base(name,
        income, vacationDays)
    {
    }
    // 提交个人工作单，是普通员工已有的方法
    public void DeliverWorkSheet()
    {
        PerformanceEvaluationDone = true;
    }
}
```

Director 代码如下：

```
public class Director : Employee
{
    public Director(string name, double income, int vacationDays) : base(name,
        income, vacationDays)
    {
    }
    // 提交部门工作表，是部门经理已有的方法
    public void DeliverDepartmentWorkForm()
    {
        PerformanceEvaluationDone = true;
    }
}
```

President 代码如下：

```
public class President : Employee
{
    public President(string name, double income, int vacationDays) : base(name,
        income, vacationDays)
    {
    }
    // 提交公司工作报告，是总经理已有的方法
    public void DeliverCompanyWorkReport()
    {
        PerformanceEvaluationDone = true;
    }
}
```

下面是具体的访问者类，三个访问者代表三个新的针对员工类的业务诉求：工资调整、假期调整、绩效考核。

工资调整访问者代码如下：

```
public class IncomeVisitor : IVisitor
{
```

```
public void Visit(IElement element)
{
    Employee employee = element as Employee;
    // 所有员工工资增长 10%
    employee.Income *= 1.1;
    // 部门经理多涨 100
    if (employee is Director)
        employee.Income += 100;
}
}
```

假期调整访问者代码如下：

```
public class VacationVisitor : IVisitor
{
    public void Visit(IElement element)
    {
        Employee employee = element as Employee;
        // 所有员工年假增加 3 天
        employee.VacationDays += 3;
        // 公司总经理年假增加 2 天，即减去 1 天
        if (employee is President)
            employee.VacationDays -= 1;
    }
}
```

绩效考核访问者代码如下，我们把员工类中已有的方法与绩效事件相关联，让父类（Employee）在不增加任何方法的前提下实现多态的效果。

```
public class PerformanceEvaluationVisitor : IVisitor
{
    public void Visit(IElement element)
    {
        Employee employee = element as Employee;
        // 如果是普通员工，提交工作单
        if (employee is President)
        {
            President p = employee as President;
            p.DeliverCompanyWorkReport();
        }
        // 如果是部门经理，提交部门工作表
        if (employee is Director)
        {
            Director d = employee as Director;
            d.DeliverDepartmentWorkForm();
        }
        // 如果是总经理，提交公司工作报告
        if (employee is Clerk)
        {
            Clerk c = employee as Clerk;
            c.DeliverWorkSheet();
```

```
        }
    }
}
```

还需要一个员工集合类，用于测试：

```
public class Employees
{
    private List<Employee> employees = new List<Employee>();
    public void Attach(Employee employee)
    {
        employees.Add(employee);
    }
    public void Detach(Employee employee)
    {
        employees.Remove(employee);
    }
    public void Accept(IVisitor visitor)
    {
        foreach (Employee e in employees)
        {
            e.Accept(visitor);
        }
        Console.WriteLine();
    }
}
```

以上是我们实现功能的所有类，下面通过测试代码来验证效果。

工资和假期逻辑验证代码如下：

```
[TestMethod]
    public void IncomeAndVacationVisitorTest()
    {
        // 添加员工
        Employees employees = new Employees();
        Employee clerk = new Clerk("Zhang", 1000, 10);
        Employee director = new Director("Li", 2000, 12);
        Employee president = new President("Wang", 4000, 15);
        employees.Attach(clerk);
        employees.Attach(director);
        employees.Attach(president);
        // 添加访问者即可，无需额外操作
        employees.Accept(new IncomeVisitor());
        employees.Accept(new VacationVisitor());
        // 验证
        Assert.AreEqual(1100.0d, clerk.Income);
        Assert.AreEqual(13, clerk.VacationDays);
        Assert.AreEqual(2300.0d, director.Income);
        Assert.AreEqual(15, director.VacationDays);
        Assert.AreEqual(4400.0d, president.Income);
        Assert.AreEqual(17, president.VacationDays);
    }
```

绩效考核多态方法实现验证代码如下：

```
[TestMethod]
    public void PerformanceEvaluationActionVisitorTest()
    {
        Employee clerk = new Clerk("Zhang", 1000, 10);
        Employee director = new Director("Li", 2000, 12);
        Employee president = new President("Wang", 4000, 15);
        Employees employees = new Employees();
        employees.Attach(clerk);
        employees.Attach(director);
        employees.Attach(president);
        employees.Accept(new PerformanceEvaluationVisitor());
        Assert.IsTrue(clerk.PerformanceEvaluationDone);
        Assert.IsTrue(director.PerformanceEvaluationDone);
        Assert.IsTrue(president.PerformanceEvaluationDone);
    }
```

这里的多态可以理解为，我们对所有的子类都添加相同的访问者方法（employees.Accept(new PerformanceEvaluationVisitor())），但它们的实现却是多种形态的。即使它们不是同一个父类，也可以接受同一个访问者实现多态的效果，所有的被访问者也都无须改动任何代码。

9.9.5　收益分析

访问者模式带来的收益如下：

❑ 扩展了领域模型（如上例中的员工类）的行为，而无须更改任何现有代码。
❑ 为领域模型提供了多态行为（接收相同的访问者，但执行不同的操作），即使它们并不来源于同一个基类，且同样无须更改任何现有代码。
❑ 新增加的领域需求以访问者的形式被保存和分离出来，既便于沉淀领域概念，又易于维护。
❑ 关联和解除新的访问者都非常容易，访问者与被访者之间是在运行时绑定的，不存在耦合关系。

9.9.6　建模步骤

访问者模式的建模步骤如下：
1）找到需要扩展行为的模型，让其实现被访问者接口（Accept 方法）。
2）按关注点对扩展行为进行分类，构成不同的访问者，它们都实现访问者接口（Visit 方法）。
3）在访问者类中，通过对原模型的访问实现新的业务需求。
4）在工厂中或客户端，按需让模型接收不同的访问者即可。访问者自动完成自身的扩展逻辑，不需要额外操作。

9.10 状态决定表现：状态模式

9.10.1 应用场景

（1）自动温度控制器

下面是一组业务分析师与架构师的对话：

> **业务分析师**：实验室的温度控制器有两种工作方式：加热和制冷。以前是由实验者根据室温的情况来手动开启和关闭的，现在客户想让它完全自动化。
>
> **架构师**：自动化的需求是什么？
>
> **业务分析师**：用户只需要设定想要的温度和误差范围，系统可以自行调节温度，而不需要人为地开关加热或制冷机器。
>
> **架构师**：那温度控制器必须有自己的工作状态。
>
> ……

（2）账户状态

开发人员遇到的问题如下：

> **开发组长**：为什么你的用户模型中有这么多 bug？
>
> **开发人员**：我正在想办法，用户有不同角色，同一操作对不同角色的实现都不同。随着方法的数量的增多，检查一遍代码就需要很长时间。每次有新的角色加入或者角色的权限有变化，我都很头疼。
>
> **开发组长**：为什么不早说？你应该试试给用户加一个角色状态。
>
> ……

（3）图形编辑器

下面是一个产品经理提出的需求：

> **产品经理**：我们要设计一个用例编辑器，采用图形化的方式创建和编辑用例图。用户操作编辑器时执行的操作为：按住鼠标左键并拖动，然后释放。这一系列动作在如下状态产生的效果不同：
>
> ❑ 处于选择状态时，结果是选定拖动区域内的对象。
>
> ❑ 处于创建用例状态时，结果是创建一个用例。
>
> ❑ 处于创建角色状态时，结果是创建一个角色。
>
> ……

9.10.2 共性特征

上面的需求中都有一个关键字"状态"，这是在与领域专家讨论时经常会遇到的一个词，

它们的本质特点在于:

❑ 领域模型有很多状态,它们会依照一定的条件转换,未来还可能会增加新的状态。

❑ 不同的状态会使模型产生不同的行为。

我们要发掘这样的需求,就要注意那些关于"状态"的表述,如打开、工作、关闭、准备,还有例子中的"冷""热""会员""非会员""编辑""选择""创建"等。

最好的方式就是给这些状态建模,而不是只使用条件语句构建逻辑分支。前一种方式的通用语言更为自然,"控制器变为制冷状态"显然要比"控制器开始制冷"听起来更自然。

给状态建模将使模型更易于维护。它使状态转换显式化,并具有事务的特点。即要么转换成功,要么维持原状。由于模型的状态一般由一些内部的数据所确定,所以这些数据的某些组合决定了模型所处的状态。如果决定状态的数据项很多,则判断状态比较困难。而采用状态对象来识别状态就容易得多,并且非常直观。同时,状态转换变为引用状态对象的变化,不会出现表示的状态与数据项不一致的情况。

9.10.3　领域模型

状态模式对应的模型如图 9-12 所示。

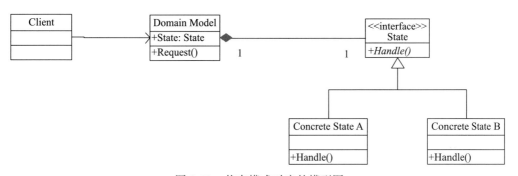

图 9-12　状态模式对应的模型图

该组模型分为以下 3 个部分。

❑ Domain Model:带有状态的领域模型,包含一个 State 接口,通过替换为不同的具体状态来实现状态的改变。

❑ State:状态接口。接口是推荐的方式,也可以是抽象类,抽象类由于单继承的关系,不一定适合所有场景使用。

❑ Concrete State:具体的状态类。每一个子类代表一个状态,并提供该状态下模型行为的实现方式。

执行时,Domain Model 将相关请求委托给 Concrete State 对象处理,它可以将自身作为参数传递给处理该请求的状态对象,使得状态对象在必要时可以访问原 Domain Model。

状态转换的逻辑可以放在 Domain Model 中,也可以放置在 Concrete State 子类中。两者各有利弊，前一个状态转化逻辑比较内聚，方便维护，但 Domain Model 的稳定性会受到添加新状态和转换逻辑变更的影响。后一种保证了 Domain Model 的稳定性，但是状态比较多，转换逻辑会比较分散，不易维护。

9.10.4　实现代码

下面先以第一个应用场景的温度控制器为例。

温度计类代码如下，提供环境温度：

```
// 温度计，提供环境温度
public class Thermometer
{
    public double temperature;
}
```

状态（空调）接口代码如下：

```
// 状态接口
public interface AirCondition
{
    void DoWork(Thermometer thermometer);
}
```

具体状态类（制冷、制热）代码如下：

```
// 具体状态类
// 制冷状态
public class CoolAirCondition : AirCondition
{
    public void DoWork(Thermometer thermometer)
    {
        // 制冷，温度计随机下降 0~1℃
        thermometer.temperature -= new Random().NextDouble();
    }
}
// 制热状态
public class HotAirCondition : AirCondition
{
    public void DoWork(Thermometer thermometer)
    {
        // 制热，温度计随机上升 0~1℃
        thermometer.temperature += new Random().NextDouble();
    }
}
```

温度控制器代码如下：

```
// 温度控制器
public class AirConditionControl
{
```

```csharp
    private AirCondition hot = new HotAirCondition();
    private AirCondition cool = new CoolAirCondition();
    private AirCondition current;
    // 目标温度
    public double TargetTemperature
    {
        set;private get;
    }
    // 误差范围
    private double range;
    public double Range
    {
        set { range = value - 1; }
        get { return range; }
    }
    public Thermometer Thermometer
    {
        set; private get;
    }
    // 现在的状态
    public string currentType
    {
        get { return current.GetType().Name; }
    }
    // 开始工作
    public void turnOn()
    {
        // 循环调整 1000 次达到温度范围，次数不限制
        for (int i = 0; i < 1000; i++)
        {
            // 具体状态切换逻辑
            if (Thermometer.temperature >= TargetTemperature + Range)
            { current = cool; }
            else if (Thermometer.temperature < TargetTemperature - Range)
            { current = hot; }
            current.DoWork(Thermometer);
            Console.WriteLine("Current temperatue:"+Thermometer.temperature.ToString() +
                "" + currentType + " is working");
        }
    }
}
```

测试代码如下：

```csharp
[TestMethod]
    public void AirconditonStateTest()
    {
        Thermometer thermometer = new Thermometer();
        // 随机指定一个温度计温度（0~20℃）
        thermometer.temperature = new Random().Next(0, 20);
        AirConditionControl airConditionControl = new AirConditionControl();
```

```
        airConditionControl.Thermometer = thermometer;
        // 目标温度为28℃
        airConditionControl.TargetTemperature = 28;
        // 误差为1
        airConditionControl.Range = 1;
        airConditionControl.turnOn();
        Assert.IsTrue(thermometer.temperature < 29 && thermometer.temperature > 27);
    }
```

输出结果的片段如下：

```
......
Current temperatue:   27.110478638722434  CoolAirCondition is working
Current temperatue:   27.980816536646472  HotAirCondition is working
Current temperatue:   28.85161930559892   HotAirCondition is working
Current temperatue:   27.854780249457974  CoolAirCondition is working
Current temperatue:   28.637212139555906  HotAirCondition is working
Current temperatue:   27.802490407647994  CoolAirCondition is working
......
```

可以看到，随着温度的变化，控制器在制冷和制热状态之间切换，进而保证了温度在一定的范围内。

这个状态类并没有引用领域模型，即制冷、制热状态并不引用温度控制器，不产生耦合。

再看一个引用了上下文模型的例子，以对话的第二个需求为例：

一个金牌顾客的具体状态类代码如下：

```
public class GoldState : State
{
    public GoldState(State state)
        : this(state.Balance, state.Account)
    {
    }
    public GoldState(double balance, Account account)
    {
        this.balance = balance;
        this.account = account;
        Initialize();
    }
    private void Initialize()
    {
        interest = 0.05;
        lowerLimit = 1000.0;
        upperLimit = 10000000.0;
    }
    public override void Deposit(double amount)
    {
        balance += amount;
        StateChangeCheck();
```

```
    }
    public override void Withdraw(double amount)
    {
        balance -= amount;
        StateChangeCheck();
    }
    public override void PayInterest()
    {
        balance += interest * balance;
        StateChangeCheck();
    }
    // 引用了 Account 对象，且状态切换逻辑在具体状态类内
    private void StateChangeCheck()
    {
        // 余额小于 0，账户状态为预警状态（Red）
        if (balance < 0.0)
        {
            account.State = new RedState(this);
        }
        // 余额小于挡位，账户状态变为银牌客户（Silver）
        else if (balance < lowerLimit)
        {
            account.State = new SilverState(this);
        }
    }
}
```

其他相关类还有抽象类 State 和账户类 Account。

抽象类 State 代码如下：

```
public abstract class State
{
    protected Account account;
    protected double balance;
    protected double interest;
    protected double lowerLimit;
    protected double upperLimit;
    public Account Account
    {
        get { return account; }
        set { account = value; }
    }
    public double Balance
    {
        get { return balance; }
        set { balance = value; }
    }
    // 每个具体状态要复写以下 3 个方法，实现逻辑可以不同
    public abstract void Deposit(double amount);
    public abstract void Withdraw(double amount);
    public abstract void PayInterest();
}
```

账户类 Account 代码如下：

```
public class Account
{
    private State state;
    private string owner;
    public Account(string owner)
    {
        // New accounts are 'Silver' by default
        this.owner = owner;
        state = new SilverState(0.0, this);
    }
    public double Balance
    {
        get { return state.Balance; }
    }
    public State State
    {
        get { return state; }
        set { state = value; }
    }
    public void Deposit(double amount)
    {
        state.Deposit(amount);
    }
    public void Withdraw(double amount)
    {
        state.Withdraw(amount);
    }
    public void PayInterest()
    {
        state.PayInterest();
    }
}
```

可以看到，每种具体状态都有一个下限值（lowerLimit）和上限值（upperLimit），如果取款等操作导致余额 Banlance 超出了这个范围，将自动切换到邻近状态。状态不同，方法的执行逻辑也不同。它们定义在接口或抽象类中，由具体的状态类来实现。

9.10.5 收益分析

状态模式带来的收益如下：

❑ 实现了在不同状态下自动切换不同模型行为的功能。

❑ 状态被清晰地建模，使得模型的表现力更强。如果没有状态对象，确定状态的内部数据众多，导致很难识别对象所处的状态。同时，状态对象丰富了通用语言的词汇，让讨论也变得更加自然。

❑ 避免了模型内复杂的逻辑分支判断，状态转换具有事务的特点，要么转换成功，要么失败，不会出现状态与数据不一致的情况。每个具体状态的操作都被封装到一起，更易于维护。

❑ 添加新的状态也变得简单，除了切换逻辑，新的状态不会和任何旧的代码混在一起。

状态模式与策略模式非常相似，策略模式也是灵活的装配算法，它封装起来的算法对应于状态模式封装的具体状态类。两者的区别在于算法的切换，策略模式是人为指定的，而状态模式是依据状态变化条件自动转换的，不需要人为进行判断。所以，可以把状态模式看作智能自动化的策略模式。

9.10.6　建模步骤

状态模式的建模步骤如下：

1）找到具有多种状态的领域模型，它可能来自通用语言，也可能是那些有很多逻辑分支的地方。

2）将不同状态下的不同处理逻辑提取到状态接口或抽象类中。

3）将模型中不同的处理逻辑部分转换为由状态接口或抽象类处理。

4）按逻辑分支数量创建具体状态类，并实现状态接口或抽象类。

5）确定状态转换条件。

6）将转换条件实现在含有状态的模型中（第一个代码例子）或者具体状态类中（第二个代码例子），又或者外部的配置文件中。

可以看到，前 4 步与策略模式相似，最后 2 步是状态模式独有的，也是其能实现"自动"的原理所在。

9.11　分工流水线：职责链模式

9.11.1　应用场景

（1）多种收费项

下面是来源于运营商计费系统的需求：

> **电信运营商**：每个月的话费计费规则是这样的：
>
> ❑ 通话时长——0.5 元 / 分钟
>
> ❑ 短信——0.1 元 / 条
>
> ❑ 流量——40GB 以下，1 元 /GB；40GB 以上 1.5 元 /GB
>
> **架构师**：这 3 项都是单独定价吗？
>
> **电信运营商**：是的，它们使用的服务不同，所以收费标准都是独立制定的。举个例子，后续我们可能会修改流量的使用费，40GB 以上将不再增加费用，仍然是 1 元 /GB。通话和短信则不会改变。当然，我们也可能改成套餐的形式，比如 100 分钟只收取 30 元，短信 100 条只收取 8 元。所以，希望架构能灵活应对这种变化。
>
> ……

（2）文档解析

再看一个关于文档解析的需求对话：

> **教导主任**：发送的文档中还可能内嵌各种其他文档类型，比如 Word 中内嵌 PPT、Excel 等格式。
>
> **架构师**：这样的话，每一种格式都需要单独的解析器。
>
> **教导主任**：这个由你来负责，我只希望它们都能正确显示。可能我还会再增加一些支持的格式，比如 PDF，当然也不排除去掉一些格式支持，也不能什么文档都放里面。希望能支持这类变化，方便我们的维护人员灵活地做出修改。
>
> ……

（3）多种工单

下面是来源于运维团队关于工单的需求对话：

> **运维经理**：请求的队列中有各种类型的工单，有系统错误、帮助请求、账号开通、新增需求等。
>
> **架构师**：每种工单的处理方式都不一样是吗？
>
> **运维经理**：是的，但有些用户会在一个工单里提出两种以上的请求。我们希望系统能自动把不同的请求发送给不同的处理人，比如将账号开通的请求发给人事部门。
>
> ……

9.11.2　共性特征

上面的需求里似乎都包含多种类型的任务，它们的共性在于：

- ❑ 一个请求中包含多种类型的工作项，需要使用不同的方式处理。
- ❑ 这些工作类型可能增加和减少，希望能灵活组合和处理它们，并且不会影响到客户端代码的稳定性。
- ❑ 每种处理方式可能都代表一个领域概念，希望能单独维护。

在工厂的流水线中，每个工人只负责一个专门的部分，但是整条流水线下来，我们就完成了所有的工序。仿造流水线模式，把这些"工人"串联起来，每个人负责对应的部分，这就是职责链模式。

9.11.3　领域模型

职责链模式对应的模型如图 9-13 所示。

这组模型包括以下 3 部分：

- ❑ Handler：定义一个处理请求的接口，同时包含一个自身类型的成员 Successor（后继者）。可以使用抽象类，但接口的副作用显然要更小。

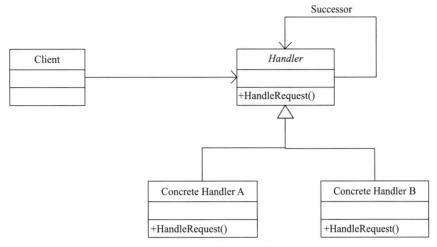

图 9-13　职责链模式对应的模型图

```
public interface Handler
{
    Handler successor { get; set; } // 自身类型属性
    void HandleRequest();
}
```

❑ Concrete Handler：负责请求处理的具体类。如果可以处理该请求或该请求的某一部
分，则处理之，不管是否处理过，将请求转发给后继者继续处理。

❑ Client：组装、使用职责链的用户。也可以把组装职责链的职责单独封装，这样使
用者就不用每次使用时都组装职责链了。

职责链节点的职责应该是互斥的，即同一任务不应由多个节点处理，但并不意味着不
同节点不能处理同一部分数据，比如在上面例子中，流量数据由两个节点处理，分别是正
常计费部分和超出计费部分。注意是职责互斥，不是数据互斥。此外，节点之间最好能自
由组合，不依赖特定处理顺序。当然，如果做不到这一点，必须按照一定顺序处理，职责
链处理起来也没有问题，但此时就要使用工厂组装职责链，千万不要将这个权力交给用户。

9.11.4　实现代码

以第一个应用场景的需求为例。先定义一个相当于 Handler 的计费接口 Count，代码如下：

```
public interface Counter
{
    Counter NextCounter { get; set; }    // 后继者
    double CountFee(Usage usage);         // 计算费用
}
```

流水线上有 4 种工人：话费计费类、短信计费类、正常流量计费类，超出流量计费类。
话费计费类代码如下：

```
public class PhoneTimeCounter : Counter
{
    public Counter NextCounter { get; set; }
    public double CountFee(Usage usage)
    {
        double fee = 0;
        if (NextCounter != null)
            fee = this.NextCounter.CountFee(usage);
        fee += usage.PhoneTime * 0.5;    // 每分钟 0.5 元
        return fee;
    }
}
```

短信计费类代码如下：

```
public class MessageCounter : Counter
{
    public Counter NextCounter { get; set; }
    public double CountFee(Usage usage)
    {
        double fee = 0;
        if (NextCounter != null)
            fee = this.NextCounter.CountFee(usage);
        fee += usage.Message * 0.1;    // 每条短信 0.1 元
        return fee;
    }
}
```

正常流量计费类代码如下：

```
public class NormalNetAccessCounter : Counter
{
    public Counter NextCounter { get; set; }
    public double CountFee(Usage usage)
    {
        double fee = 0;
        if (NextCounter != null)
            fee = this.NextCounter.CountFee(usage);
        if (usage.NetFlow <= 40)
            fee += usage.NetFlow * 1.0;    //40G 以内每 G 1 元
        else
            fee += 40;
        return fee;
    }
}
```

超出流量计费类代码如下：

```
public class ExceededNetAccessCounter : Counter
{
    public Counter NextCounter { get; set; }
    public double CountFee(Usage usage)
```

```
    {
        double fee = 0;
        if (NextCounter != null)
            fee = this.NextCounter.CountFee(usage);
        if (usage.NetFlow > 40)
            fee += (usage.NetFlow-40) * 1.5; //40G 以上每 G1.5 元
        return fee;
    }
}
```

手机的月使用情况代码如下，只有 3 个字段：

```
public class Usage
{
    public Usage(double phoneTime, int message, double netFlow)
    {
        PhoneTime = phoneTime;
        Message = message;
        NetFlow = netFlow;
    }
    public double PhoneTime { get; set; }
    public int Message { get; set; }
    public double NetFlow { get; set; }
}
```

组装职责链的工厂类可以灵活地定制各种职责链，代码如下。

```
// 组装职责链的工厂类
public class CounterFactory
{
    public static Counter GetUsageCounter()
    {
        Counter c1 = new PhoneTimeCounter();
        Counter c2 = new MessageCounter();
        Counter c3 = new NormalNetAccessCounter();
        Counter c4 = new ExceededNetAccessCounter();
        c1.NextCounter = c2;
        c2.NextCounter = c3;
        c3.NextCounter = c4;
        return c1;
    }
}
```

最后是测试类，可以看到最终的效果。

```
[TestMethod]
    public void ChainOfResposibilityTest()
    {
        Usage ZhangUsage = new Usage(100, 20, 35);
        Usage WangUsage = new Usage(80, 50, 50);
        Counter counter =CounterFactory.GetUsageCounter();
        Assert.AreEqual(50 + 2 + 35, counter.CountFee(ZhangUsage));
        Assert.AreEqual(40 + 5 + 55, counter.CountFee(WangUsage));
    }
```

看到客户端通过如此简洁的代码就可使用职责链模式，所有付出都是值得的。

9.11.5　收益分析

从上面的例子可以看出，使用职责链后，客户端变得非常简洁。除此之外，它带来的收益如下：

- ❑ 灵活定义职责链的同时不会影响使用者。增加和去除处理类非常容易。比如，后续不再增收超流量话费，我们只需要在组装职责链时，把处理部分的节点去掉即可，程序的其他部分不会受到任何影响。
- ❑ 客户端在使用职责链时，和使用一个处理类并没有区别，减轻了使用者的负担，保证了客户端代码的稳定性。
- ❑ 各种处理类代表不同的业务逻辑，可以分开维护而不会彼此影响。

职责链模式可能让你想起组合模式，两者的不同之处在于，组合模式是策略的叠加，而职责链模式是策略之间彼此分工来处理不同的部分。

9.11.6　建模步骤

职责链模式的建模步骤如下：

1）确定请求中需要不同处理的逻辑。

2）为该请求设计接口。不同处理的逻辑体现为实现该接口的具体处理类。注意，每一个处理类处理的数据可能有交叉，但逻辑上不应重复或矛盾。

3）工厂根据需求组装不同的职责链。这个任务最好不要交给客户来做。

4）用户直接使用工厂返回的职责链的简单对象即可，无须关心职责链有多长、需要多少额外的处理。这些都是由工厂按需灵活定制的。

9.12　组装搭配车间：桥接模式

9.12.1　应用场景

（1）顾客画像

在电商系统中，电商专家与架构师的对话如下：

> **电商专家**：我们的客户按主体类型分为个人、企业和政府，而根据消费习惯又分为高净值（钻石）客户、普通（Gold）客户和低净值（Silver）客户。每种类型的客户都有不同的行为模式，比如注册流程和支付方法，而我们能提供的折扣和服务也不相同。
>
> **架构师**：这两个因素是独立变化的、相互之间没有影响的是吗？
>
> **电商专家**：是的，两者变化都是独立的，但是对于高净值的企业客户，我们有额外的售后服务，这也是公司的战略。
>
> **架构师**：嗯。
>
> ……

（2）汽车模型

再看在智能制造系统中的一个典型需求场景：

> **汽车设计师**：汽车按类型分为小型车、中型车、SUV、MPV，它们又可以搭配不同的引擎和底盘，这 3 个因素基本决定了它们的制造过程和大致成本。
>
> **架构师**：这 3 个因素是独立变化的吗？数量确定吗？
>
> **汽车设计师**：这个很难说，车型的变化并不大，但发动机和底盘型号却在不停地增加。当然，它们之间也有一些约束条件，比如 SUV 只能搭配固定的发动机。
>
> ……

（3）数据库编辑器

下面是关于数据库编辑器的需求的对话。

> **DBA**：这款数据库表编辑器应该支持 Windows、Mac 和 Linux 等系统，同时还要支持多种数据库，包括 SQL Server、Oracle、DB2 和 MySQL。那这样是不是需要 12 个版本？
>
> **架构师**：不用担心，也许用不了那么多。
>
> ……

9.12.2　共性特征

上述需求对话的共性在于：

❑ 有多个维度的变量都会单独地变化，我们需要组合这些变量成为新的模型。

❑ 组合要有灵活性，当增加新的维度或变量时，不会产生模型数量的爆炸。

❑ 这些变量之间可能有某些组合规则的约束。

我们需要一个“桥”连接不同的维度以组合出模型，但是又不能简单地采用笛卡儿乘积的组合方式，因为会产生模型数量的激增。另外，这些维度是独立变化的，原理上也没必要采用全排列组合的方式。这个问题的解决方案就是桥接模式。

9.12.3　领域模型

桥接模式的最简模型图如图 9-14 所示。

该组模型分为以下 4 个部分。

❑ Abstraction：定义抽象类的接口，包含一个 Implementor 接口的成员。

❑ RefinedAbstraction：实现抽象类的具体子类，可以有多个。不同的子类有不同的行为，它们代表变化的一个维度。

❑ Implementor：定义行为的接口。

❑ Concrete Implementor：实现接口的具体类。它们代表变化的另一个维度。

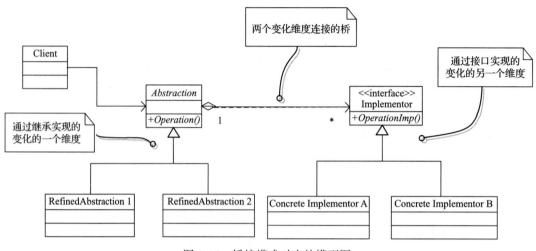

图 9-14　桥接模式对应的模型图

为什么说这是最简模型呢？因为桥实际上可以不止一座，有多少个接口成员就可以有多少个变化的维度。另外，Abstraction 也不一定是抽象类，而可能是一个接口。

另外，与职责链的组装与使用应当分开一样，为了方便用户的使用，封装装配的过程也最好交由工厂来完成。

9.12.4　实现代码

以第一个应用场景的需求为例，实现的具体模型如图 9-15 所示，可以看到，用户类型（CustomerType）和高净值水平（NetValueLevel）是两个独立的变化维度，用户画像（CustomerProfile）就是它们连接的桥。

工厂通过组合不同的用户类型和高净值水平的变量，提供不同的用户画像给客户端使用。

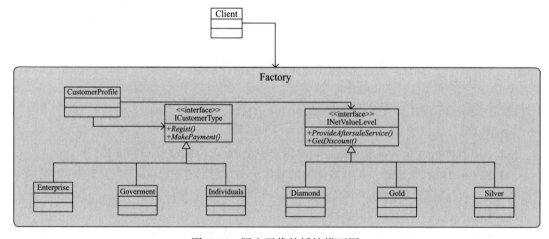

图 9-15　用户画像的桥接模型图

第一个变化维度的接口，即用户类型，代码如下：

```
// 用户的三种类型：企业、政府、个人
public enum CustomerType { Enterprise, Government, Individuals }
// 用户类型接口
public interface ICusotmerType
{
    CustomerType Type { get; }
    // 注册
    void Regist();
    // 支付
    void MakePayment();
}
```

具体的用户类型类，包括企业、政府和个人，代码如下：

```
public class Enterprise : ICusotmerType
{
    public CustomerType Type
    {
        get{return CustomerType.Enterprise;}
    }
    public void MakePayment()
    {
        Console.WriteLine("Pay as Enterprise");
    }
    public void Regist()
    {
        Console.WriteLine("Regist as Enterprise");
    }
}
public class Government : ICusotmerType
{
    public CustomerType Type
    {
        get { return CustomerType.Government; }
    }
    public void MakePayment()
    {
        Console.WriteLine("Pay as Government");
    }
    public void Regist()
    {
        Console.WriteLine("Regist as Government");
    }
}
public class Individuals : ICusotmerType
{
    public CustomerType Type
    {
        get { return CustomerType.Individuals; }
    }
    public void MakePayment()
    {
```

```
            Console.WriteLine("Pay as Individuals");
        }
    public void Regist()
    {
            Console.WriteLine("Regist as Individuals");
        }
}
```

第二个变化维度的接口，即高净值水平，代码如下：

```
// 高净值水平三类：钻石、黄金、白银
public enum NetValueLevel { Diamond, Gold, Silver }
// 高净值水平接口
    public interface INetValueLevel
    {
        NetValueLevel Level { get;}
        // 获得折扣
        float GetDiscount();
        // 提供售后服务
        void ProvideAftersaleService();
    }
```

具体的高净值水平类，包括钻石、黄金和白银等级，代码如下：

```
public class DiamondLevel : INetValueLevel
{
    public NetValueLevel Level
    {
        get{ return NetValueLevel.Diamond;}
    }
    public void ProvideAftersaleService()
    {
        Console.WriteLine("AfterSaleService as Diamond");
    }
    public float GetDiscount()
    {
        return 0.7f;
    }
}
public class GoldLevel : INetValueLevel
{
    public NetValueLevel Level
    {
        get { return NetValueLevel.Gold; }
    }
    public void ProvideAftersaleService()
    {
        Console.WriteLine("AfterSaleService as Gold");
    }
    public float GetDiscount()
    {
        return 0.8f;
    }
}
```

```
public class SilverLevel : INetValueLevel
{
    public NetValueLevel Level
    {
        get { return NetValueLevel.Silver; }
    }
    public void ProvideAftersaleService()
    {
        Console.WriteLine("AfterSaleService as Silver");
    }
    public float GetDiscount()
    {
        return 0.9f;
    }
}
```

　　作为"桥"的用户画像类，注意"既是企业又是高净值客户提供额外的服务"的语句，所以除了桥的功能，组合的逻辑也应当放在这里，代码如下：

```
public class CustomerProfile
{
    public string Name { get; set; }
    public string Description { get; set; }
    public ICusotmerType ConcreteCustomerType;    // 第一个变化维度
    public INetValueLevel ConcreteNetValueLevel;  // 第二个变化维度
    public CustomerType? CustomerType
    {
        get
        {
            if (ConcreteCustomerType != null)
                return ConcreteCustomerType.Type;
            else
                return null;
        }
    }
    public NetValueLevel? NetValueLevel
    {
        get
        {
            if (ConcreteNetValueLevel != null)
                return ConcreteNetValueLevel.Level;
            else
                return null;
        }
    }
    public void Regist()
    {
        if (CustomerType != null) ConcreteCustomerType.Regist();
        else throw new Exception("Customer Type Has Not Appointed");
    }
    public void MakePayment()
    {
        if (CustomerType != null) ConcreteCustomerType.MakePayment();
```

```
            else throw new Exception("Customer Type Has Not Appointed");
        }
        public float GetDiscount()
        {
            if (ConcreteNetValueLevel != null) return ConcreteNetValueLevel.GetDiscount();
            else throw new Exception("ConcreteNetValue Level Has Not Appointed");
        }
        public void ProvideAfterSaleService()
        {
            if (ConcreteNetValueLevel != null)
            {
                ConcreteNetValueLevel.ProvideAftersaleService();
                // 既是企业又是高净值客户提供额外的服务
                if (ConcreteCustomerType is Enterprise && ConcreteNetValueLevel is
                    DiamondLevel)
                {
                        Console.WriteLine("Enterprise Diamond Service");
                }
            }
            else throw new Exception("ConcreteNetValue Level Has Not Appointed");
        }
    }
```

接下来是组装模型的工厂类，它是不可缺少的，应该由工厂组装模型给用户使用，而不是将这项任务交给用户，代码如下：

```
public class CustomerProfileFactory
{
    public static CustomerProfile GetProfile(CustomerType type,NetValueLevel level)
    {
        ICusotmerType _type=null;
        INetValueLevel _level = null;
        switch (type)
        {
            case CustomerType.Enterprise:
                _type = new Enterprise();
                break;
            case CustomerType.Government:
                _type = new Government();
                break;
            case CustomerType.Individuals:
                _type = new Individuals();
                break;
        }
        switch (level)
        {
            case NetValueLevel.Diamond:
                _level = new DiamondLevel();
                break;
            case NetValueLevel.Gold:
                _level = new GoldLevel();
                break;
```

```
        case NetValueLevel.Silver:
            _level = new SilverLevel();
            break;
    }
    CustomerProfile profile = new CustomerProfile();
    profile.ConcreteNetValueLevel = _level;
    profile.ConcreteCustomerType = _type;
    return profile;
    }
}
```

最后是测试类，仍然简洁：

```
[TestMethod]
    public void TypeLevelBridgeTest()
    {
        CustomerProfile Profile = CustomerProfileFactory.GetProfile(CustomerType.
            Enterprise, NetValueLevel.Diamond);
        Assert.AreEqual(CustomerType.Enterprise, Profile.CustomerType);
        Assert.AreEqual(NetValueLevel.Diamond, Profile.NetValueLevel);
        Profile.MakePayment();
        Profile.ProvideAfterSaleService();
        Profile = CustomerProfileFactory.GetProfile(CustomerType.Individuals, NetVal-
            ueLevel.Silver);
        Assert.AreEqual(CustomerType.Individuals, Profile.CustomerType);
        Assert.AreEqual(NetValueLevel.Silver, Profile.NetValueLevel);
        Profile.MakePayment();
        Profile.ProvideAfterSaleService();
    }
```

测试输出结果如下：

```
标准输出：
Pay as Enterprise
AfterSaleService as Diamond
Enterprise Diamond Service
Pay as Individuals
AfterSaleService as Silver
```

9.12.5　收益分析

组装车间桥接模式带来的收益如下：

❑ 在领域有多个变化维度的情况下，可以灵活地组装模型而不会带来模型数量的爆炸。在将装备任务委托给工厂后，极大地简化了客户端创建组合模型的代码。

❑ 增加新的维度、单一维度的变体数量都不会影响除工厂之外的其他模型。

❑ 增加新的维度之间的耦合关系（比如，既是企业又是钻石客户时享受额外的服务），不会影响除了"桥"之外的其他模型。

桥接模式类似于策略模式，只不过桥接是多个维度的变化，旨在控制组合模型的数量，简化其创建过程。策略模式应对的是单个维度的变化，保证算法变化不会影响领域模型的 OCP 原则。可以说，任何一个桥接模式中都有策略模式的影子。

另外，桥接模式与职责链模式一样，一定要将组装模型的任务委托给工厂，不然会增加用户使用模型的复杂度。

9.12.6　建模步骤

桥接模式的建模步骤如下：

1）识别变化的维度和桥接它们的场景。

2）一个维度设计一个接口，它代表此维度对象要完成的任务。

3）将该维度所有变量继承实现该接口。

4）设计"桥"模型，它是多个维度一起工作的场景。比如"用户画像"。

5）工厂组装好桥模型提供给用户使用，如"用户画像工厂"。

9.13　模式场景对应表

工作效率的本质提升，在于我们能根据共性的需求，快速创造出标准化模型。本章就是为了这个目的而撰写。所选的 12 个模式都与领域建模有关，其内部机制代表某种跨行业的工作方式，并表达了业务本身的运转逻辑而不仅仅是解决方案和实现手段。

为了提高用户的工作效率，需要强调许多设计模式（如状态、职责链、桥接等模式）应配合工厂来使用，不要让用户来承担模型的装配工作。这是在一般的设计模式的材料中不曾提到的。

理解这些模式的机制对于开发团队和领域专家都很重要，模式的名称往往会变为通用语言的一部分。因此，开发团队应向领域专家和业务人员传授这些模式，并考虑它们的工作方式是否和领域的工作方式相匹配。如果领域实际情况与模式要解决的问题差异很大，则不能生搬硬套。

除了与领域建模相关的模式，GoF 模式中还有一些帮助实现、解决技术问题的模式。它们多位于基础设施层，而不是领域层。尽管这些模式本章没有详细介绍，但稍后将列出它们所针对解决的问题。由于不涉及领域逻辑，通常只需要开发团队内部掌握即可，无须参与我们和领域专家的讨论。

传统上，GoF 模式分为创建型、结构型和行为型三种，但从实用角度出发，结合以上论述，将其分为领域逻辑建模型和技术方案建模型两种。这种分法更好指明了它们的应用场景，便于我们有针对性地应用在 DDD 的设计中。

下面按照此分类方式对所有模式进行总结，供读者快速参考并加深理解，如表 9-2 和表 9-3 所示。

表 9-2　倾向于领域建模的设计模式

模式	隐喻	针对的需求场景	效果	相关模式
策略模式	可以更换螺丝刀头的螺丝刀把	不同的条件采用不同的算法	灵活地切换算法的同时，不破坏模型的稳定性	状态模式：自动化的策略模式；桥接模式：更多维度的策略模式
组合模式	具有相同接口，可以拼插的积木	多个策略相互叠加作用	不改变调用接口，实现功能的无限扩展	装饰模式：简化的组合模式
模板模式	潜规则，底层作用的工作流	为工作流程建模	不管具体处理方式如何变化，工作流程本身的逻辑被分离了出来，保证了稳定性；工作流在底层隐形发挥作用	策略模式：策略模式强调的是算法的可替换性，模板模式强调的是底层工作流地发挥作用；门面模式：也可以封装工作流，但没有模板模式的算法替代的灵活性
门面模式	用户操作面板	给用户封装大粒度的富含业务逻辑的接口。通常用于高层向底层调用，或者访问同一层其他子系统的服务。门面模型也会位于领域层外的应用服务层中	能够直接使用具有业务含义的具体操作，而不用关心背后复杂的模型交互	适配器模式，代理模式：也涉及对模型的封装，但只有门面模式需要重新设计接口
单例模式	全局控制器	全局协调和全局变量的栖身地	负责全局资源的协调、控制、冲突解决	包含静态方法的工具类：单例模式是模型，有状态和数据，而工具类只提供方法
观察者模式	领域事件广播站	模型之间的联动机制，领域事件发生时，保证模型之间数据的一致性，也用于底层模块需要向上通信时	被观察和观察者之间都不产生耦合。添加和删除观察者都不会影响被观察目标与下游观察者	中介者模式：从实现模型联动角度看，与观察者模式是一致的，但注销和注册观察者模式没有观察者生态
适配器模式	适配标准插头的包装外壳	包装真正工作的模型，让其适配当前接口	让有能力却接口不匹配的模型融入当前模型生态	与门面模型、代理模式一样都涉及对模型的封装。不同于这两者，适配器需要满足既定接口

(续)

模式	隐喻	针对的需求场景	效果	相关模式
代理者模式	表现更稳定的替身	不改变调用接口的前提下，封装对象，让其拥有更好的用户体验	代理者屏蔽了获取真实对象的难度和可能碰到的意外情况	门面模式：同样涉及对象模型的封装，但要改变接口。适配器模式：匹配现有接口。不同于这两者，代理者模式不改变原对象变更接口
访问者模式	完善模型功能的合作伙伴	不改变模型的前提下，增加模型的功能和多态行为	在无须更改任何模型代码的前提下，扩展了模型的行为	
状态模式	根据条件，能自动切换刀头的螺丝刀把	按状态自动切换对应算法	实现了不同状态下不同模型行为的自动切换	策略模式：自动化的策略模式
装饰者模式	降维简化了的组合模型（由二维面降维为一维的线）	多个策略叠加作用	不改变调用接口，实现功能的无限扩展（同组合模式）	组合模式：简化维度的组合模式
职责链模式	可以灵活配置处理节点的分工流水线	为同一请求的不同任务提供分工流水线	灵活定义流水线工序而不会影响使用者	装饰者和组合模式：这两者侧重叠加，而职责链侧重分工
拆接模式	可以组装多个刀头和刀把的组装搭配车间	多个维度变量的组合、输出模型	在有多个变化维度的情况下，可以灵活地组装模型而不会带来模型数量的爆炸	策略模式：多维度的策略模型

表 9-3　倾向于技术方案建模的设计模式

模式	隐喻	解决的技术问题	备注
工厂模式	聚合组装工厂	解耦模型的创建过程和模型的业务功能。封装复杂的聚合创建和装配过程	在第 6 章中有详细论述，是 DDD 基于多态创建对象、构建复杂聚合，创建过程体现通用语言的重要机制，工厂的接口属于领域层
抽象工厂模式	多个工厂生产不同的系列产品	不同的工厂创建不同的产品系列	与工厂的区别是，抽象工厂的具体实现可以有多个具体的工厂，每个具体工厂构建自身的产品系列
创建者模式	标准化模型产生流程	解耦初始化对象的流程和具体初始化步骤	类似于模板模式在创建过程中的应用
原型模式	对象克隆	复制已经具有某种状态的类	前面观察者的示例代码中用过克隆模式。为了不影响原对象，复制对象在有些场合下是必要的
解释器模式	文本解析器	提供一个解释器，解析系统中用于交互的各类自定义的语言和文本	如命令行、数学运算表达式、自定义的字符串
备忘录模式	对象快照	在不破坏封装性的前提下，提供保存对象内部状态的能力	作用同存储库 Repository
迭代器模式	不同点名方式的封装	在不影响聚合对象的前提下，封装对聚合的多种遍历方式	比如深度优先、广度优先
享元模式	对象共享	运用共享技术有效地支持大量细粒度的对象，以节省资源消耗	
命令模式	封装命令以支持命令的异步、排队、撤销、重做等操作	将操作封装为单独对象，以支持排队、存档以及撤销机制	应用在不同上下文间传递消息等场合
中介者模式	领域事件联动装置	对象联动机制以保证数据一致性等	类似于观察者模式和事件机制

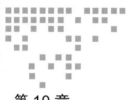

第 10 章

和谐生态——DDD 与系统架构

本章将讨论 DDD 与系统架构的关系。系统架构决定了领域模型所处的位置及其周边生态，选择合适的架构将为 DDD 的落地打下坚实的基础，反之则可能事倍功半，给 DDD 的落地带来阻力和变数。

首先介绍 DDD 对系统架构的内在要求。接下来介绍六边形和洋葱架构，这两个架构与 DDD 可以说是天作之合，同时介绍事件驱动、MVC 和微服务架构与六边形架构的区别和联系。然后讨论分层架构，分层架构是目前系统应用最常见的架构形式，在分层架构上如何落地 DDD 是一个很有价值的话题。最后讨论当下流行的微服务架构，以及它与 DDD 相关概念之间存在哪些联系。

10.1　DDD 和架构生态

领域模型必然存在于一定的系统架构生态中。图 10-1 所示是一个典型的适配领域模型的洋葱架构生态系统。本节将讨论 DDD 对企业架构的价值、它所需要的架构生态的特征，以及上下文、子域与架构的关系。

10.1.1　DDD 对企业架构的价值

在讨论适合 DDD 的系统架构之前，我们需要先了解 DDD 给企业架构带来的价值。

（1）企业获得可复用的领域模型

核心域的领域模型是企业核心竞争力的体现，它代表着企业独特的商业模式或效率提升的秘密，并体现企业业务与竞争对手不同的要素。DDD 可以帮助架构团队轻松理解系统承载的使命，并确保架构遵循正确的路径。传统架构（也包括一些流行的架构，如 SOA）

的领域逻辑往往缺乏内聚性和独立性，我们很难描述完整的领域逻辑栖身何处，更无法单独构建、测试和验收领域逻辑。而 DDD 会在这些方面带来质的改变。

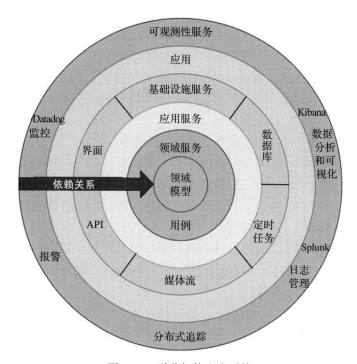

图 10-1　洋葱架构生态系统

独立且内聚的领域模型是企业最重要的数字资产，并且极大地降低了系统的复杂度。

（2）DDD 的概念边界将催生良好的架构

比如，上下文、子域、聚合和模块都按照不同的出发点提供了某种边界，为架构的设计做了铺垫。甚至可以这么说，沿着已经划分好的上下文、子域和模块的边界进行庖丁解牛，就可以天然形成一个相对完善的架构。

之后，我们只需要补充 DDD 不会涉及的部分（比如用户交互层和基础设施层），以及它们与领域层之间的关联即可。

10.1.2　DDD 需要什么样的架构

DDD 需要什么样的架构呢？什么样的架构能够发挥 DDD 的价值？能够相辅相成提升效率，而不是对其效果产生损害呢？

与 DDD 的两个基本原则相对应，适合 DDD 的架构必须满足以下两个要求：

❑　支持基于模型的开发。这是为了保证语言、模型、代码的三合一。

❑　能确保领域模型的独立性与内聚性。这是为了保证我们可以独立地构建、测试和验收领域逻辑。

除此之外，架构的其他优点都是可选项，或者说不是从 DDD 角度去评估的内容，比如对各类新技术的支持（如云计算）等。架构必须保证实现 DDD 的这两个核心价值，当然，这需要架构师必须对 DDD 的两个原则及其底层逻辑有深刻的理解。

基于模型开发意味着支持面向对象语言，但并不要求完全面向对象语言，有中间语言或者垃圾回收机制，仅仅意味着我们能使用模型来和领域专家讨论领域知识，领域专家可以理解模型，并用其重塑对领域的理解，模型能直接指导开发，代码与模型能完全匹配，而不需要二次设计。事实上，在 C++ 和 JavaScript 等非完全面向对象语言中，使用 DDD 是完全可行的，并且有很多成功案例。

保证领域模型的独立性，意味着技术复杂度与业务复杂度的分离，也就是我们必须采用分层模式将领域层从架构的其他部分中分离出来。与以往的认识不同的是，领域层也不应依赖基础设施层。领域层要靠工厂、存储库的接口作为中介，并使用依赖倒置架构，将自己完全独立于任何其他部分。架构中的其他部分要最终都依赖于领域层，而领域层不应依赖于其他任何层。

分割业务复杂度和技术复杂度可以提高团队的熵耐受力、项目成功率，并延长系统的生命周期。真正适合 DDD 的架构能够完全隔离两者，让 DDD 的各类模式和建模方法专注于领域逻辑的构建，发挥其内在威力。

保证领域模型的内聚性是一种约束，意味着一个业务逻辑只有一个出处。除了团队严格的编码纪律，架构上要保证领域层的可见性和良好的封装层次，所有需要调用业务逻辑的地方，不管是应用服务还是领域服务，最终都通过领域模型来完成。

独立性与内聚性这一核心思想都充分体现在了洋葱架构和六边形架构中，它们都以领域层为圆心。层和六边形是一种隐喻，方便所有团队成员理解和交流。这两种架构模式后面会详细讨论。

好的技术框架是给开发人员使用的，应具备足够的易用性和自由度。它是领域模型周围的生态，只有好的生态，领域模型才可以独善其身。

不要为了追求技术栈的一致性与团队和谐，而采用一种无法体现 DDD 价值的不合适的架构（如，非面向对象的、不包含独立领域层的架构），它将会影响 DDD 落地的方方面面，并急剧增加系统的熵值，因此应避免使用它们。

10.1.3　上下文、子域与架构的关系

上下文、子域与大型结构（架构）是 Evans 在原著中提到的 DDD 战略设计的三个层面，它们之间不可以互相替代，而是作为互补的概念，彼此之间有交叉和关联。

第 7 章已经讲过上下文和子域的关系，下面讨论一下它们和架构之间的联系。一个显见的事实是如果我们已经合理地定义了上下文和子域的边界，那么沿着上下文和子域的边界来设计架构会更加顺畅。如果你发现你的层和模块的边界与 DDD 的对应概念不匹配，那就应该再好好琢磨琢磨了。

（1）沿着上下文边界划分子系统

这是一种好的选择。上下文旨在分割领域模型以避免同名的模型表达不同含义。当模型语义发生变化时，往往意味着系统用户群体或系统交付价值的改变。而用户群体、系统交付商业价值的变化往往意味着它们是不同的系统，因为这就是人类常见的划分系统的思维方式。因此，上下文最终都会与系统或子系统相对应。

架构与上下文的关系是，架构可以存在于一个上下文内，在子系统之下表达解耦方式（如分层架构），也可以跨越多个上下文表达一个更大系统中各个子系统的方式（如依托于企业服务总线的 SOA 架构）。如图 10-2 所示，每个服务背后可能都是一个子系统（上下文）。

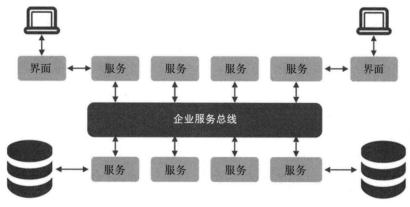

图 10-2　横跨多个上下文的架构

在极端情况下，可以在一个上下文（子系统）中采用一种架构，而另一个上下文采用不同的架构，上下文之间的集成采用第三种架构。然而，这只是极端情况，而非推荐做法。过多的架构类型会削弱架构作为项目统一概念的价值，增加系统总体的熵。因此，多个上下文能共享一种架构形式是最佳方案。

架构与上下文的区别在于，上下文指的是领域模型互动的上下文，随着模型和用例的划分，不同系统、不同代码库和不同团队逐渐分离出来。虽然这些后续任务是划分上下文带来的，但并非上下文要解决的。而架构还要关心除领域层外的其他技术组件，包括持久化、网络通信、用户交互、物理部署节点等。可以说，架构是上下文划分好之后，后续工作的接替步骤。

遗留系统的上下文可以在架构层面使用适配器、代理者或门面模式进行包装，有助于提高架构的健壮性。这些模式的用法详见第 9 章。

（2）沿着不同子域类型划分层

这是一种值得推荐的做法。核心域、支撑域和通用域的区别见第 7 章。根据它们的定义，以六边形架构为例，它们往往位于不同的层，其中核心域是核心，在依赖关系上是最底层，需要单独封装。支撑域则位于外围一层，代表通用的功能，如认证授权、查询等。而通用域则可能位于更外围，更偏重于基础设施层的功能，如持久化框架、消息通信、日志记录等。

可见，不同的子域往往意味着不同的层级，尤其是子域类型不同时，这是我们划分层级的良好参考。

在同一类型的子域中，依然可以使用模块来进行垂直的切分，模块的划分技巧可参考第 7 章相关内容。

10.2　天作之合：六边形架构

六边形架构虽然名为六边形，但其实边的数量并不重要。边代表连接外部世界的不同适配器类型，且可以无限扩展。六边形架构的奥秘在于构成了一个以领域模型为核心的对外辐射的生态体系。

与传统的分层架构相比，六边形架构中领域层的核心地位更加明确，各层之间进行了更高程度的抽象，比如 UI 层和持久化层，它们均属于不同的适配器，被定义在了领域层外围，而不是过去的上下结构。六边形架构充分发挥了 DDD 的威力，是为其量身定制的架构模式。

10.2.1　六边形架构解析

两张六边形架构的设计图如图 10-3 和图 10-4 所示。其中，图 10-3 是简版，图 10-4 以六边形架构为核心，将其周围技术生态做了全面的描绘。

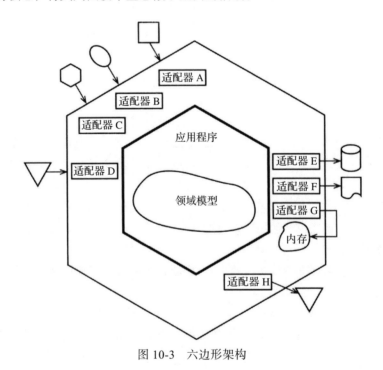

图 10-3　六边形架构

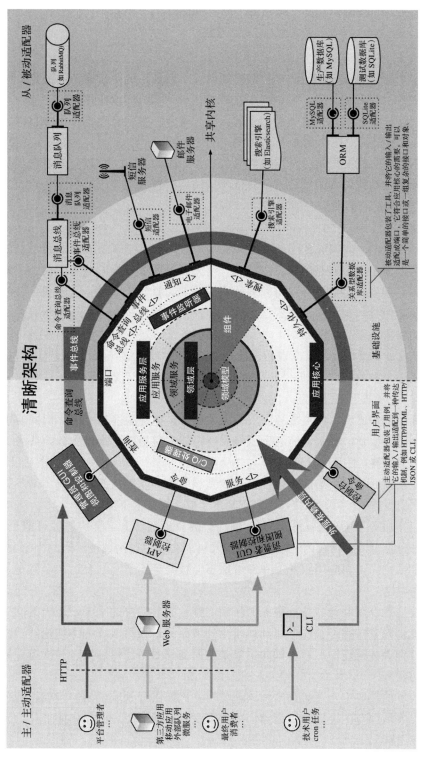

图 10-4　脱胎于 DDD 和六边形架构的清晰架构

不管是简版还是清晰架构版，图中都有几个共同的组成部分，它们是六边形架构的要素，下面逐一进行分析。

（1）领域层

圆心是整个架构的核心，那就是我们的领域层。它是系统中最复杂的部分，同时要时刻保持自己的独立性和内聚性。前面章节的内容几乎都在围绕如何构建这个圆心而展开。其中提到的诸多概念如实体、值类型、领域服务、聚合、自定义异常、领域事件、枚举类型都是这一层的成员，设计模式（聚合）也基本在这一层。

领域层不应该知道架构中的其他任何层或组件，作为圆心，它只会辐射出能量，而不关心周围有什么。其他所有的层最终都会依赖领域层。领域层可以被单独构建、测试和验收，而不需要其他层级的参与。

（2）应用服务层

在六边形架构中，应用服务层比分层架构中的应用层承担了更多的职责。在前端，它扮演了类似于门面模式中的业务面板的角色、定义和公开了系统的能力，代表了某种用户对系统的意图和期望。它包括一组粗粒度的用例级别的服务，即服务会体现一定的用例执行顺序，以及如何协调领域模型来工作，但不涉及任何领域逻辑。最终，所有的请求会委托给领域层的对象来解决。在后端，它又会处理一些领域层不应该涵盖但业务中不可或缺的支撑功能。比如认证授权、安全性相关的操作、事务控制、存储库和重建工厂的实现等。当然，很多任务是和基础设施层一同完成的，但应用服务会定义需要的接口，由被动适配器来实现。关于什么是适配器，我们马上会介绍。

因为不涉及领域逻辑，应用服务层不应该太复杂，而是很薄的一层。但同时也必须承认应用服务层的必要性。如果没有它，领域层就不能完整地对外提供服务，或者无法保证自己对技术架构的独立性。

同样，应用服务是领域层的直接客户。除领域层外，使用它的用户应该毫不知情，用户应该遵从应用服务的接口，该接口可以支持多个应用场景上下文。

通常，应用服务层的边界是一个上下文的边界。当然，上下文的边界可能更大一些，比如适配器部分也可以囊括在内，但某些适配器可能会作为通用域被不同的上下文所共享，如消息队列和数据库。而应用服务层和领域层不会被共享，不同的上下文必然是不同的应用服务层和领域层。

这里需要注意应用服务与领域服务的区别。领域服务解决的是领域逻辑的问题，不适合放在实体或值对象中操作，我们将其建模为领域服务，在第 4 章有详细论述。而应用服务是不涉及任何领域逻辑的，它提供的主要是前面提到的用例级别接口和支撑领域层发挥作用的辅助功能。

至于粗粒度的接口中是否包含某种领域逻辑，比如协调领域模型的步骤，我们认为这些步骤并不是领域固有的逻辑，因为它们很大程度上依赖于用户的操作而变化，它们是用例而不是领域逻辑。

（3）端口与适配器层

最外层是端口与适配器。端口可以分为两种：应用服务层提供的接口和应用服务层依赖的需要外部对象实现的接口。与之对应的是主动适配器和被动适配器，它们完成与外部对象的最后对接工作。需要明确的是，端口（接口）位于系统架构内部，而适配器位于其外部。

图 10-5 列出了常见的主动适配器和被动适配器类型。

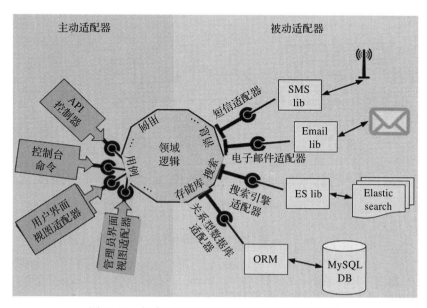

图 10-5　主动适配器和被动适配器及其连接对象

主动适配器一般包括以下类型，它们与用户界面打交道，将外部请求转换为相应应用服务的调用：

❑　API 控制器。

❑　控制台命令。

❑　用户界面视图适配器。

❑　管理员界面视图适配器。

无论采用哪种类型，当客户请求到达时，适配器都会对输入进行转化，然后调用端口的某个操作或向应用服务层发送一个事件，控制权由此转交给内部区域。任何客户都可能向不同的端口发出请求，但是所有的适配器都使用相同的应用服务层的服务。Web 应用中的 Controller（Java MVC）和 Code Behind（ASP.Net）技术都属于主动适配器。

被动适配器通常会有以下类型，它们与基础设施层打交道，完成应用服务层所需并定义好的一系列外部支撑功能的接口。当然，是否全都需要取决于具体的系统需求。

❑　关系型数据库适配器：连接关系型数据库。

❑　搜索引擎适配器：获取搜索引擎服务。

❑　电子邮件适配器：连接邮件服务器。

- ❑ 短信适配器：连接运营商短信接口。
- ❑ 消息队列适配器：向消息队列发送和接收消息。

（4）控制流

有了内外部的适配器，这个系统架构就完整了。一个典型的应用控制流开始于用户界面中的代码，经过应用核心到达基础设施层，又返回应用核心，最后将响应传达给用户界面。如图 10-6 所示，不同阶段和对应的责任方如下：

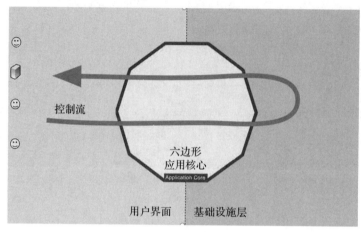

图 10-6　六边形架构中的典型控制流

- ❑ 获取用户输入（主动用户界面适配器）。
- ❑ 完成用例步骤，协调和调取对应的领域模型（应用服务）。
- ❑ 领域模型完成任务，更新自身状态（领域层）。
- ❑ 调取持久化接口保存领域模型，触发相关事件（应用服务）。
- ❑ 执行保存领域模型的具体操作（被动数据库适配器）。
- ❑ 发送相关消息（消息队列适配器）。
- ❑ 更新展现模型或 DTO（展现模型适配器）。
- ❑ 用户界面显示（用户界面适配器）。

10.2.2　六边形架构的设计思想

下面我们来看看六边形架构是如何保证领域模型的独立性和内聚性的。

（1）保证独立性

领域层为圆心，它不依赖于架构中其他任何部分。事实上，六边形架构的依赖关系是由外圈指向内圈的（见图 10-4 下方的箭头），内圈的同心圆不会依赖外圈的同心圆。与此对应，最科学的设计步骤也是由内向外，先独立地构建领域层。这一思想与 DDD 不谋而合。

（2）保证内聚性

每一层的责任都很清晰。领域层负责业务，应用服务层负责支撑，端口与适配器负责与外部对接。领域逻辑不会流落到除领域层外的其他部分。典型的控制流如图 10-6 所示，领域模型在内部处理任务后，会被妥善地持久化、触发事件和呈现给用户。以领域层为中心的辐射结构保证了领域逻辑的内聚性，而不像其他架构那样，一不小心领域逻辑就会被外泄。

六边形架构的思想就是突出领域层的核心地位，将传统的用户界面层和基础设施层都抽象为外围对接的适配器。这样做的好处除了上述两点外，还包括可以随时添加适配器而不会对架构有任何影响，更不会影响到领域层内部。与外部有了良好的对接机制，使其具有更持久的生命力。

虽然六边形架构是一种很好的选择，但并不是落地 DDD 的唯一选择。只要保证领域模型的独立性和内聚性，任何合适的架构都是可以的。如果不太熟悉六边形架构，也可以使用最常见的分层架构。只要采用依赖倒置设计，并且团队有良好的意识，也是完全可行的。关于分层架构，我们将在下一节做详细介绍。

10.2.3　六边形架构的测试策略

六边形架构使得我们的测试工作更加清晰。不同的圈层对应不同的测试类型和测试策略，如图 10-7 所示。

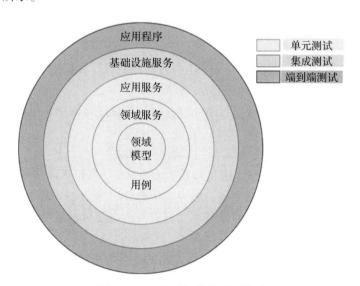

图 10-7　六边形架构的测试策略

（1）领域层和应用服务层：单元测试

单元测试是效率最高的测试。它运行简单，且在发现缺陷后修改代价最小。

因为领域层具有独立性，我们可以在不依赖外部环境的情况下，仅依靠单元测试套件，单独地测试和验收领域逻辑，这是 DDD 中最有价值的部分之一，并且六边形架构为我们提供了清晰的边界。如图 10-8 所示，单元测试直接服务于领域层。

关于单元测试，请参考第 8 章的详细介绍，也可以参考第 9 章每个设计模式的例子，其中每一个需求都配有完备的单元测试用例供读者参考。当然，这也得益于 .net 框架强大的测试功能。因此，单元测试框架是否完善（编码、运行、返回结果）也是我们选择架构的重要依据。

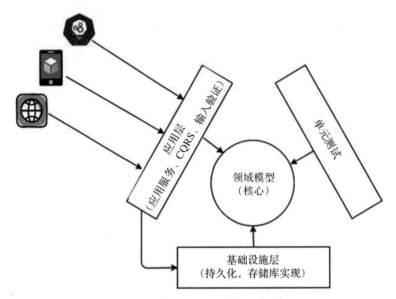

图 10-8　单元测试验收核心域逻辑

（2）合并被动适配器（基础设施层）后：集成测试

涉及接口的对接测试，此时还不包括用户界面。接口层面的测试是相对高效的，因为它避免了界面操作带来的随机性和复杂性。

（3）合并主动适配器（用户界面层）后：端到端测试

合并了用户界面后，我们就可以进行端到端的测试了（测试工具如 QTP 和 Selenium）。虽然这种测试可以覆盖完整的使用流程，但因为用户界面自动化测试的复杂性，其测试效率并不高。考虑到为了维护端到端测试脚本，测试团队需要付出巨大的努力，其性价比完全无法与单元测试相比。

综上，在六边形架构或 DDD 项目中，单元测试是必须开展的测试。领域逻辑的验证一定要在领域层的单元测试内完成，必要时可以使用桩程序来模拟对外部的调用关系。

10.2.4　六边形架构与其他相关架构的比较

下面将六边形架构与其他比较流行的架构做一个比较，有助于大家加深理解和掌握。

（1）六边形与事件驱动架构

图 10-9 是一个简单的事件驱动架构图。

图 10-9 中揭示了事件驱动架构和六边形
架构的关系。虽然两者不一定要一起使用，
但它们能相互配合，相得益彰。图中的三角
形表示六边形之间的消息机制，不管是接收
抵达的事件或发布离开的事件，都使用不同
的适配器，一般通过异步消息队列来实现。

不同六边形代表不同上下文，传递的领
域事件，通过异步消息队列来集成，这是我
们在第 7 章中讨论过的不同上下文协作的一
种方式。接收事件使用主动适配器，发布事
件使用被动适配器（见图 10-4 中被动适配器

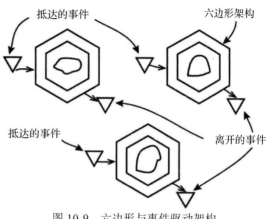

图 10-9　六边形与事件驱动架构

的消息队列适配器），事件有可能引起领域模型的状态改变，也有可能没有影响，这与我们之
前讨论的六边形架构的控制流步骤相同。

还有一种事件是系统事件，它和领域事件的区别是并非领域内在逻辑，如系统日志和
监控的事件等，本书不讨论此类事件，在 DDD 中我们只关注领域事件。

从领域事件的角度，事件驱动架构与 DDD 是匹配的，从六边形架构适配器的抽象来
看，也完全覆盖了消息队列，所以说它们是彼此互补的。这得益于六边形架构超强的灵活
性和扩展性，以及对领域层独立性的重点保护。

如果是在六边形内部，即一个上下文之内，领域事件可以采用在第 9 章中提到的观察
者或中介者模式来实现。另外，采用事件驱动架构也不意味着每个系统都要采用六边形架
构，这里的六边形架构完全可以替换成分层或其他架构。

图 10-10 是一个事件驱动架构的视角，从这里可以观察领域模型在事件驱动架构中的
位置，一个主内一个主外，两者依然配合得很好。

（2）六边形与 MVC 架构

典型 MVC 架构如图 10-11 所示。

从图 10-11 中可以清晰地看到 MVC 架构的每个部分，将之与六边形架构做一个直接比
较，可以得到如下结论：

❑ MVC 中的视图对应六边形中的 UI 和展示模型。

❑ MVC 中的控制器对应主动适配器来获取输入，将任务传递给领域层内部。

❑ MVC 中的模型包括领域层、应用服务层和后端各类适配器。

可以看到，MVC 本质上只是对前端交互这一场景做了关注点分离和抽象，并没有进一
步细分领域层和后端，也没有强调领域层的独立性。所以，此模型并非领域模型中的模型。
只能说 MVC 与六边形架构对前端交互部分的解耦有类似之处，但在领域模型的保护和对其
他外部对象的抽象高度上，MVC 都无法与六边形架构相比。

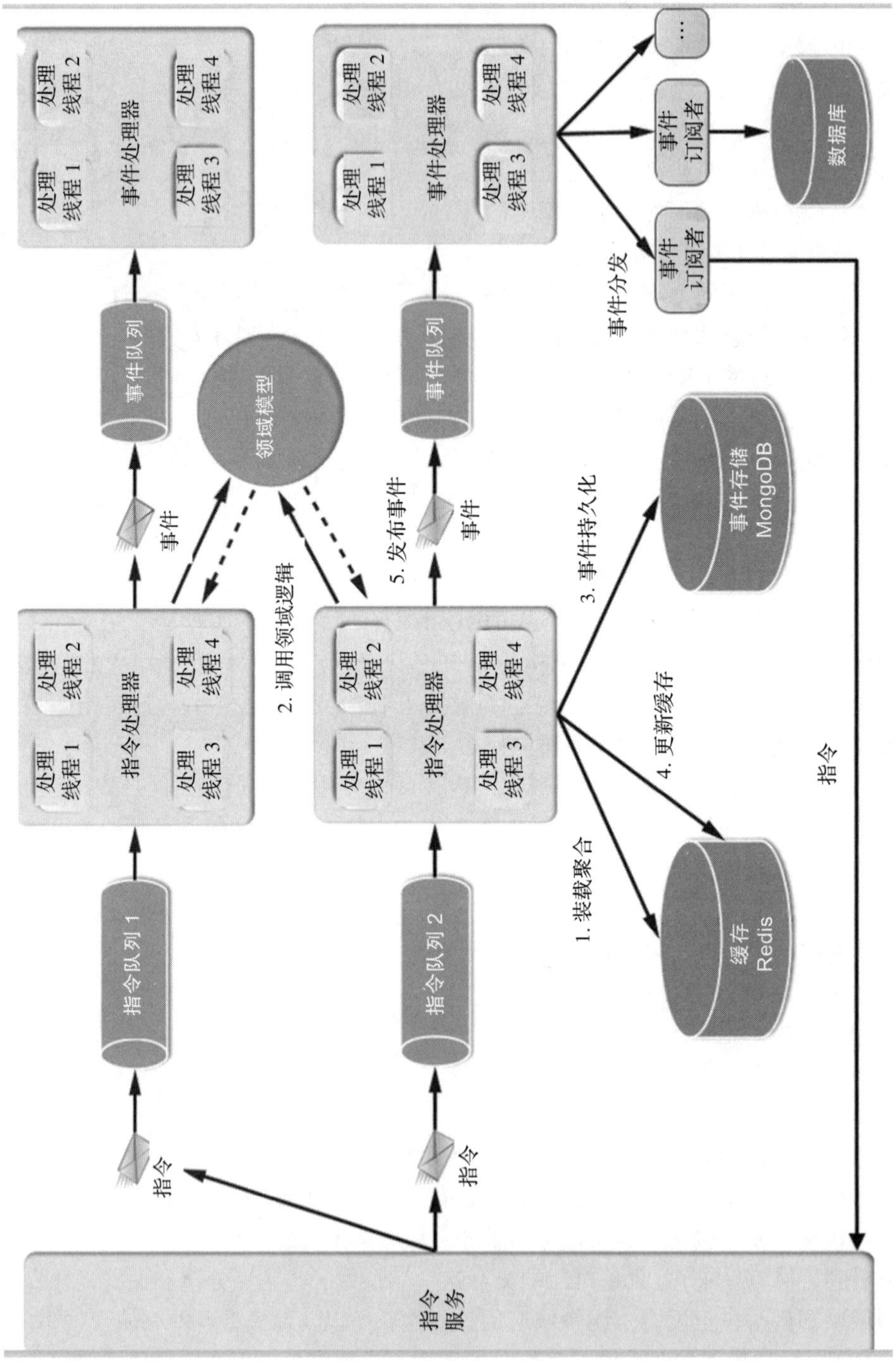

图 10-10　在事件驱动架构中看领域模型

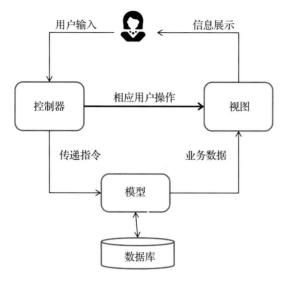

图 10-11　典型 MVC 架构

（3）六边形与微服务架构

六边形与微服务架构的关系本质上不同于上面任何一对关系，这是由微服务架构的特殊性决定的。微服务架构与领域模型如图 10-12 所示。

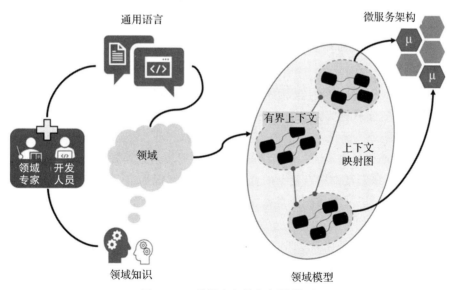

图 10-12　微服务架构与领域模型

微服务的侧重点并不完全在于逻辑上的分离，而强调的是物理上的分离，微服务之间部署和进化的独立性，会更多影响部署架构。

微服务与 DDD 最佳的对应是子域的概念，不同的子域对应不同的微服务。当然，一个上下文可以看作一个独立部署的单元，一个上下文对应一个微服务也是可以的，但这样的微服务粒度过大了。把核心域、支撑子域和通用子域划分为不同的微服务是一种可行的做法，对应的可能是六边形中不同的适配器。

但是有一点要注意，为了拆分微服务而把领域层割裂开来，把核心域甚至聚合成员划分到不同服务中，是强烈不推荐的。这样做将极大地影响领域逻辑的内聚性。本章最后一节还会对此做进一步讨论。

（4）六边形与分层架构

分层架构是我们相对熟悉的架构，它如果能与 DDD 相配合是很好的选择，下一节将讨论这个内容，并且与六边形架构做一个全面的比较。

10.3 完美伴侣：分层架构

虽然六边形架构与 DDD 是天作之合，但分层架构如果能保证领域模型的独立与内聚性，也可以是 DDD 的完美伴侣，充分发挥其价值。

分层架构的优势还在于它很普遍，几乎每个系统架构中都有它的影子，每个开发人员都熟悉一些分层的套路。掌握了分层架构与配合 DDD 的要点之后，分层架构可能是落地 DDD 的一条捷径。

在此之前，我们先介绍一下传统的分层架构。

10.3.1 基础设施为底座：传统分层架构

一个传统的分层架构包括以下几个层级：

1）表现层：又称用户界面层或用户接口层，负责向用户显示和解释用户命令。

2）应用层：定义软件要完成的任务，并且指挥协调领域对象进行不同的操作。该层不包含业务领域知识。

3）领域层：或称为模型层，是系统的核心，负责表达业务概念、业务状态信息及业务规则。该层包含了该领域中所有复杂的业务知识抽象和规则定义。该层的主要精力应放在领域对象分析上，可以从实体、值对象、聚合、领域服务、领域事件、存储库、工厂等方面入手。

4）基础设施层：主要有两方面内容，一是为领域模型提供持久化机制，当软件需要持久化能力时才需要进行规划；二是对其他层提供通用的技术支持能力，如消息通信、通用工具、配置等的实现。

从以上定义中可以看到：

❑ 每层只依赖于其下面的层，但最下面的层并不是领域层而是基础设施层。这会导致一个不好的现象——为了更新底层技术栈，比如应用新型云原生数据库，而不得不重新开发整个系统。但以前系统的领域逻辑根本无法重用，即使它们没有任何变化。

❑ 应用层类似于六边形架构中的应用服务层，它传递输入、表达用户的意图、调度领域对象完成任务。此外，它还可以充当隐藏对领域层访问的门面，充当收集和合并不同用户接口数据的适配器。不同之处在于，应用层位于领域层之上，不承担一些"后端"的职责。

❑ 领域层除了领域逻辑，还依赖基础设施层，以完成存储库、工厂、领域事件发布等功能。然而，对基础设施层的依赖使领域层丧失了独立性。

❑ 基础设施层涵盖了被动适配器的多种功能。持久化、发送消息、发布事件的任务都在这一层中进行。

如何弥补这些不足，让分层架构如六边形架构一样对 DDD 能够很好地支撑呢？关键在于我们应将依赖关系倒置，让领域层不再依赖基础设施层，而让基础设施层倒过来依赖领域层（接口）。这就是我们一直在讲的依赖倒置架构。

10.3.2 依赖反转：依赖倒置架构

依赖倒置原则（Dependency Inversion Principle，DIP）的定义如下：
❑ 高层模块不应该依赖于低层模块，两者都应该依赖于抽象。
❑ 抽象不应该依赖于细节，细节应该依赖于抽象。

简单来说，就是领域层不应依赖基础设施层，而应采用针对抽象编程的方法，依赖自己定义的相关任务的接口。而基础设施层就负责实现这样的接口。定义中的抽象指的是接口，而细节指的是具体的实现。

采用依赖倒置架构后的分层架构如图 10-13 所示。

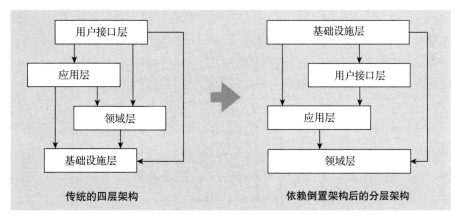

图 10-13 传统的四层架构与依赖倒置架构后的分层架构

可以看到，领域层处于最底层被依赖的位置，类似于六边形的圆心，它不再依赖于任何其他层。此时，分层架构与六边形架构已经非常相似，在代码组织和实现机制上有高度的一致性。

我们可以将对应的层映射到六边形架构中，关系如图 10-14 所示。

代码的组织形式如图 10-15 所示。

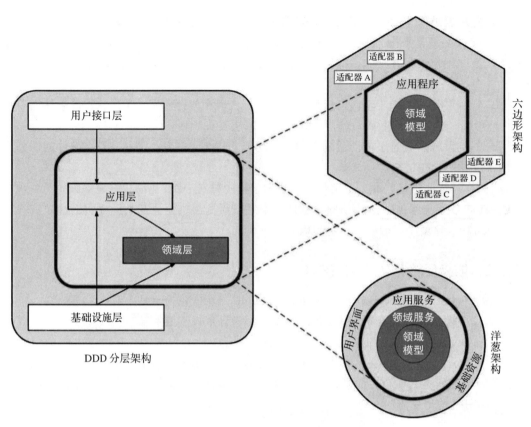

图 10-14　六边形架构与分层架构关系映射

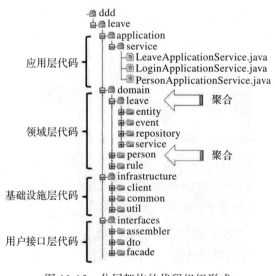

图 10-15　分层架构的代码组织形式

前面提到的抽象，比如负责持久化的接口，就位于存储库（Repository）文件夹内。我们在第 6 章讲过，存储库的接口都有领域含义，它们位于领域层。而存储库的实现是在基础设施层，领域层的对象只使用接口而不会访问基础设施层。这符合依赖倒置的思想。

下面是一个存储库接口的代码。

```
public interface ICustomerRepository
{
    Customer GetBySpecification(Specification spec);
    IList<Customer> GetAllBySpecification(Specification spec);
}
```

一个更为详尽的、列举了各层职责的依赖倒置架构如图 10-16 所示。

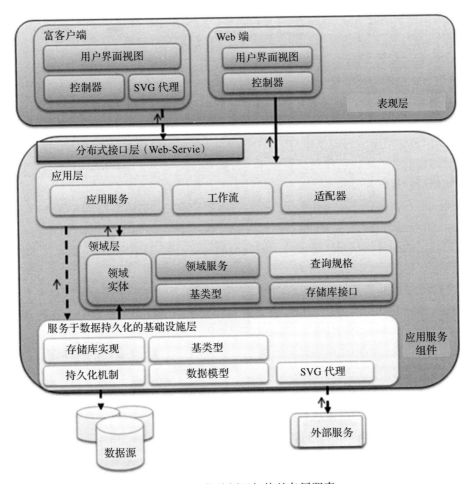

图 10-16　依赖倒置架构的各层职责

前面提到的要点在图 10-16 中都有所体现，下面做一下重点梳理：

1）领域层不再依赖于任何其他层，它只依赖于自定义的任务接口，比如持久化依赖于图中的存储库接口。

2）应用层负责传递用户的输入，包括接口适配器、应用服务（参见六边形架构的描述）和工作流。工作流指的是用例的工作流，用来协调领域模型工作。前面讲过，严格来说，工作流并不是领域逻辑，因为它依赖于用户输入。

3）基础设施层负责存储库 Repository 的实现。运行时，会由运行环境动态注入相应的接口中，进而完成交付的任务。

至此，与六边形架构一样，DDD 完美地落地分层架构。

10.3.3　高级课题：细分领域层

下面我们探讨一个比较高级的话题——领域层内模型的细分。在 Evans 的原始著作的结尾处提到了这一部分内容，我们在此进行说明，并给出总结和建议。

在领域层内，根据业务侧重点和依赖关系，将领域模型继续细分为：

1）潜能层：潜能层不关心我们打算做什么，而关心能够做什么。企业的资源以及这些资源的组织方式是潜能层的核心。

2）作业层：回答我们正在做什么，我们利用潜能层做了什么事情。在该层中我们能看到自己的工作和活动，比如我们正在销售什么，而不是能够销售什么。作业层依赖于潜能层的对象，但潜能层不应依赖于作业层。

3）承诺层：我们承诺了什么。它表述了一些知道未来运营的目标。

4）策略层：规则和目标是什么。它们约束着其他层的行为。

5）决策层：我们应该采用什么样的行动或制定什么样的策略。

我们对领域层细分的总结如下：

❑ 领域层的细分是从领域维度对领域模型的精炼过程，而不是从系统和技术栈等其他角度进行的。

❑ 细分的过程其实是我们加深对领域认知的过程，因此具有内在价值。

❑ 在应用第 9 章提到的很多设计模式时，我们需要创建很多新对象，比如新的策略、状态类等，其实它们处于不同的细分层中。在使用设计模式时，我们也在细分领域层。这在我们应用这些设计模式时是有帮助的。比如，策略属于策略层，而装配它们的工厂属于作业层。

❑ 从决策层、策略层、承诺层、作业层、潜能层的顺序来看，越往下的层越具有通用性质，越往上的层越体现企业的特殊性和核心竞争力。所以，从积累企业数字资产的角度来看，清楚地划分这些层次具有特别的意义。

❑ 最后，我们要说尽管以上方法有很多好处，但团队一定要充分评估是否要采取这些方法，以及它们是不是分类领域模型的最佳方式。在第 7 章中讨论了模型的打包方法，相比上述方法来说更简单易行。这两种方式能够融合吗？还是要做取舍？在采取这些方法之前，团队必须考虑清楚，生搬硬套只会起到反作用，增加系统的复杂性和团队的负担。

图 10-17 是一个细分领域层的例子，模型被分为四个层级，它们的依赖关系是从上到下。层级越往上越能体现企业的特殊性，往下则是较为通用的能力。

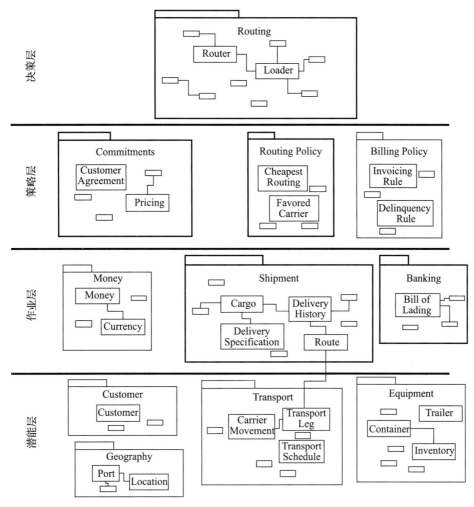

图 10-17　细分领域层

10.4　给子域赋能：微服务架构

微服务架构是目前比较流行的架构之一。如果能够将微服务架构与 DDD 架构结合得当，则可以共享两者的优势，但如果结合不好，很可能会把不该割裂的割裂，把不该组合的又捏在一起，从而使两者的效果大打折扣。前面已经讨论过微服务与 DDD 的关系，这里我们再把关键点梳理一下。

第一个问题是：在应用了六边形架构和依赖倒置分层架构的 DDD 系统中，如何拆分微服务？有以下几个关键点：

1）微服务强调的不仅是逻辑的分离，还强调独立部署和独立升级能力。代码、数据库都要分割并部署在不同的虚拟机或容器上。它不仅影响逻辑架构，而且颠覆了部署架构。我们必须清醒地认识到这一点。

2）考虑到 DDD 对领域逻辑内聚性的要求，我们显然不应该将一个上下文的核心域分离成不同的微服务。这样 DDD 将会非常受伤。因为微服务之间具有独立进化的特点，我们很难保证模型之间的匹配和领域逻辑的扩散。如果强行同步，又会损害微服务的优势。

3）不同的支撑域和通用域可以考虑分割成微服务，这两类子域在 7.3 节有详细的定义。支撑域只对业务起支撑作用，比如电商系统中的商品浏览功能，通用域则往往与基础设施能力有关而不含业务，如通知、日志等模块。它们与核心域没有太复杂的协作关系，而且它们变化的底层逻辑与核心域是不同的，分开反而对维护核心域的稳定性有好处。

4）对应到六边形架构，则是不同的同心圆环可以切割不同的微服务、不同的适配器，应用服务与核心域也可以划分不同的微服务。对领域层圆形的扇形切割，则需要慎重。

5）当你发现关键领域逻辑很难内聚，需要横跨多个微服务时，就应该回头重新考虑了。

总之，领域模型的独立性和内聚性是最优先考虑的因素。我们不主张破坏领域层内聚性的微服务拆分，因为这种分离代价很大，得到独立发布等特性的好处，相比失去的又算什么呢？

第二个问题是：在微服务内部如何应用 DDD？这里要说明几点：

1）如果是不含领域逻辑的微服务，如日志记录、报表生成、认证授权等，则不必纠结使用 DDD，因为显然用不到。

2）如果是含有领域逻辑的微服务，那么很可能面对的是一个上下文，这是一种大粒度的微服务。此时，应将其视为一个子系统，应用前面讲的六边形架构和依赖倒置分层架构，两者并无区别，如图 10-18 所示。

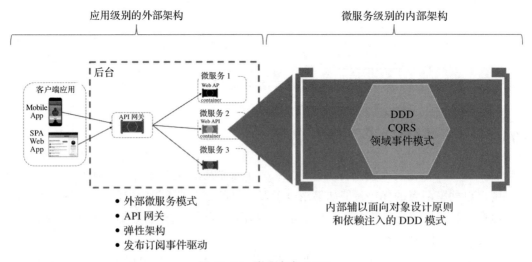

图 10-18　微服务与 DDD

　　此时微服务的代码组织结构也与子系统一致，分为应用服务层、领域模型层和基础设施层，如图 10-19 所示，图中同时标注了各层的职责，这与我们在六边形架构中的划分是一致的。

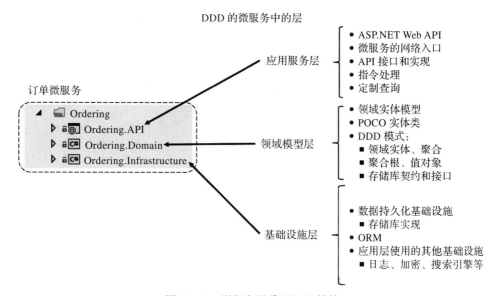

图 10-19　微服务的代码组织结构

　　总结一下，不同的子域对应不同的微服务是一种比较恰当的匹配关系，它可以帮助我们合理地划分微服务。一个上下文对应一个微服务也是可以的，此时微服务粒度相对较大，可以按照子域继续细分下去，以获得合理的微服务结构。

　　在微服务划分过程中要注意，对于割裂聚合和紧密协作的模型之间关联的划分方式，我们要极力避免，因为这样做有悖于 DDD 的基本原则，会导致领域模型处于割裂、不完整的状态，丢失应表达的领域逻辑，团队很难从这种划分中获益。

推荐阅读

软件架构：架构模式、特征及实践指南

[美] Mark Richards 等 译者：杨洋 等 书号：978-7-111-68219-6 定价：129.00 元

畅销书《卓有成效的程序员》作者的全新力作，从现代角度，全面系统地阐释软件架构的模式、工具及权衡分析等。

本书全面概述了软件架构的方方面面，涉及架构特征、架构模式、组件识别、图表化和展示架构、演进架构，以及许多其他主题。本书分为三部分。第 1 部分介绍关于组件化、模块化、耦合和度量软件复杂度的基本概念和术语。第 2 部分详细介绍各种架构风格：分层架构风格、管道架构风格、微内核架构风格、基于服务的架构风格、事件驱动的架构风格、基于空间的架构风格、编制驱动的面向服务的架构、微服务架构。第 3 部分介绍成为一个成功的软件架构师所必需的关键技巧和软技能。

推荐阅读